수학 좀 한다면

디딤돌 초등수학 응용 4-1

펴낸날 [초판 1쇄] 2024년 8월 30일 | **펴낸이** 이기열 | **펴낸곳** (주)디딤돌 교육 | **주소** (03972) 서울특별시 마포구 월드컵북로 122 청원선와이즈타워 | **대표전화** 02-3142-9000 | **구입문의** 02-322-8451 | **내용문의** 02-323-9166 | **팩시밀리** 02-338-3231 | **홈페이지** www.didimdol.co.kr | **등록번호** 제10-718호 | 구입한 후에는 철회되지 않으며 잘못 인쇄된 책은 바꾸어 드립니다. 이 책에 실린 모든 삽화 및 편집 형태에 대한 저작권은 (주)디딤돌 교육에 있으므로 무단으로 복사 복제할 수 없습니다. Copyright © Didimdol Co. [2502240]

내 실력에 딱!
최상위로 가는 '맞춤 학습 플랜'

STEP 1 On-line

나에게 맞는 공부법은?
맞춤 학습 가이드를 만나요.

교재 선택부터 공부법까지! 디딤돌에서 제공하는 시기별 맞춤 학습 가이드를 통해 아이에게 맞는 학습 계획을 세워 주세요. (학습 가이드는 디딤돌 학부모카페 '맘이가'를 통해 상시 공지합니다. cafe.naver.com/didimdolmom)

STEP 2 Book

맞춤 학습 스케줄표
계획에 따라 공부해요.

교재에 첨부된 '맞춤 학습 스케줄표'에 맞춰 공부 목표를 달성합니다.

STEP 3 On-line

이럴 땐 이렇게!
'맞춤 Q&A'로 해결해요.

궁금하거나 모르는 문제가 있다면, '맘이가' 카페를 통해 질문을 남겨 주세요. 디딤돌 수학쌤 및 선배맘님들이 친절히 답변해 드립니다.

STEP 4 Book

다음에는 뭐 풀지?
다음 교재를 추천받아요.

학습 결과에 따라 후속 학습에 사용할 교재를 제시해 드립니다. (교재 마지막 페이지 수록)

★ 디딤돌 플래너 만나러 가기

디딤돌 초등수학 응용 4-1

8주 완성 학습 스케줄표

짧은 기간에 집중력 있게 한 학기 과정을 완성할 수 있도록 설계하였습니다.
방학 때 미리 공부하고 싶다면 주 5일 8주 완성 과정을 이용해요.

공부한 날짜를 쓰고 하루 분량 학습을 마친 후, 부모님께 확인 check ☑를 받으세요.

1 큰 수

1주					2주	
월 일	월 일	월 일	월 일	월 일	월 일	월 일
8~10쪽	11~14쪽	15~18쪽	19~21쪽	22~25쪽	26~28쪽	29~31쪽

3 곱셈과 나눗셈

3주				4주		
월 일	월 일	월 일	월 일	월 일	월 일	월 일
45~49쪽	50~53쪽	54~56쪽	57~59쪽	62~65쪽	66~69쪽	70~73쪽

4 평면도형의 이동

5주					6주	
월 일	월 일	월 일	월 일	월 일	월 일	월 일
85~87쪽	90~92쪽	93~96쪽	97~99쪽	100~103쪽	104~106쪽	107~109쪽

6 규칙 찾기

7주					8주	
월 일	월 일	월 일	월 일	월 일	월 일	월 일
124~127쪽	128~130쪽	131~133쪽	136~138쪽	139~141쪽	142~145쪽	146~149쪽

MEMO

효과적인 수학 공부 비법

시켜서 억지로   내가 스스로

억지로 하는 일과 즐겁게 하는 일은 결과가 달라요.
목표를 가지고 스스로 즐기면 능률이 배가 돼요.

가끔 한꺼번에   매일매일 꾸준히

급하게 쌓은 실력은 무너지기 쉬워요.
조금씩이라도 매일매일 단단하게 실력을 쌓아가요.

정답을 몰래   개념을 꼼꼼히

정답   개념

모든 문제는 개념을 바탕으로 출제돼요.
쉽게 풀리지 않을 땐, 개념을 펼쳐 봐요.

채점하면 끝   틀린 문제는 다시

왜 틀렸는지 알아야 다시 틀리지 않겠죠?
틀린 문제와 어림짐작으로 맞힌 문제는
꼭 다시 풀어 봐요.

수학 좀 한다면 디딤돌

초등수학 응용

상위권 도약, 실력 완성

4
1

개념 적용으로 실력을 높이는 공부 비법!

1 교과서 개념

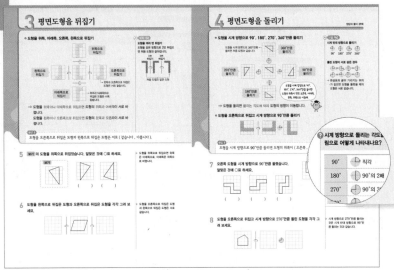

교과서 핵심 내용과 익힘책 기본 문제로 개념을 이해할 수 있도록 구성하였습니다.

교과서 개념 이외의 보충 개념, 연결 개념, 주의 개념을 함께 정리하여 심화 학습의 기본기를 갖출 수 있습니다.

2 기본에서 응용으로

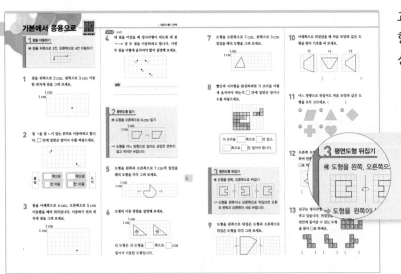

교과서·익힘책 문제와 서술형·창의형 문제를 풀면서 개념을 저절로 완성할 수 있도록 구성하였습니다.

차시별 핵심 개념을 정리하여 배운 내용을 복습하고 문제 해결에 도움이 되도록 구성하였습니다.

3 응용에서 최상위로

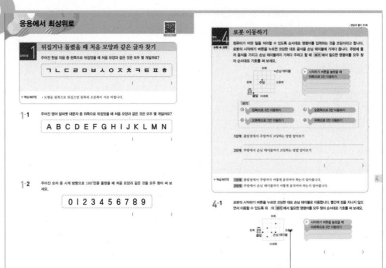

엄선된 심화 유형을 집중 학습함으로써 실력을 높이고 사고력을 향상시킬 수 있도록 구성하였습니다.

로봇 이동하기

컴퓨터가 어떤 일을 처리할 수 있도록 순서대로 명령어를 입력하는 것을 코딩이라고 합니다. 로봇의 시작하기 버튼을 누르면 코딩한 대로 음식을 손님 테이블에 가져다 줍니다. 주방에 들러 음식을 가지고 손님 테이블까지 가져다 주려고 할 때 보기 에서 필요한 명령어를 모두 찾아 순서대로 기호를 써 보세요.

통합 교과유형 문제를 통해 문제 해결력과 더불어 추론, 정보처리 역량까지 완성할 수 있습니다.

4 단원 평가

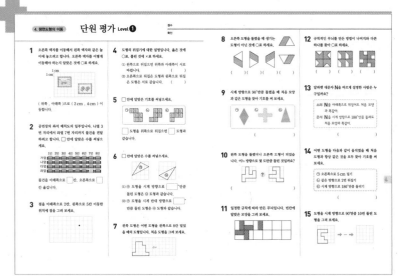

단원 학습을 마무리 할 수 있도록 기본 수준부터 응용 수준까지의 문제들로 구성하였습니다.
시험에 잘 나오는 문제들을 선별하였으므로 수시 평가 및 학교 시험 대비용으로 활용해 봅니다.

이 책의 **차례**

1 큰 수

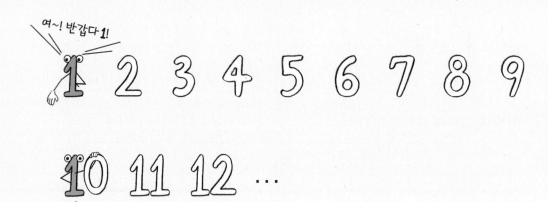

여~! 반갑다 1!

뒤에 0 안 보여? 난 10이라구!

수는 10개가 모이면 한 자리 앞으로 가!

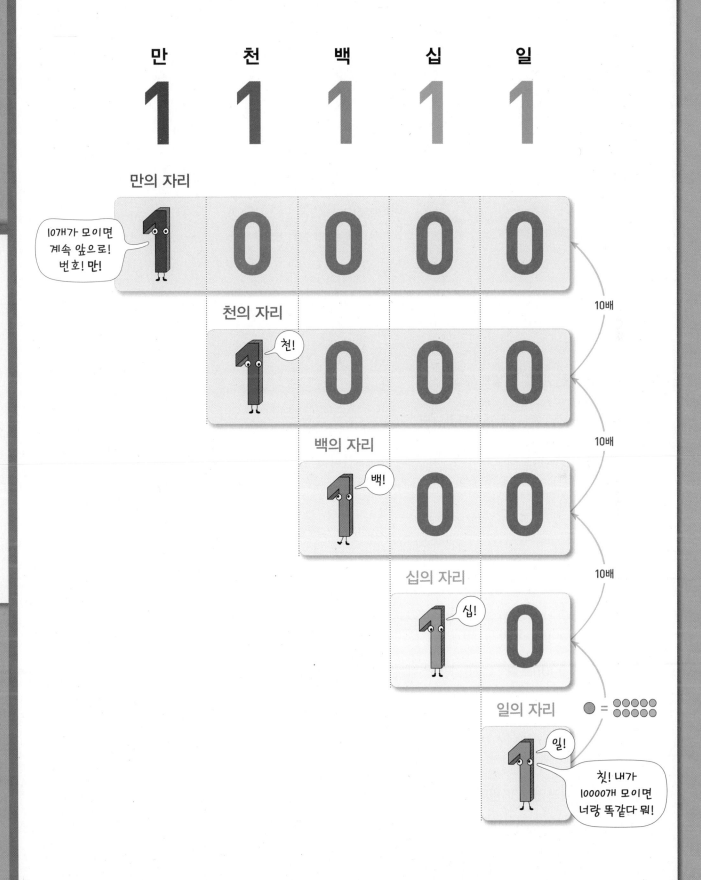

1 만 알아보기

개념 강의

- **1000이 10개인 수** ➡ 쓰기 **10000 또는 1만**   읽기 **만 또는 일만**

$$1000 \times 10 = 10000$$

- **만의 크기 알아보기**

1이 10000개인 수		9000보다 1000만큼 더 큰 수
10이 1000개인 수	**10000** **만**	9900보다 100만큼 더 큰 수
100이 100개인 수		9990보다 10만큼 더 큰 수
1000이 10개인 수		9999보다 1만큼 더 큰 수

⊕ 보충 개념

일, 십, 백, 천, 만의 관계

1
↓ 10배
| 10 |
↓ 10배
| 100 |
↓ 10배
| 1000 |
↓ 10배
| 10000 |

몇만

1000이 10개 ➡ 10000(만)
1000이 20개 ➡ 20000(이만)
1000이 30개 ➡ 30000(삼만)
1000이 40개 ➡ 40000(사만)

확인 !

1000이 ☐개인 수는 10000, 1000이 ☐개인 수는 20000입니다.

---

1 ☐ 안에 알맞은 수를 써넣으세요.

(1) 10000은 ☐의 10배입니다.

(2) 10000은 7000보다 ☐만큼 더 큰 수입니다.

(3) 1000이 50개인 수는 ☐입니다.

2 수직선을 보고 ☐ 안에 알맞은 수를 써넣으세요.

```
 9500  9600  9700  9800  9900  10000
```

(1) 10000은 9900보다 ☐만큼 더 큰 수입니다.

(2) 10000보다 500만큼 더 작은 수는 ☐입니다.

▶ 수직선에서 눈금 한 칸의 크기는 모두 같습니다.

3 10000원이 되려면 100원짜리 동전을 몇 개 모아야 할까요?

(   )

▶ 100이 10개이면 1000, 1000이 10개이면 10000입니다.

2 다섯 자리 수 알아보기

- **10000이 5개, 1000이 7개, 100이 5개, 10이 2개, 1이 4개인 수**

  → **쓰기** 57524 **읽기** 오만 칠천오백이십사

- **57524에서 각 자리의 숫자가 나타내는 값**

만의 자리	천의 자리	백의 자리	십의 자리	일의 자리
5	7	5	2	4
50000	7000	500	20	4

같은 숫자라도 자리에 따라 나타내는 값이 다릅니다.

→ $57524 = 50000 + 7000 + 500 + 20 + 4$

> ⚡ **주의 개념**
>
> **다섯 자리 수에서 0을 읽고 쓰기**
> - 숫자가 0인 자리는 읽지 않습니다.
>   예) 50316 → 오만 삼백십육
> - 읽지 않은 자리에는 0을 씁니다.
>   예) 칠만 삼천이십일 → 73021

수를 읽을 때에는
만 단위로 띄어 읽어.

> **확인 !**
>
> 23456 → 10000이 ☐개, 1000이 ☐개, 100이 ☐개, 10이 ☐개, 1이 ☐개인 수

---

4 빈칸에 알맞은 수나 말을 써넣으세요.

설명하는 수	쓰기	읽기
10000이 6개, 100이 1개, 10이 2개인 수		
10000이 3개, 1000이 4개, 10이 2개, 1이 7개인 수		

▶ 숫자가 1인 자리는 자릿값만 읽습니다.

5 빈칸에 알맞은 수를 써넣으세요.

만의 자리	천의 자리	백의 자리	십의 자리	일의 자리
8	2		4	
80000		600		1

$82641 = 80000 + \boxed{} + 600 + \boxed{} + 1$

▶ 수는 각 자리의 숫자가 나타내는 값의 합으로 나타낼 수 있습니다.

6 79900원짜리 책가방을 사려고 합니다. 각각의 돈을 얼마만큼 내야 하는지 ☐ 안에 알맞은 수를 써넣으세요.

10000원짜리 지폐 ☐장

1000원짜리 지폐 ☐장

100원짜리 동전 ☐개

▶ 10000원짜리 1장 대신 1000원짜리 10장을 내거나 1000원짜리 1장 대신 100원짜리 10개를 내도 됩니다.

3 십만, 백만, 천만 알아보기

● 십만, 백만, 천만

	쓰기	읽기
10000이 10개인 수	10 0000 또는 10만	십만
10000이 100개인 수	100 0000 또는 100만	백만
10000이 1000개인 수	1000 0000 또는 1000만	천만

● **10000이 2754개인 수**

➡ 쓰기 **2754 0000** 또는 **2754만** 읽기 **이천칠백오십사만**

● **2754 0000에서 각 자리의 숫자가 나타내는 값**

천	백	십	일	천	백	십	일
			만				일
2	7	5	4	0	0	0	0

➡ 2754 0000 = 2000 0000 + 700 0000 + 50 0000 + 4 0000

➕ 보충 개념

만, 십만, 백만, 천만의 관계

1만
　10배
10만
　10배
100만
　10배
1000만

천만 단위의 수 읽기

일의 자리부터 네 자리씩 끊어서 왼쪽부터 차례로 만을 사용하여 읽습니다.

예 6075 4803
　　　만

➡ 육천칠십오만 사천팔백삼

---

7 빈칸에 알맞은 수를 써넣으세요.

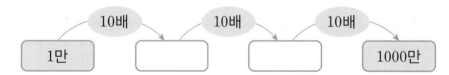

8 보기 와 같이 수를 읽어 보세요.

> **보기**
>
> 5048 0600　읽기 오천사십팔만 육백

(1) 2607 0000　읽기 _____

(2) 7020 4000　읽기 _____

▶ 자리 수가 많을 때에는 일의 자리부터 네 자리씩 로 표시하면 쉽게 읽을 수 있습니다.

9 2783 0500에서 십만의 자리 숫자와 그 숫자가 나타내는 값을 차례로 써 보세요.

(　　　　　　), (　　　　　　)

▶
천	백	십	일	천	백	십	일
			만				일
2	7	8	3	0	5	0	0

4 억 알아보기

● **1000만이 10개인 수**
  ➡ 쓰기 1ㅣ0000ㅣ0000 또는 1억 읽기 **억 또는 일억**

● **1억이 8317개인 수**
  ➡ 쓰기 8317ㅣ0000ㅣ0000 또는 8317억 읽기 **팔천삼백십칠억**

● **8317ㅣ0000ㅣ0000에서 각 자리의 숫자가 나타내는 값**

천	백	십	일	천	백	십	일	천	백	십	일
	억				만						일
8	3	1	7	0	0	0	0	0	0	0	0

➡ 8317ㅣ0000ㅣ0000＝8000ㅣ0000ㅣ0000＋300ㅣ0000ㅣ0000
  ＋10ㅣ0000ㅣ0000＋7ㅣ0000ㅣ0000

⊕ **보충 개념**

억
9000만보다 1000만만큼 더 큰 수
9900만보다 100만만큼 더 큰 수
9990만보다 10만만큼 더 큰 수
9999만보다 1만만큼 더 큰 수

천억 단위의 수 읽기
일의 자리부터 네 자리씩 끊어서 왼쪽부터 차례로 억, 만을 사용하여 읽습니다.
예 2300ㅣ7001ㅣ5000
　　억　　만
➡ 이천삼백억 칠천일만 오천

---

10 ☐ 안에 알맞은 수를 써넣으세요.

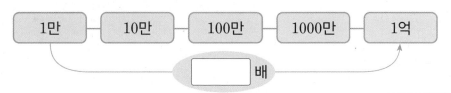

| 1만 | 10만 | 100만 | 1000만 | 1억 |

☐ 배

---

11 2057ㅣ0056ㅣ0000을 표로 나타내고 읽어 보세요.

천	백	십	일	천	백	십	일	천	백	십	일
	억				만						일

읽기 ....

---

12 ☐ 안에 알맞은 수를 써넣으세요.

2억 5000만 ➡ 1억이 ☐ 개, 1000만이 ☐ 개인 수
➡ 1000만이 ☐ 개인 수

❓ 십만, 백만, 천만은 있는데 만만은 없나요?

수를 읽을 때 네 자리마다 수를 나타내는 단위가 바뀝니다.
만, 십만, 백만, 천만 다음에는 억 단위가 옵니다.

▶ 1억이　 10개인 수 ➡ 십억
　 1억이　100개인 수 ➡ 백억
　 1억이 1000개인 수 ➡ 천억

5 조 알아보기

정답과 풀이 2쪽

- **1000억**이 **10개**인 수
  - → 쓰기 **1000 0000 0000** 또는 **1조**　읽기 **조 또는 일조**

- **1조**가 **2905개**인 수
  - → 쓰기 **2905 0000 0000 0000** 또는 **2905조**　읽기 **이천구백오조**

- **2905 0000 0000 0000**에서 각 자리의 숫자가 나타내는 값

천	백	십	일	천	백	십	일	천	백	십	일	천	백	십	일
	조				억				만				일		
2	9	0	5	0	0	0	0	0	0	0	0	0	0	0	0

→ 2905 0000 0000 0000
　= 2000 0000 0000 0000 + 900 0000 0000 0000 + 5 0000 0000 0000

보충 개념

만, 억, 조의 관계

1부터 시작하여 10000배가 될 때마다 수를 나타내는 단위가 바뀌어.

---

13 빈칸에 알맞은 수를 써넣으세요.

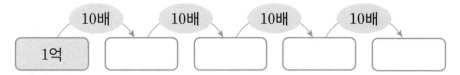

14 보기 와 같이 나타내 보세요.

> **보기**
> 58 2736 0013 0000 → 58조 2736억 13만
> 　　　　　　　　　 → 오십팔조 이천칠백삼십육억 십삼만

306 0072 8016 0000 →
　　　　　　　　　　　　......................................
　　　　　　　　　 →
　　　　　　　　　　　　......................................

15 밑줄 친 숫자 7은 어느 자리의 숫자이고 얼마를 나타내는지 차례로 써 보세요.

$$974 6580 1320 0000$$
(밑줄: 7)

(　　　　　　　)의 자리, (　　　　　　　　　　)

십억, 백억, 천억은 있는데 만억은 없나요?

수를 읽을 때는 네 자리마다 수를 나타내는 단위가 바뀝니다. 억, 십억, 백억, 천억 다음에는 조 단위가 옵니다.

▶ 일의 자리부터 네 자리씩 끊어서 왼쪽부터 차례로 조, 억, 만을 사용하여 읽습니다.

기본에서 응용으로

1 만 알아보기

· 1000이 10개인 수

➡ 쓰기 10000 또는 1만   읽기 만 또는 일만

1 10000을 나타내는 수가 아닌 것은 어느 것일까요? (   )

① 9000보다 1000만큼 더 큰 수
② 100을 100배 한 수
③ 9900보다 10만큼 더 큰 수
④ 10을 1000배 한 수
⑤ 6000보다 4000만큼 더 큰 수

2 이서와 지우가 가지고 있는 돈에 얼마를 더하면 10000원을 만들 수 있는지 구해 보세요.

나는 3000원을 가지고 있어.

나는 4000원을 가지고 있어.

이서   지우

(   )

3 빈칸에 알맞은 수를 써넣으세요.

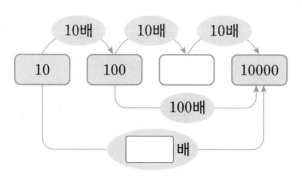

4 색종이 40000장을 한 상자에 1000장씩 담으려고 합니다. 상자는 모두 몇 개 필요할까요?

(   )

2 다섯 자리 수 알아보기

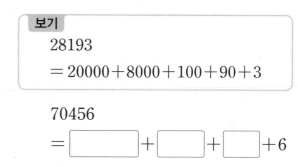

· 10000이 2개, 1000 5개, 100이 7개,
　　　20000　　　5000　　　700
10이 4개, 1이 6개인 수
　40　　　6

➡ 쓰기 25746   읽기 이만 오천칠백사십육

➡ 25746
　　= 20000 + 5000 + 700 + 40 + 6

5 보기 와 같이 각 자리의 숫자가 나타내는 값의 합으로 나타내 보세요.

보기
28193
= 20000 + 8000 + 100 + 90 + 3

70456
= □ + □ + □ + 6

서술형

6 숫자 7이 나타내는 값이 가장 큰 수는 어느 것인지 풀이 과정을 쓰고 답을 구해 보세요.

56087　　73658　　62784　　87465

풀이 _____

_____

_____

답 _____

7 돈은 모두 얼마인지 세어 보세요.

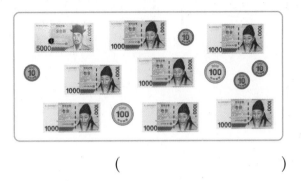

(   )

8 수 카드를 모두 한 번씩만 사용하여 가장 큰 다섯 자리 수를 만들어 쓰고 읽어 보세요.

3   2   1   4   8

쓰기   ....

읽기   ....

3 십만, 백만, 천만 알아보기

• 10000이 2754개인 수

천	백	십	일	천	백	십	일
			만				일
2	7	5	4	0	0	0	0

➡ 쓰기 2754|0000 또는 2754만

읽기 이천칠백오십사만

9 같은 수끼리 이어 보세요.

| 10000이 1000개인 수 | • | | • | 십만 |

| | | | • | 백만 |

| 90000보다 10000만큼 더 큰 수 | • | | • | 천만 |

10 설명하는 수를 써 보세요.

> 100만이 78개, 10만이 12개, 1만이 5개인 수

(   )

11 보기 와 같이 수로 나타낼 때 0의 개수가 가장 적은 것을 찾아 기호를 써 보세요.

> **보기**
> 사백오십만 ➡ 4500000

> ㉠ 칠백삼만   ㉡ 구천육백삼십오만
> ㉢ 삼천일만 사백   ㉣ 오천만 팔십

(   )

12 해수가 저금통을 열었더니 10000원짜리 지폐가 18장, 1000원짜리 지폐가 25장, 100원짜리 동전이 3개 들어 있었습니다. 저금통에 들어 있던 돈은 모두 얼마일까요?

(   )

창의➕

13 ㉠과 ㉡이 나타내는 값의 합을 구해 보세요.

도자기 축제
2024.04.25~05.06
○○예술 마을

2024년 도자기 축제의 총 방문자 수는 380236명이라고 합니다.
㉠   ㉡

(   )

4 억 알아보기

- 1000만이 10개인 수
  - ➡ **쓰기** 1 0000 0000 또는 1억
    읽기 억 또는 일억

- 1억이 7205개인 수
  - ➡ **쓰기** 7205 0000 0000
    읽기 칠천이백오억

14 나타내는 수가 다른 하나를 찾아 기호를 써 보세요.

> ㉠ 1000만의 10배
> ㉡ 10만의 1000배
> ㉢ 계산기에서 1을 한 번 누르고 0을 9번 누른 수

( )

15 같은 수끼리 이어 보세요.

5000만의 10배	•	•	500억
5억의 100배	•	•	50억
500만의 1000배	•	•	5억

16 십억의 자리 숫자가 가장 큰 수를 찾아 기호를 써 보세요.

> ㉠ 73415489345 ㉡ 5648615047
> ㉢ 549648005133 ㉣ 100547631511

( )

서술형

17 1000만이 100개, 10만이 80개, 1000이 5개, 100이 7개인 수는 얼마인지 풀이 과정을 쓰고 답을 구해 보세요.

풀이 _____

_____

_____

답 _____

5 조 알아보기

- 1000억이 10개인 수
  - ➡ **쓰기** 1 0000 0000 0000 또는 1조
    읽기 조 또는 일조

- 1조가 5004개인 수
  - ➡ **쓰기** 5004 0000 0000 0000
    읽기 오천사조

18 1조에 대한 설명입니다. ☐ 안에 알맞은 수를 써넣으세요.

> • 1000억이 ☐ 개인 수
>
> • 1억을 ☐ 배 한 수
>
> • 9999억보다 ☐ 만큼 더 큰 수

19 설명하는 수를 써 보세요.

> 1000억이 125개인 수

( )

1

창의➕ 서술형
20 적절하지 않게 이야기한 사람의 이름을 쓰고 그 까닭을 써 보세요.

> 태준: 새로 산 텔레비전의 가격은 230만 원이야.
>
> 서아: 2024년 우리나라 1년 예산은 640조쯤이었어.
>
> 미진: 우리나라 인구수는 100억 명쯤이라고 해.

( )

까닭 _____

---

6 각 자리의 숫자가 나타내는 값 비교하기

예 457̇169̇63400에서
        ⊙ ⊙

⊙: 숫자 6이 나타내는 값은 600̇0000

ⓛ: 숫자 6이 나타내는 값은 6̇0000

➡ 600̇0000은 6̇0000의 100배입니다.

---

21 58126493에서 숫자 8이 나타내는 값은 800의 몇 배일까요?

( )

---

22 ⊙이 나타내는 값은 ⓛ이 나타내는 값의 몇 배일까요?

> 176374005
> ⊙   ⓛ

( )

---

23 ⊙의 숫자 3이 나타내는 값은 ⓛ의 숫자 3이 나타내는 값의 몇 배일까요?

> ⊙ 634751892
> ⓛ 154306287

( )

---

7 다른 단위 지폐나 수표로 바꾸기

예 1000만 원짜리 수표 1장
  ⬌ 1만 원짜리 지폐 1000장
  ⬌ 10만 원짜리 수표 100장
  ⬌ 100만 원짜리 수표 10장

---

24 은행에 저금한 79000000원을 만 원짜리 지폐로만 찾으면 만 원짜리 지폐는 모두 몇 장이 될까요?

( )

---

25 10억 원을 모두 1000만 원짜리 수표로 바꾸면 1000만 원짜리 수표는 모두 몇 장이 될까요?

( )

---

26 은행에 저금한 4080만 원을 모두 10만 원짜리 수표로 찾으면 10만 원짜리 수표는 모두 몇 장이 될까요?

( )

6 뛰어 세기

● 몇씩 뛰어 세기

• 10000씩 뛰어 세기

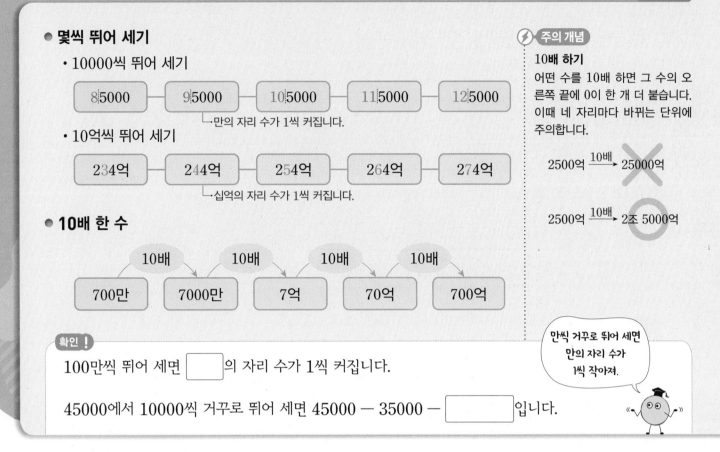

| 8 5000 | 9 5000 | 10 5000 | 11 5000 | 12 5000 |

└ 만의 자리 수가 1씩 커집니다.

• 10억씩 뛰어 세기

| 234억 | 244억 | 254억 | 264억 | 274억 |

└ 십억의 자리 수가 1씩 커집니다.

● 10배 한 수

700만 → 10배 → 7000만 → 10배 → 7억 → 10배 → 70억 → 10배 → 700억

🔔 주의 개념

10배 하기

어떤 수를 10배 하면 그 수의 오른쪽 끝에 0이 한 개 더 붙습니다. 이때 네 자리마다 바뀌는 단위에 주의합니다.

2500억 $\xrightarrow{10배}$ 25000억 ✗

2500억 $\xrightarrow{10배}$ 2조 5000억 ○

확인 !

100만씩 뛰어 세면 [ ]의 자리 수가 1씩 커집니다.

45000에서 10000씩 거꾸로 뛰어 세면 45000 − 35000 − [ ]입니다.

> 만씩 거꾸로 뛰어 세면 만의 자리 수가 1씩 작아져.

---

1 빈칸에 알맞은 수를 써넣으세요.

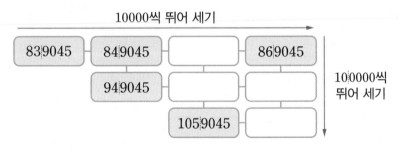

10000씩 뛰어 세기

83 9045	84 9045	[ ]	86 9045
	94 9045	[ ]	[ ]
		105 9045	[ ]

10 0000씩 뛰어 세기

2 몇씩 뛰어 세었는지 써 보세요.

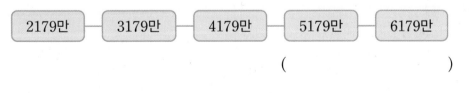

| 2179만 | 3179만 | 4179만 | 5179만 | 6179만 |

( )

❓ 얼마씩 뛰어 세었는지 어떻게 알 수 있나요?

어느 자리 수가 얼마씩 변하는지를 살펴봅니다. 예를 들어, 십만의 자리 수가 2씩 커지면 20만씩 뛰어 센 것입니다.

3 42억 105만에서 100만씩 3번 뛰어 세면 얼마가 될까요?

( )

● 자리 수가 다르면 자리 수가 많은 수가 더 큽니다.

→ $\underset{9자리 수}{\underline{152370000}} > \underset{8자리 수}{\underline{83020000}}$

● 자리 수가 같으면 높은 자리의 수부터 차례로 비교하여 수가 큰 쪽이 더 큽니다.

	천	백	십	일	천	백	십	일
				만				일
3525만 →	3	5	2	5	0	0	0	0
3550만 →	3	5	5	0	0	0	0	0

→ $\underset{2<5}{\underline{35250000} < \underline{35500000}}$

> **주의 개념**
>
> 자리 수를 비교하기 전에 앞자리 수부터 비교하지 않도록 합니다.
>
> $\underset{5>4}{\underline{5870300} > \underline{48503000}}$ ✗
>
> $\underset{7자리 수}{5870300} < \underset{8자리 수}{48503000}$ ⭕

확인 !

자리 수가 같으면 (높은 , 낮은) 자리의 수부터 차례로 비교합니다.

---

4 두 수를 각각 수직선에 나타내고, 더 큰 수를 써 보세요.

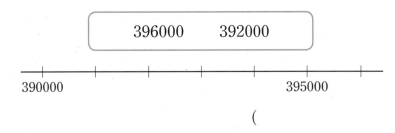

(   )

> **? 수직선에서 수의 크기 비교는 어떻게 하나요?**
>
> 수직선에서는 오른쪽에 있을수록 큰 수이고, 왼쪽에 있을수록 작은 수입니다.

5 두 수의 크기를 비교하여 ◯ 안에 > , = , < 중 알맞은 것을 써넣으세요.

(1) 4185609 ◯ 983674   (2) 396409215 ◯ 396410785

(3) 조가 43개, 억이 50개인 수 ◯ 43004500000000

6 작은 수부터 차례로 기호를 써 보세요.

ㄱ 730820   ㄴ 73820   ㄷ 738200   ㄹ 8732

(   )

> ▶ 먼저 자리 수를 비교하고, 자리 수가 같으면 높은 자리의 수부터 차례로 비교합니다.

기본에서 응용으로

8 뛰어 세기

• 몇씩 뛰어 세었는지 구하기

■의 자리 수가 1씩 커지면 ■씩 뛰어 센 것입니다.

• 10배 한 수

수의 오른쪽 끝에 0이 하나씩 더 붙으면 10배 한 수입니다.

27 몇씩 뛰어 세었는지 써 보세요.

| 27|0413 | 57|0413 | 87|0413 | 117|0413 |

(   )

28 빈칸에 알맞은 수를 써넣으세요.

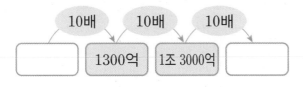

29 4조 5500억에서 3000억씩 4번 뛰어 세면 얼마일까요?

(   )

30 10만 원짜리 물건을 사기 위해 다음 달부터 매달 21000원씩 모으려고 합니다. 이 물건을 사려면 적어도 몇 개월 동안 모아야 할까요?

(   )

서술형
31 몇씩 뛰어 센 수를 수직선에 나타냈습니다. ㉠이 나타내는 수는 얼마인지 풀이 과정을 쓰고 답을 구해 보세요.

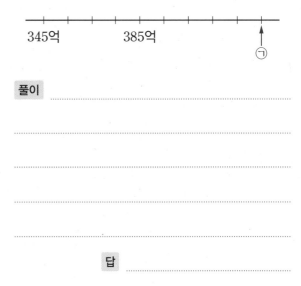

345억   385억   ㉠

풀이

답

9 수의 크기 비교하기

• 자리 수가 다르면 자리 수가 많은 수가 더 큽니다.

$$\underset{\text{8자리 수}}{50724198} > \underset{\text{7자리 수}}{7489136}$$

• 자리 수가 같으면 높은 자리의 수부터 차례로 비교하여 수가 큰 쪽이 더 큽니다.

$$\underset{1<8}{63107254 < 63824216}$$

32 두 수의 크기를 비교하여 ◯ 안에 >, =, < 중 알맞은 것을 써넣으세요.

(1) 80억 1928만 ◯ 809280000

(2) 145조 58만 ◯ 145005800000000

33 큰 수부터 차례로 기호를 써 보세요.

> ㉠ 63조 146억
> ㉡ 6524380000000
> ㉢ 육십사조 칠십이만

( )

34 0부터 9까지의 수 중에서 ☐ 안에 들어갈 수 있는 수를 모두 구해 보세요.

> 5371450 < 53☐1150

( )

35 나타내는 수가 더 큰 것을 찾아 기호를 써 보세요.

> ㉠ 345억 8000만을 100배 한 수
> ㉡ 3조 900억보다 100억만큼 더 작은 수

( )

창의+

36 시우는 30만 원을 모았습니다. 게임기, 자전거, 노트북 중 시우가 모은 돈으로 살 수 있는 것은 무엇일까요?

게임기
350000원

자전거
270000원

노트북
1200000원

( )

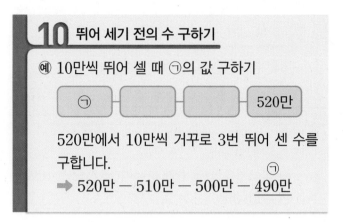

10 뛰어 세기 전의 수 구하기

예 10만씩 뛰어 셀 때 ㉠의 값 구하기

| ㉠ | | | 520만 |

520만에서 10만씩 거꾸로 3번 뛰어 센 수를 구합니다.

➡ 520만 — 510만 — 500만 — <u>490만</u>㉠

37 어떤 수에서 1억씩 4번 뛰어 세었더니 35억이 되었습니다. 어떤 수는 얼마일까요?

( )

38 어떤 수에서 100조씩 5번 뛰어 세었더니 5380조가 되었습니다. 어떤 수는 얼마일까요?

( )

39 어떤 수에서 2000억씩 5번 뛰어 세면 7조 3200억이 됩니다. 어떤 수는 얼마일까요?

( )

40 어떤 장난감의 판매량이 매년 2500만 개씩 늘어나서 올해는 2억 3000만 개가 되었습니다. 이 장난감의 2년 전 판매량은 몇 개일까요?

( )

11 가장 큰 수, 가장 작은 수 만들기

예 ① 9 3 4 0 7

- 가장 큰 여섯 자리 수: 높은 자리부터 큰 수를 차례로 놓습니다.
  ➡ 974310
- 가장 작은 여섯 자리 수: 높은 자리부터 작은 수를 차례로 놓습니다.
  ➡ 103479 ─ 맨 앞 자리에는 0이 올 수 없습니다.

41 0부터 9까지의 수 중에서 8개의 수를 한 번씩만 사용하여 8자리 수를 만들려고 합니다. 가장 큰 수와 가장 작은 수는 각각 얼마일까요?

가장 큰 수 (   )

가장 작은 수 (   )

42 수 카드를 한 번씩만 사용하여 다섯 자리 수를 만들려고 합니다. 만들 수 있는 수 중에서 천의 자리 숫자가 2인 가장 큰 수는 얼마일까요?

7 2 3 9 0

(   )

43 수 카드를 모두 두 번씩 사용하여 가장 작은 14자리 수를 만들어 쓰고 읽어 보세요.

5 3 0 1 6 9 7

쓰기 ....

읽기 ....

12 설명하는 수 찾기

예 설명하는 가장 큰 수 찾기

- 여섯 자리 수입니다.
- 만의 자리 숫자가 7입니다.
- 0이 3개입니다.

□7□000에서 나머지 자리에 9를 놓습니다.
➡ 979000

44 설명하는 수를 구해 보세요.

- 여섯 자리 수입니다.
- 59만보다 크고 60만보다 작습니다.
- 천의 자리 숫자와 만의 자리 숫자가 같습니다.
- 0이 3개입니다.

(   )

45 설명하는 가장 큰 수를 구해 보세요.

- 0부터 9까지의 수를 모두 한 번씩 사용하였습니다.
- 천의 자리 숫자는 3입니다.
- 백만의 자리 숫자는 천의 자리 숫자의 3배입니다.
- 십억의 자리 숫자는 5보다 작습니다.

(   )

심화유형 1 수직선에서 뛰어 세기

몇씩 뛰어 센 수를 수직선에 나타냈습니다. ㉠과 ㉡이 나타내는 수를 각각 구해 보세요.

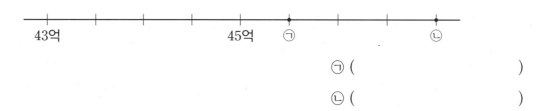

㉠ (   )

㉡ (   )

● 핵심 NOTE · 수직선에서 눈금 한 칸의 크기가 얼마인지 알아봅니다.

· 눈금 5칸이 1억을 나타내므로 눈금 한 칸은 2000만을 나타냅니다.

1-1 몇씩 뛰어 센 수를 수직선에 나타냈습니다. ㉠과 ㉡이 나타내는 수를 각각 구해 보세요.

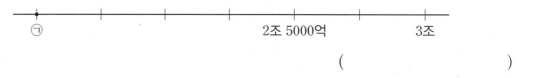

㉠ (   )

㉡ (   )

1-2 몇씩 뛰어 센 수를 수직선에 나타냈습니다. ㉠이 나타내는 수를 구해 보세요.

(   )

가장 가까운 수 만들기

심화유형 2

수 카드를 한 번씩만 사용하여 60000보다 작은 수를 만들려고 합니다. 만들 수 있는 수 중에서 60000에 가장 가까운 수를 구해 보세요.

3 7 2 4 8

(   )

● **핵심 NOTE**
· 60000보다 작은 수의 만의 자리 숫자는 6보다 작습니다.
· 수 카드를 사용하여 60000을 넘지 않는 수 중 가장 큰 수를 만듭니다.

2-1 수 카드를 한 번씩만 사용하여 50만보다 작은 수를 만들려고 합니다. 만들 수 있는 수 중에서 50만에 가장 가까운 수를 구해 보세요.

7 3 1 0 5 2

(   )

2-2 수 카드를 한 번씩만 사용하여 70만보다 큰 수를 만들려고 합니다. 만들 수 있는 수 중에서 70만에 가장 가까운 수를 구해 보세요.

9 3 0 6 5 8

(   )

□가 있는 수의 크기 비교하기

0부터 9까지의 수 중에서 □ 안에 들어갈 수 있는 수는 모두 몇 개일까요?

$$69315407 > 69\square12150$$

(   )

● 핵심 NOTE
- 자리 수가 같으면 높은 자리의 수부터 차례로 비교합니다.
- 십만의 자리 수가 서로 같은 경우도 생각해 봅니다.

3-1 0부터 9까지의 수 중에서 □ 안에 들어갈 수 있는 수는 모두 몇 개일까요?

$$904\square50331 > 904850230$$

(   )

3-2 수가 하나씩 지워진 세 수가 있습니다. 지워진 부분에는 0부터 9까지 어떤 수를 넣어도 될 때 큰 수부터 차례로 기호를 써 보세요.

㉠ 28■073
㉡ 28004■
㉢ 28■7008

(   )

동전을 쌓은 높이 구하기

통합 교과유형 4 수학 + 사회

100원짜리 동전은 백동이라는 금속으로 만드는데, 앞면에는 이순신 장군의 모습이 그려져 있고 뒷면에는 발행 연도와 동전의 금액이 그려져 있습니다. 100원짜리 동전 100개를 쌓은 높이는 약 18 cm라고 합니다. 10만 원을 100원짜리 동전으로만 쌓는다면 쌓은 높이는 약 몇 cm가 될까요?

1단계 10만 원을 100원짜리 동전으로만 쌓으려면 동전이 모두 몇 개 필요한지 구하기

2단계 10만 원을 100원짜리 동전으로만 쌓은 높이는 약 몇 cm인지 구하기

(   )

● 핵심 NOTE
1단계 10만이 100의 몇 배인지 알아보고 쌓은 동전의 수를 구합니다.
2단계 쌓은 동전의 수를 이용하여 동전을 쌓은 높이를 구합니다.

4-1 동전에는 우리나라를 대표하는 상징물이 그려져 있습니다. 500원짜리 동전에 그려져 있는 그림은 학입니다. 학은 예부터 십장생의 하나로 장수하는 동물이며 우리나라에서 신성한 동물로 여겨왔습니다. 500원짜리 동전 100개를 쌓은 높이는 약 19 cm라고 합니다. 500만 원을 500원짜리 동전으로만 쌓는다면 쌓은 높이는 약 몇 m가 될까요?

(   )

4-2 10원짜리 동전에 그려져 있는 그림은 다보탑입니다. 다보탑은 국보이며 경주 불국사에 있는 신라 시대의 석탑입니다. 10원짜리 동전 100개를 쌓은 높이가 약 16 cm라고 할 때 10억 원을 10원짜리 동전으로만 쌓는다면 높이는 약 몇 km가 될까요?

(   )

단원 평가 Level ❶

1 숫자 7이 나타내는 값이 7000인 수를 찾아 써 보세요.

| 49279　71648　37049　29743 |

(　　　　　　　　　)

2 보기 와 같이 각 자리의 숫자가 나타내는 값의 합으로 나타내 보세요.

보기
908479
$= 900000 + 8000 + 400 + 70 + 9$

630007300

$=$ ....

3 ☐ 안에 알맞은 수를 써넣으세요.

10000이 6개, 1000이 13개, 100이 2개인 수는 ☐ 입니다.

4 보기 와 같이 수로 나타낼 때 0은 모두 몇 개일까요?

보기
사천오백만 ➡ 45000000

팔조 구천삼백억 삼천만 구십팔

(　　　　　　　　　)

5 억의 자리 숫자가 다른 하나는 어느 것일까요? (　　　　)

① 8503764320　② 3580576432
③ 99855600402　④ 594320042
⑤ 933509476542

6 389000을 10배 한 수에서 숫자 9가 나타내는 값은 얼마일까요?

(　　　　　　　　　)

7 ㉠이 나타내는 값은 ㉡이 나타내는 값의 몇 배일까요?

2938439772081939
　㉠　　　　㉡

(　　　　　　　　　)

8 큰 수부터 차례로 기호를 써 보세요.

㉠ 53403607040
㉡ 71543000000
㉢ 10조 2506억 7300만
㉣ 700조 9200억

(　　　　　　　　　)

9 ⊙은 ⓒ의 몇 배일까요?

> • 10억은 1000만의 ⊙배입니다.
> • 1조는 1000억의 ⓒ배입니다.

(   )

10 수직선에서 ⊙이 나타내는 수는 얼마일까요?

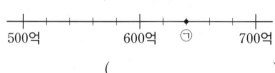

(   )

11 우리나라에서 한 해에 버려지는 음식물 쓰레기의 처리 비용은 9천억 원에 이른다고 합니다. 9천억 원은 만 원짜리 지폐로 몇 장일까요?

(   )

12 ☐ 안에 들어갈 수 없는 수에 ○표 하세요.

> 58469020 > 58☐70070

(0 , 1 , 2 , 3 , 4)

13 ☐ 안에 알맞은 수를 써넣으세요.

> 올해 1월 태주의 통장에는 ☐ 원이 들어 있었습니다. 2월부터 5월까지 매달 20만 원씩 저금하였더니 통장에 들어 있는 돈이 600만 원이 되었습니다.

14 태양과 행성 사이의 거리를 조사한 표입니다. 태양과의 거리가 1억 km보다 멀고 5억 km보다 가까운 행성의 이름을 모두 써 보세요.

행성	태양과의 거리(km)
수성	5791만
금성	108200000
지구	1억 4960만
화성	228000000
목성	7억 7830만
토성	1427000000
천왕성	29억
해왕성	4497000000

(   )

15 더 큰 수의 기호를 써 보세요.

> ⊙ 1560조에서 100조씩 6번 뛰어 센 수
> ⓒ 726억에서 10배씩 5번 한 수

(   )

16 설명하는 가장 큰 수를 구해 보세요.

> • 여덟 자리 수입니다.
> • 0이 5개입니다.
> • 가장 높은 자리의 숫자는 나머지 자리의 숫자를 모두 더한 것과 같습니다.

(   )

17 수 카드를 모두 두 번씩 사용하여 30000000보다 큰 수를 만들려고 합니다. 만들 수 있는 수 중에서 30000000에 가장 가까운 수를 구해 보세요.

| 7 | 0 | 2 | 4 |

(   )

18 일곱 자리 수가 각각 적힌 종이가 다음과 같이 찢어져 일부가 보이지 않습니다. 두 수의 크기를 비교하여 ◯ 안에 >, =, < 중 알맞은 것을 써넣으세요.

38 579   ◯   939 43

19 수 카드를 한 번씩만 사용하여 여덟 자리 수를 만들려고 합니다. 백만의 자리 수가 6인 가장 큰 수는 얼마인지 풀이 과정을 쓰고 답을 구해 보세요.

| 1 | 7 | 4 | 0 |
| 8 | 6 | 3 | 5 |

풀이 _____

_____

답 _____

20 세계 동물의 날을 맞아 어느 방송국의 유기 동물 보호 행사에서 기부금이 2470000000원 모였습니다. 동물 보호 단체 한 곳에 천만 원씩 기부금을 전달하기로 하였다면 모두 몇 곳의 단체에 전달할 수 있는지 풀이 과정을 쓰고 답을 구해 보세요.

풀이 _____

_____

_____

답 _____

단원 평가 Level ❷

1 74806을 각 자리의 숫자가 나타내는 값의 합으로 나타내려고 합니다. ☐ 안에 알맞은 수를 써넣으세요.

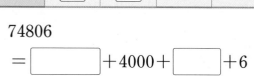

만의 자리	천의 자리	백의 자리	십의 자리	일의 자리
7	☐	☐	0	6

74806
= ☐ + 4000 + ☐ + 6

2 설명하는 수를 쓰고 읽어 보세요.

> 만이 505개, 일이 2000개인 수

쓰기 _____

읽기 _____

3 사탕을 한 봉지에 1000개씩 70봉지에 담았습니다. 사탕은 모두 몇 개일까요?

(   )

4 백만의 자리 숫자가 다른 하나를 찾아 기호를 써 보세요.

> ㉠ 28345145793
> ㉡ 8347925629
> ㉢ 4785492156

(   )

5 뛰어 세기를 하여 빈칸에 알맞은 수를 써넣으세요.

865억 3000만		☐
☐	1065억 3000만	1165억 3000만
☐		☐

6 두 수의 크기를 비교하여 ◯ 안에 >, =, < 중 알맞은 것을 써넣으세요.

1567239087 ◯ 십오억 육천팔만

7 보기 와 같이 ☐ 안에 알맞은 수를 써넣으세요.

> **보기**
> 억이 5개, 만이 671개인 수 ➡ 9자리 수

억이 900개, 만이 39개인 수
➡ ☐ 자리 수

8 1000만보다 1만큼 더 작은 수는 어느 것일까요? (   )

① 99999
② 99만 9999
③ 999만 9999
④ 9999만 9999
⑤ 9억 9999만 9999

9 1억에 대한 설명이 아닌 것을 찾아 기호를 써 보세요.

> ㉠ 100만이 100개인 수
> ㉡ 8000만보다 2000만만큼 더 큰 수
> ㉢ 1만의 1000배

(   )

10 가격이 낮은 제품부터 차례로 기호를 써 보세요.

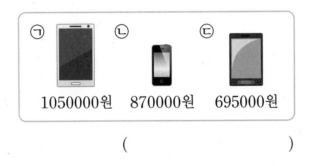

㉠	㉡	㉢
1050000원	870000원	695000원

(   )

11 ☐ 안에 알맞은 기호를 써넣으세요.

> ㉠ 9999만   ㉡ 9999억   ㉢ 9000억

(1) 1조는 ☐ 보다 1000억만큼 더 큽니다.

(2) 1조는 ☐ 보다 1억만큼 더 큽니다.

12 23억 1052만을 10배 한 수에서 숫자 5가 나타내는 값은 얼마일까요?

(   )

13 은행에서 7억 원을 모두 100만 원짜리 수표로 찾으면 100만 원짜리 수표는 모두 몇 장이 될까요?

(   )

14 빛이 1년 동안 갈 수 있는 거리를 1광년이라고 합니다. 1광년은 9조 4608억 km입니다. 100광년은 몇 km일까요?

(   )

15 지혜는 올해 2월까지 용돈을 6만 원 모았고 앞으로 매달 12000원씩 모으려고 합니다. 모은 돈이 처음으로 10만 원을 넘는 때는 몇 월일까요?

(   )

16 설명하는 수를 구해 보세요.

> • 13400보다 크고 13600보다 작은 다섯 자리 수입니다.
> • 백의 자리 수와 일의 자리 수는 짝수입니다.
> • 1부터 5까지의 수를 한 번씩 사용하였습니다.

(   )

17 0부터 9까지의 수 중에서 ☐ 안에 들어갈 수 있는 수를 모두 써 보세요.

$$170\boxed{}5020 < 17022904$$

(   )

18 몇씩 뛰어 센 수를 수직선에 나타냈습니다. ㉠이 나타내는 수는 얼마일까요?

6억 300만		6억 700만			㉠

(   )

19 ㉠과 ㉡이 나타내는 값의 차는 얼마인지 풀이 과정을 쓰고 답을 구해 보세요.

$$\underset{㉠㉡}{155380432}$$

풀이 _____

_____

_____

답 _____

20 수 카드를 한 번씩만 사용하여 일곱 자리 수를 만들려고 합니다. 십만의 자리 숫자가 4인 가장 작은 수는 얼마인지 풀이 과정을 쓰고 답을 구해 보세요.

8 0 5 6 4 1 3

풀이 _____

_____

_____

답 _____

각도

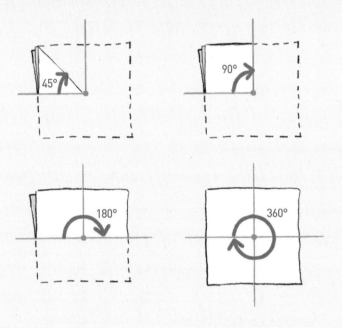

두 반직선이 벌어진 정도, 각의 크기!

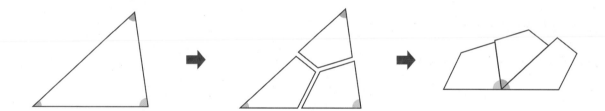

삼각형의 세 각의 크기의 합은 180°입니다.

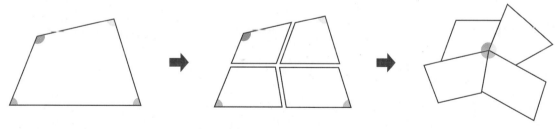

사각형의 네 각의 크기의 합은 360°입니다.

1 각의 크기 비교하기

개념 강의

● **눈으로 각의 크기 비교하기**

각의 크기는 변의 길이와 관계없이 두 변이 벌어진 정도를 비교합니다.

➡ 나의 각의 크기는 가의 각의 크기보다 더 큽니다.

> 두 변이 많이 벌어질수록 큰 각이야.

🔧 **실전 개념**

임의 단위를 사용하여 각의 크기 비교하기

같은 크기의 각이 몇 번 들어갔는지 비교합니다.

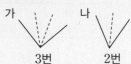

➡ 가의 각의 크기가 더 큽니다.

확인❗

두 변이 더 많이 벌어져 있을수록 각의 크기가 더 (큽니다 , 작습니다).

---

1 두 각 중에서 더 큰 각을 찾아 ◯표 하세요.

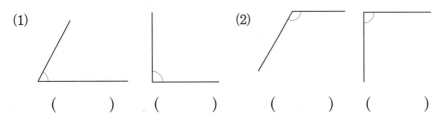

(1) (   ) (   ) (2) (   ) (   )

2 각의 크기가 큰 것부터 차례로 ☐ 안에 1, 2, 3을 써넣으세요.

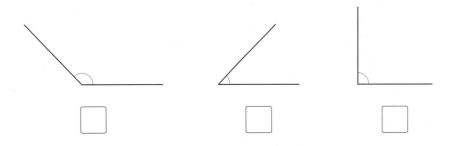

☐   ☐   ☐

❓ **각의 크기를 한눈에 비교하기 어려울 때는 어떻게 하나요?**

투명 종이에 한 각의 본을 뜨고 다른 각에 겹쳐서 각의 크기를 비교할 수 있습니다.

3 부채의 부챗살이 이루는 각의 크기는 일정합니다. 부채 갓대가 이루는 각의 크기가 가장 작은 것을 찾아 기호를 써 보세요.

부챗살
부채 갓대

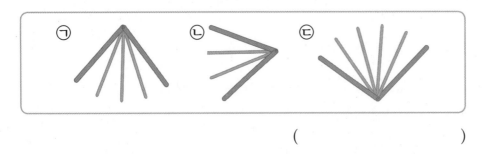

(   )

2 각의 크기 재기

정답과 풀이 **10**쪽

● 각도

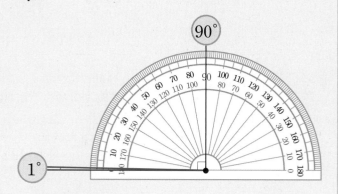

- 각도: 각의 크기
- 1°(1도): 직각을 똑같이 90으로 나눈 것 중 하나
- 직각의 크기: 90°

● 각도기를 사용하여 각도 재기

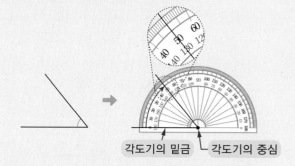

각도기의 밑금 ─ 각도기의 중심

❶ 각도기의 중심을 각의 꼭짓점에 맞춥니다.
❷ 각도기의 밑금을 각의 한 변에 맞춥니다.
❸ 각의 다른 변이 가리키는 <u>눈금</u>을 읽습니다.
　　　　　　　　　　　　0에서 시작한 눈금
➡ 주어진 각도: 50°

---

4 각도기를 바르게 사용한 것을 찾아 기호를 써 보세요.

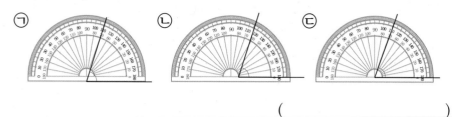

ㄱ　　　　　ㄴ　　　　　ㄷ

(　　　　　　　　　)

5 각도를 구해 보세요.

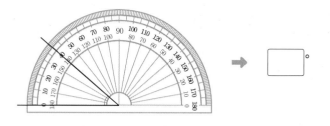

➡ □°

6 각도기를 사용하여 각도를 재어 보세요.

(1)　　　　　　　　　(2)

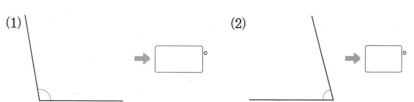

(1) ➡ □°　　(2) ➡ □°

❓ **각도기의 안쪽 눈금과 바깥쪽 눈금 중 어느 눈금을 읽어야 하나요?**

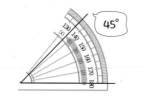

45°

각의 한 변이 안쪽 눈금 0에 맞춰져 있으면 안쪽 눈금을 읽고,

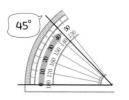

45°

각의 한 변이 바깥쪽 눈금 0에 맞춰져 있으면 바깥쪽 눈금을 읽습니다.

2

3 직각보다 작은 각과 직각보다 큰 각

정답과 풀이 **10쪽**

● **직각보다 작은 각과 직각보다 큰 각**

- 예각: 0°보다 크고 직각보다 작은 각
- 둔각: 직각보다 크고 180°보다 작은 각

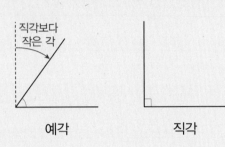

예각

직각

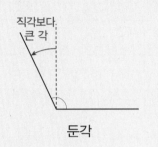

둔각

➕ 보충 개념

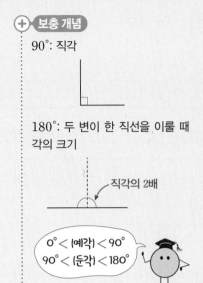

90°: 직각

180°: 두 변이 한 직선을 이룰 때 각의 크기

직각의 2배

0° < (예각) < 90°
90° < (둔각) < 180°

확인!

예각은 직각보다 각도가 (크고 , 작고), 둔각은 직각보다 각도가 (큽니다 , 작습니다).

---

7 각을 보고 예각과 둔각 중 어느 것인지 써 보세요.

(1)   (2)

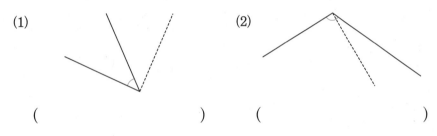

(   )   (   )

▶ 점선으로 그려진 직각과 각의 크기를 비교해 봅니다.

---

8 주어진 각을 예각, 직각, 둔각으로 분류하여 기호를 써 보세요.

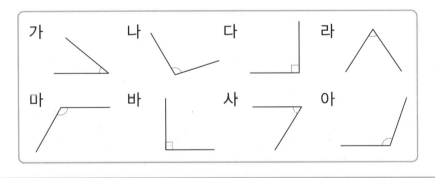

가　　나　　다　　라

마　　바　　사　　아

예각	직각	둔각

❓ 예각, 둔각을 쉽게 분류할 수 있는 방법이 있나요?

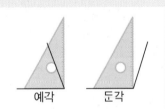

예각　　　둔각

각도가 직각보다 큰지, 작은지를 비교할 때에는 삼각자의 직각인 부분을 이용하면 쉽게 비교할 수 있습니다.

기본에서 응용으로

1 각의 크기 비교하기

변의 길이와 관계없이 각의 두 변이 벌어진 정도를 비교합니다.

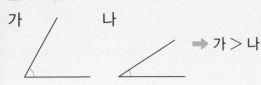

1 가장 큰 각에 ○표, 가장 작은 각에 △표 하세요.

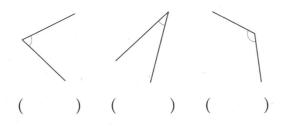

( )　( )　( )

2 등받이를 한 번 뒤로 젖힐 때 같은 각도만큼 젖혀지는 의자가 있습니다. 표시한 각의 크기가 더 큰 것의 기호를 써 보세요.

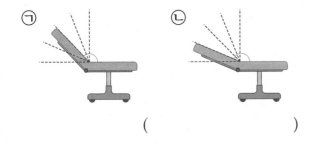

( )

3 각의 크기가 가장 큰 것을 찾아 기호를 써 보세요.

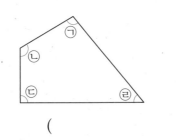

( )

4 종이접기를 하여 만든 고래입니다. 세 각의 크기를 비교하여 각의 크기가 큰 것부터 차례로 기호를 써 보세요.

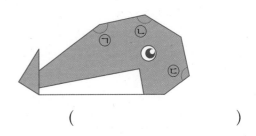

( )

2 각도 재기

❶ 각도기의 중심을 각의 꼭짓점에 맞춥니다.
❷ 각도기의 밑금을 각의 한 변에 맞춥니다.
❸ 각의 다른 변이 가리키는 **눈금**을 읽습니다.

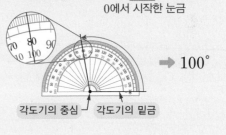

5 각도를 구해 보세요.

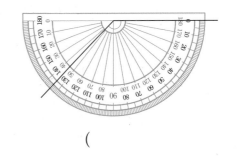

( )

6 각도기를 사용하여 각도를 재어 보세요.

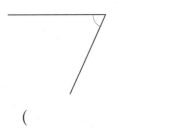

( )

7 각도기로 각도를 재어 110°라고 잘못 구했습니다. 잘못 구한 까닭을 쓰고 바르게 구해 보세요.

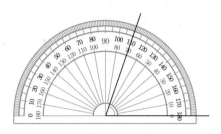

까닭
....

....

바르게 구하기
....

8 각 ㄱㄴㅁ과 각 ㅂㄴㄹ의 크기를 각각 재어 보세요.

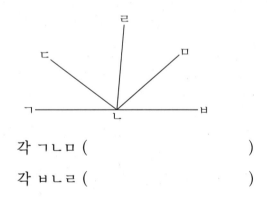

각 ㄱㄴㅁ (   )

각 ㅂㄴㄹ (   )

9 삼각형에서 가장 큰 각과 가장 작은 각의 크기를 각각 재어 보세요.

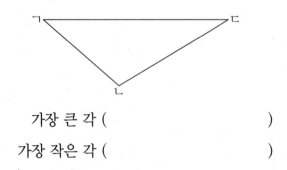

가장 큰 각 (   )

가장 작은 각 (   )

3 직각보다 작은 각과 직각보다 큰 각

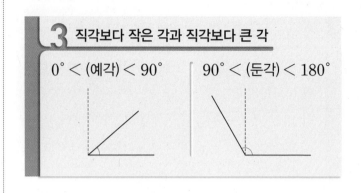

$0° <$ (예각) $< 90°$ $90° <$ (둔각) $< 180°$

10 가위의 날이 이루는 각도가 둔각인 것을 모두 찾아 기호를 써 보세요.

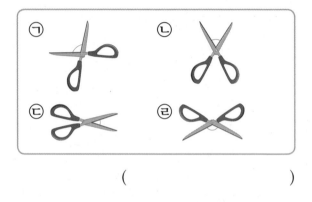

(   )

11 □ 안에 예각이면 '예', 둔각이면 '둔'을 써넣으세요.

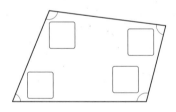

12 주어진 점 중 3개의 점을 연결하여 예각과 둔각을 1개씩 그려 보세요.

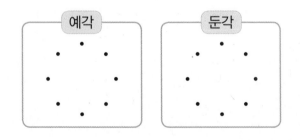

13 예각은 모두 몇 개인지 풀이 과정을 쓰고 답을 구해 보세요.

| 105° | 25° | 170° | 90° | 85° |

풀이 ....

....

....

답 ....

창의 +

14 칠교 조각으로 고양이를 만든 모양입니다. 표시된 각이 예각이면 '예', 둔각이면 '둔'을 □ 안에 써넣으세요.

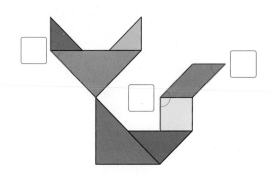

15 예각을 모두 찾아 써 보세요.

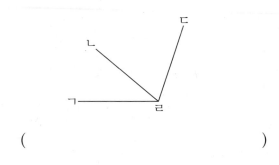

( )

---

4 180°, 360° 알아보기

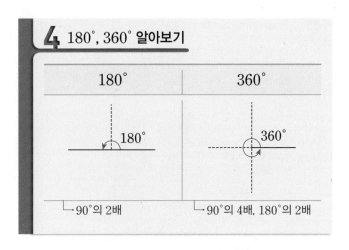

180°	360°
180°	360°
└ 90°의 2배	└ 90°의 4배, 180°의 2배

16 □ 안에 알맞은 수를 써넣으세요.

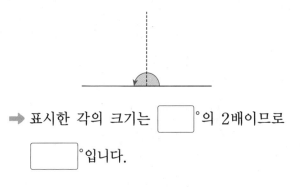

➡ 표시한 각의 크기는 □°의 2배이므로

□°입니다.

17 돌림판을 한 바퀴 돌렸을 때 돌림판이 움직인 각도는 몇 도일까요?

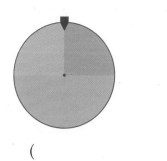

( )

18 시소에서 표시한 각의 크기는 몇 도일까요?

( )

2. 각도 **39**

19 부채 갓대가 포개어졌을 때 부채를 펼친 각도에 대한 설명으로 옳지 않은 것을 찾아 기호를 써 보세요.

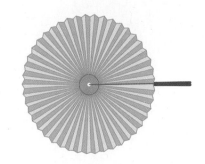

⊙ 한 바퀴이므로 360°입니다.

ⓒ 180°의 3배입니다.

ⓒ 90°의 4배입니다.

( )

5 시계의 긴바늘과 짧은바늘이 이루는 각도

시계의 긴바늘과 짧은바늘이 이루는 작은 쪽의 각도가 90°보다 큰지 작은지 알아봅니다.

예각   직각   둔각

20 시계의 긴바늘과 짧은바늘이 이루는 작은 쪽의 각이 예각인지 둔각인지 써 보세요.

(1) (2)

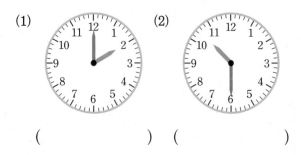

( ) ( )

21 시계의 긴바늘과 짧은바늘이 이루는 작은 쪽의 각이 예각, 직각, 둔각 중 어느 것인지 써 보세요.

(1) | 3시 | ( )

(2) | 5시 30분 | ( )

(3) | 6시 55분 | ( )

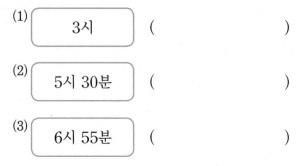

22 시계의 긴바늘과 짧은바늘이 이루는 작은 쪽의 각이 예각인 시각을 모두 찾아 기호를 써 보세요.

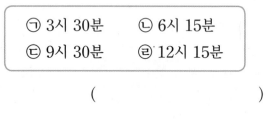

⊙ 3시 30분   ⓒ 6시 15분

ⓒ 9시 30분   ② 12시 15분

( )

23 주어진 시각에서 20분 후에 시계의 긴바늘과 짧은바늘이 이루는 작은 쪽의 각이 예각, 직각, 둔각 중 어느 것인지 써 보세요.

( )

4 각도 어림하기

정답과 풀이 12쪽

개념 강의

● **각도 어림하기**

주어진 각도를 삼각자의 각도와 비교하여 어림할 수 있습니다.
30°, 45°, 60°, 90°

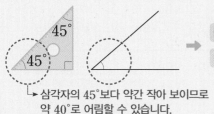

각도를 어림할 때는 '약'을 붙입니다.

어림한 각도 : 약 40°

잰 각도 : 40°

└ 삼각자의 45°보다 약간 작아 보이므로
약 40°로 어림할 수 있습니다.

어림한 각도가 각도기로
잰 각도에 가까울수록
잘 어림한 거야.

➕ 보충 개념

삼각자의 종류

삼각자는 30°, 60°, 90°인 것과
45°, 45°, 90°인 것 두 가지 종류
가 있습니다.

---

1 삼각자의 각과 비교하여 주어진 각도를 어
림하고, 각도기로 재어 확인해 보세요.

어림한 각도 약 ☐ °

잰 각도 ☐ °

▶ 주어진 각도를 삼각자의 세 각 중
가장 비슷한 각의 크기와 비교하
여 어림합니다.

2 세 사람이 주어진 각도를 어림했습니다. 각도기로 각도를 재어 주어진 각
도에 더 가깝게 어림한 사람을 찾아 이름을 써 보세요.

	어림한 각도
서혁	약 135°
주희	약 110°

(   )

❓ **삼각자가 없을 땐 각도를 어떻게
어림할 수 있나요?**

주어진 각에 직각을 그린 다음
직각을 둘 또는 셋으로 똑같이
나누어 생기는 각과 비교해 봅
니다.

➡ 45°보다 약간 작
으므로 약 40°로
어림할 수 있습
니다.

➡ 60°보다 약간 크
므로 약 70°로 어
림할 수 있습니다.

3 자전거에 표시된 각도를 어림하고 각도기로 재어 확인해 보세요.

어림한 각도 약 ☐ °

잰 각도 ☐ °

5 각도의 합과 차 구하기

● 각도의 합 구하기

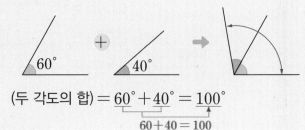

(두 각도의 합) = $60° + 40° = 100°$

$\underbrace{60 + 40 = 100}$

● 각도의 차 구하기

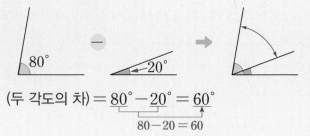

(두 각도의 차) = $80° - 20° = 60°$

$\underbrace{80 - 20 = 60}$

확인!

$100°$보다 $30°$만큼 더 큰 각의 크기는 $100° + 30° = \boxed{}°$입니다.

$100°$보다 $30°$만큼 더 작은 각의 크기는 $100° - 30° = \boxed{}°$입니다.

각도의 합과 차는 자연수의 덧셈, 뺄셈과 같은 방법으로 계산해.

---

4 각도의 합과 차를 구해 보세요.

(1)

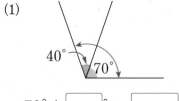

$70° + \boxed{}° = \boxed{}°$

(2)

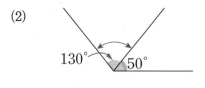

$\boxed{}° - \boxed{}° = \boxed{}°$

> 각도의 합은 두 각을 이어 붙였을 때 전체 각도이고, 각도의 차는 두 각을 포개었을 때 겹치지 않는 부분의 각도입니다.

5 각도의 합과 차를 구해 보세요.

(1) $80° + 45° = \boxed{}°$

(2) $150° - 90° = \boxed{}°$

6 각도기를 사용하여 각도를 각각 재어 보고 두 각도의 합과 차를 각각 구해 보세요.

합 ( )

차 ( )

> **? 두 각도의 차는 어떻게 구하나요?**
>
> 두 각도의 차는 큰 각도에서 작은 각도를 빼는 것과 같습니다.
> 예 $10°$와 $70°$의 차는
> $10° < 70°$이므로
> $70° - 10° = 60°$입니다.

6 삼각형의 세 각의 크기의 합

● **삼각형의 세 각의 크기의 합**

 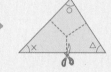 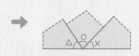

세 꼭짓점이 한 점에 모이도록 이어 붙이면 한 직선 위에 꼭 맞춰집니다.

> 삼각형의 세 각의 크기의 합은 180°입니다.

⚡ **주의 개념**

모양과 크기가 달라도 삼각형의 세 각의 크기의 합은 180°로 항상 같습니다.

확인 !

삼각형의 모양, 크기와 관계없이 삼각형의 세 각의 크기를 더하면 [　　]°가 됩니다.

---

7 각도기를 사용하여 삼각형의 세 각의 크기를 각각 재어 보고 합을 구해 보세요.

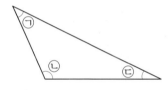

각	㉠	㉡	㉢
각도			

➡ 삼각형의 세 각의 크기의 합: [　　]°

8 ☐ 안에 알맞은 수를 써넣으세요.

(1)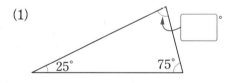

(2)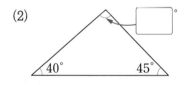

9 삼각형에서 ㉠과 ㉡의 각도의 합을 구해 보세요.

(1)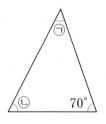

㉠+㉡ = [　　]°

(2)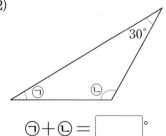

㉠+㉡ = [　　]°

❓ 삼각형에서 모르는 한 각의 크기는 어떻게 구하나요?

삼각형의 세 각의 크기의 합이 180°이므로 180°에서 주어진 두 각의 크기를 빼어 구할 수 있습니다.

▶ 세 각의 크기의 합에서 한 각의 크기를 뺀 것은 나머지 두 각의 크기의 합과 같습니다.

㉠+㉡+㉢ = 180°
➡ ㉠+㉡ = 180°−㉢

● 사각형의 네 각의 크기의 합

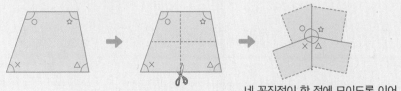

네 꼭짓점이 한 점에 모이도록 이어 붙이면 바닥을 모두 채웁니다.

사각형의 네 각의 크기의 합은 360°입니다.

 보충 개념

사각형은 삼각형 2개로 나눌 수 있습니다.

(사각형의 네 각의 크기의 합)
= (삼각형의 세 각의 크기의 합)×2
= 180°×2 = 360°

확인!

사각형의 모양, 크기와 관계없이 사각형의 네 각의 크기를 더하면 $\boxed{}$°가 됩니다.

10 각도기를 사용하여 사각형의 네 각의 크기를 각각 재어 보고 합을 구해 보세요.

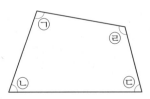

각	㉠	㉡	㉢	㉣
각도				

➡ 사각형의 네 각의 크기의 합: $\boxed{}$°

11 $\boxed{}$ 안에 알맞은 수를 써넣으세요.

(1)
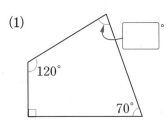

(2)
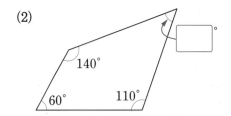

12 사각형에서 ㉠과 ㉡의 각도의 합을 구해 보세요.

(1)
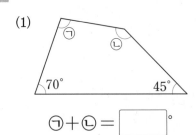

㉠+㉡ = $\boxed{}$°

(2)
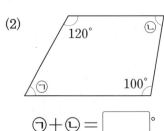

㉠+㉡ = $\boxed{}$°

❓ 사각형에서 모르는 한 각의 크기는 어떻게 구하나요?

사각형의 네 각의 크기의 합이 360°이므로 360°에서 주어진 세 각의 크기를 빼어 구할 수 있습니다.

▶ 네 각의 크기의 합에서 두 각의 크기를 뺀 것은 나머지 두 각의 크기의 합과 같습니다.
㉠+㉡+㉢+㉣ = 360°
➡ ㉠+㉡ = 360°−㉢−㉣

기본에서 응용으로

6 각도 어림하기

주어진 각도를 30°, 60°, 90°와 비교하여 어림합니다.

➡ 30°보다 약간 커 보이므로 약 40°로 어림할 수 있습니다.

24 양쪽에 있는 각의 크기를 보고 가운데 있는 각의 크기를 어림해 보세요.

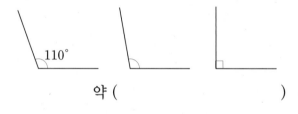

약 (   )

25 각도를 어림하고, 각도기로 재어 확인해 보세요.

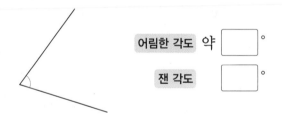

어림한 각도 약 [   ]°

잰 각도 [   ]°

26 각도를 어림한 것입니다. 각도기로 각도를 재어 더 가깝게 어림한 것의 기호를 써 보세요.

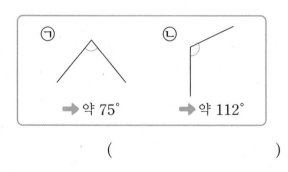

(   )

27 각도를 실제와 더 가깝게 어림한 사람의 이름을 써 보세요.

하진: 90°의 반보다 약간 크니까 약 50°야.

민기: 90°를 3등분 한 것 중 하나쯤이니까 약 30°야.

(   )

7 각도의 합과 차 구하기

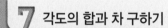

각도의 합	각도의 차
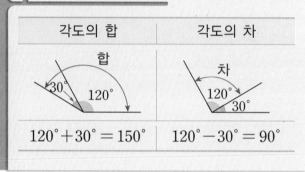	
$120° + 30° = 150°$	$120° - 30° = 90°$

28 ☐ 안에 알맞은 수를 써넣으세요.

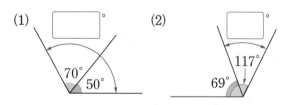

29 ☐ 안에 알맞은 수를 써넣으세요.

(1) $70° + [\quad]° = 115°$

(2) $[\quad]° - 160° = 90°$

30 와플 조각을 이어 붙였습니다. □ 안에 알맞은 수를 써넣으세요.

(1)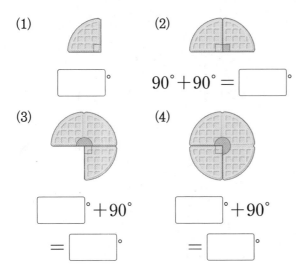

□°

(2)

$90° + 90° = $ □°

(3)

□° + 90°

= □°

(4)

□° + 90°

= □°

31 두 각도의 차는 30°입니다. ㉠의 각도는 몇 도일까요?

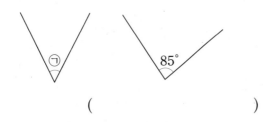

85°

(   )

창의 ✚

32 입구에서 공작마을까지 가는 길을 다음 순서에 따라 선으로 연결하고, 연결한 선들이 이루는 각 중 작은 쪽의 각도를 재어 합을 구해 보세요.

입구 ➡ 대동물관 ➡ 아프리카관

➡ 열대조류관 ➡ 공작마을

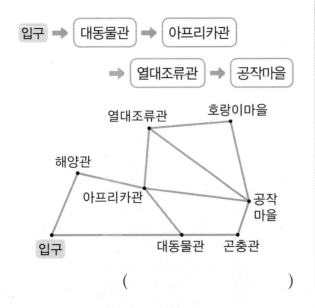

(   )

33 민하와 서후가 태권도를 하면서 나눈 대화입니다. 서후가 벌린 다리의 각도를 구해 보세요.

> 민하: 내가 벌린 다리의 각도는 88°보다 36°만큼 더 커.
> 서후: 나는 너보다 29°만큼 더 작게 다리를 벌렸어.

(   )

8 각도기로 잴 수 없는 각도 구하기

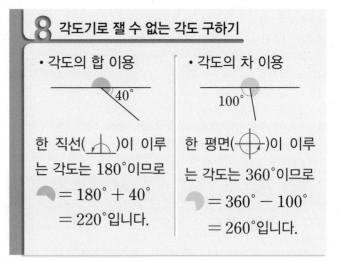

• 각도의 합 이용

40°

한 직선(⊥)이 이루는 각도는 180°이므로
◗ = 180° + 40°
= 220°입니다.

• 각도의 차 이용

100°

한 평면(⊕)이 이루는 각도는 360°이므로
◗ = 360° − 100°
= 260°입니다.

34 ㉠의 각도를 구해 보세요.

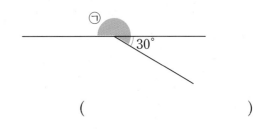

㉠

30°

(   )

35 □ 안에 알맞은 수를 써넣으세요.

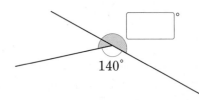

□°

140°

9 직선 위에 있는 각도 구하기

한 직선이 이루는 각도가 180°임을 이용하여 모르는 각도를 구합니다.

➡ ㉠ = 180° − 70°
   = 110°

10 삼각형의 세 각의 크기의 합

삼각형의 세 각의 크기의 합은 180°입니다.

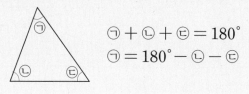

㉠ + ㉡ + ㉢ = 180°
㉠ = 180° − ㉡ − ㉢

36 ☐ 안에 알맞은 수를 써넣으세요.

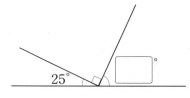

37 ㉠과 ㉡의 각도를 차례로 구해 보세요.

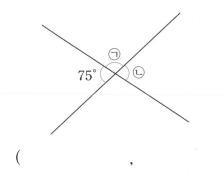

(,   )

서술형
38 ㉠의 각도는 몇 도인지 풀이 과정을 쓰고 답을 구해 보세요.

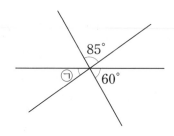

풀이 ....

....

....

답

39 삼각형의 세 각의 크기의 합을 이용하여 ☐ 안에 알맞은 수를 써넣으세요.

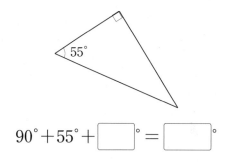

90° + 55° + ☐° = ☐°

40 삼각형의 세 각의 크기가 될 수 없는 것을 찾아 기호를 써 보세요.

㉠ 40°, 60°, 80°
㉡ 50°, 50°, 90°
㉢ 30°, 100°, 50°

(   )

41 ☐ 안에 알맞은 수를 써넣으세요.

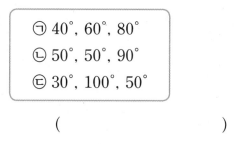

2

42 ㉠의 각도를 구해 보세요.

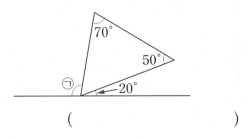

(   )

43 삼각형 ㄱㄴㄷ에서 ●로 표시된 네 각의 크기가 모두 같을 때 각 ㄴㄹㄱ의 크기를 구해보세요.

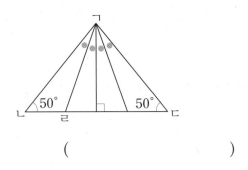

(   )

11 **사각형의 네 각의 크기의 합**

사각형의 네 각의 크기의 합은 360°입니다.

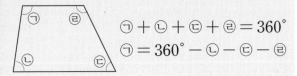

㉠＋㉡＋㉢＋㉣＝360°

㉠＝360°－㉡－㉢－㉣

44 그림을 보고 ☐ 안에 알맞은 수를 써넣으세요.

사각형은 삼각형 ☐ 개로 나눌 수 있으므로 사각형의 네 각의 크기의 합은 180°×☐＝☐°입니다.

45 사각형의 네 각의 크기의 합을 이용하여 ☐ 안에 알맞은 수를 써넣으세요.

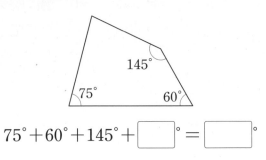

75°＋60°＋145°＋☐°＝☐°

46 유미가 사각형의 네 각의 크기를 바르게 재었는지 알아보고 그렇게 생각한 까닭을 써 보세요.

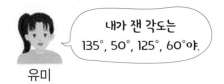

내가 잰 각도는 135°, 50°, 125°, 60°야.

유미

➡ 사각형의 네 각의 크기를 (바르게 , 잘못) 재었습니다.

까닭 _____

47 ☐ 안에 알맞은 수를 써넣으세요.

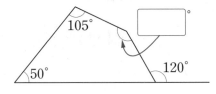

48 ㉠의 각도를 구해 보세요.

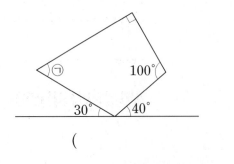

(   )

12 두 삼각자를 이용한 각도의 합과 차

• 이어 붙여서 만든 각도	• 겹쳐서 만든 각도
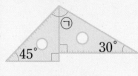	
$\bigcirc = 45° + 60°$ $= 105°$	$\bigcirc = 45° - 30°$ $= 15°$

49 두 삼각자를 그림과 같이 이어 붙였습니다. ㉠의 각도를 구해 보세요.

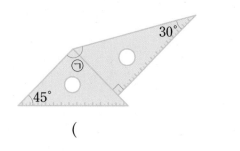

(   )

50 두 삼각자를 그림과 같이 겹쳤습니다. ㉠의 각도를 구해 보세요.

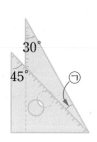

(   )

51 두 삼각자를 이어 붙여서 만들 수 있는 각도 중 가장 작은 각도를 구해 보세요.

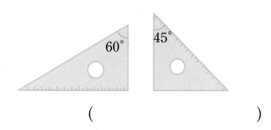

(   )

13 도형에서 모르는 각도 구하기

❶ 도형에서 삼각형이나 사각형 찾기
❷ 삼각형의 세 각의 크기의 합과 사각형의 네 각의 크기의 합을 이용하여 모르는 각도 구하기

52 ㉠의 각도를 구해 보세요.

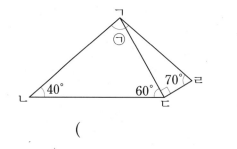

(   )

53 ㉠, ㉡, ㉢의 각도의 합을 구해 보세요.

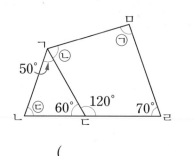

(   )

서술형
54 ㉠의 각도는 몇 도인지 풀이 과정을 쓰고 답을 구해 보세요.

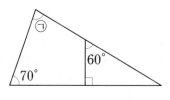

풀이 _____

_____

_____

답 _____

심화유형 1 찾을 수 있는 예각과 둔각의 수 구하기

그림에서 찾을 수 있는 예각은 모두 몇 개일까요?

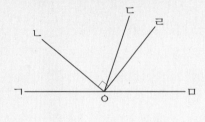

(   )

● **핵심 NOTE**
- $0° <$ (예각) $< 90°$이고, $90° <$ (둔각) $< 180°$입니다.
- 직각은 $90°$이고, 한 직선이 이루는 각도는 $180°$입니다.

1-1 그림에서 찾을 수 있는 둔각은 모두 몇 개일까요?

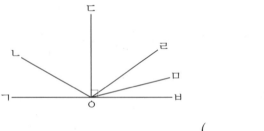

(   )

1-2 그림에서 찾을 수 있는 예각과 둔각은 각각 몇 개일까요?

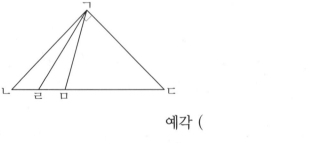

예각 (   )

둔각 (   )

심화유형 2 삼각자를 이용하여 각도 구하기

두 삼각자를 그림과 같이 이어 붙였습니다. ㉠의 각도를 구해 보세요.

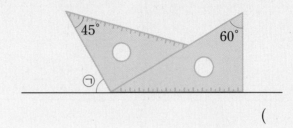

(   )

● **핵심 NOTE**   • 삼각자는 다음과 같이 두 가지 종류가 있습니다.

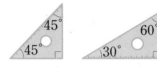

     • 도형에서 직선이나 삼각형, 사각형을 찾아서 주어진 각도를 구합니다.

2-1   두 삼각자를 그림과 같이 겹쳤습니다. ㉠의 각도를 구해 보세요.

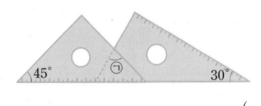

(   )

2-2   두 삼각자를 그림과 같이 겹쳤습니다. ㉠의 각도를 구해 보세요.

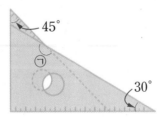

(   )

종이를 접었을 때 생기는 각도 구하기

직사각형 모양의 종이를 다음과 같이 접었을 때 ㉠의 각도를 구해 보세요.

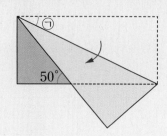

(   )

● 핵심 NOTE　• 종이를 접은 부분의 각도는 같습니다.

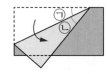　➡ (㉠의 각도)＝(㉡의 각도)

3-1　직사각형 모양의 종이를 다음과 같이 접었을 때 ㉠의 각도를 구해 보세요.

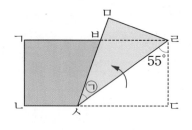

(   )

3-2　직사각형 모양의 종이를 다음과 같이 접었을 때 ㉠의 각도를 구해 보세요.

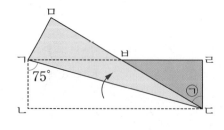

(   )

도형에서 모든 각의 크기의 합 구하기

오른쪽 사진은 펜타곤(pentagon)이라 불리는 미국 국방부의 청사 역할을 하는 시설입니다. 건물 모양이 특이하게도 각이 5개인 도형입니다. 삼각형의 세 각의 크기의 합을 이용하여 펜타곤에 표시한 도형의 다섯 각의 크기의 합을 구해 보세요.

1단계 도형을 삼각형 몇 개로 나눌 수 있는지 알아보기

....

....

2단계 도형의 다섯 각의 크기의 합 구하기

....

....

(   )

● 핵심 NOTE   **1단계** 도형이 삼각형 몇 개로 나누어지는지 알아봅니다.

                2단계 삼각형의 세 각의 크기의 합을 이용하여 도형의 다섯 각의 크기의 합을 구합니다.

4-1 벌집은 최소한의 재료로 최대한의 공간을 확보하기 위해 오른쪽 그림과 같은 도형으로 지어졌습니다. 사각형의 네 각의 크기의 합을 이용하여 벌집에 표시한 도형의 여섯 각의 크기의 합을 구해 보세요.

(   )

4-2 오른쪽 그림은 일시정지를 나타내는 도로 표지판입니다. 삼각형의 세 각의 크기의 합 또는 사각형의 네 각의 크기의 합을 이용하여 도로 표지판의 여덟 각의 크기의 합을 구해 보세요.

(   )

단원 평가 Level ❶

1 다음 각 중에서 가장 큰 각은 어느 것일까요?

(   )

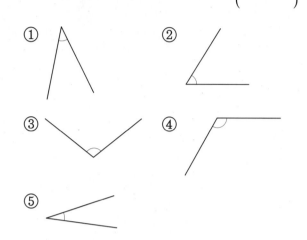

2 파란색 두 변으로 이루어진 각도와 빨간색 두 변으로 이루어진 각도를 차례로 구해 보세요.

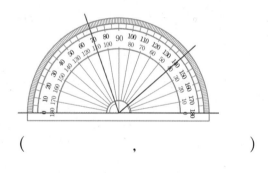

(,   )

3 주어진 각을 예각, 둔각으로 분류하여 기호를 써 보세요.

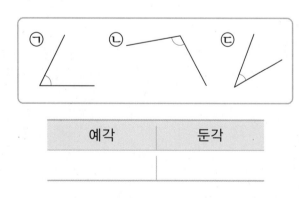

예각	둔각

4 각도를 어림하고 각도기로 재어 확인해 보세요.

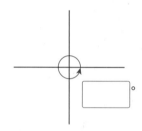

어림한 각도 약 [   ]°

잰 각도 [   ]°

5 ▢ 안에 알맞은 수를 써넣으세요.

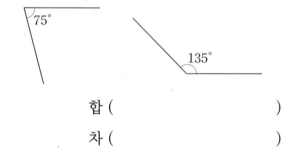

[   ]°

6 두 각도의 합과 차를 각각 구해 보세요.

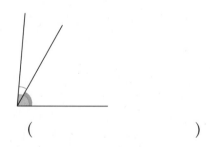

합 (   )

차 (   )

7 두 각을 그림과 같이 포개었습니다. 각도기를 사용하여 두 각도의 차를 구해 보세요.

(   )

8 시계의 긴바늘과 짧은바늘이 이루는 작은 쪽의 각이 예각, 둔각 중 어느 것인지 써 보세요.

(1) 8시 40분 ( )

(2) 4시 45분 ( )

9 계산한 각도가 가장 큰 것은 어느 것일까요?

( )

① 80° + 50° ② 110° + 20°
③ 180° − 30° ④ 270° − 180°
⑤ 120° + 45°

10 두 삼각자를 그림과 같이 이어 붙였습니다. ㉠의 각도를 구해 보세요.

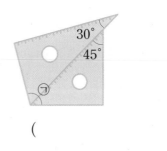

( )

11 피자를 똑같이 8조각으로 나눈 것입니다. 피자 한 조각의 각도에 대한 설명 중 옳지 않은 것을 찾아 기호를 써 보세요.

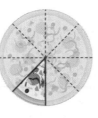

㉠ 90°의 반과 같습니다.
㉡ 180°를 4등분 한 각도입니다.
㉢ 360°를 6등분 한 각도입니다.

( )

12 ㉠의 각도를 구해 보세요.

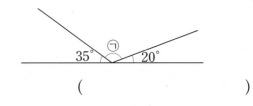

( )

13 삼각형에서 ㉠과 ㉡의 각도의 합을 구해 보세요.

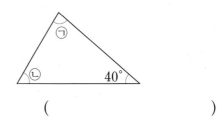

( )

14 다음은 선호가 어떤 사각형의 네 각의 크기를 잰 것입니다. ☐ 안에 알맞은 수를 구해 보세요.

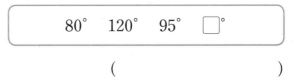

80°   120°   95°   ☐°

( )

15 ☐ 안에 알맞은 수를 써넣으세요.

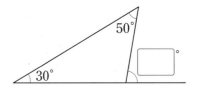

16 도형에서 표시한 각의 크기의 합을 구해 보세요.

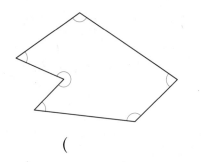

(   )

17 두 삼각자를 그림과 같이 겹쳤습니다. ㉠의 각도를 구해 보세요.

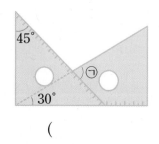

(   )

18 그림에서 찾을 수 있는 예각은 모두 몇 개일까요?

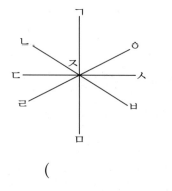

(   )

19 두 사람이 주어진 각도를 어림했습니다. 각도기를 사용하여 각도를 재어 누가 어림을 더 잘했는지 풀이 과정을 쓰고 답을 구해 보세요.

	어림한 각도
은기	약 70°
예원	약 85°

풀이

답

20 ㉠과 ㉡의 각도의 합은 몇 도인지 풀이 과정을 쓰고 답을 구해 보세요.

80°
㉠
55°
㉡

풀이

답

단원 평가 Level ❷

1 크기가 같은 두 각을 찾아 기호를 써 보세요.

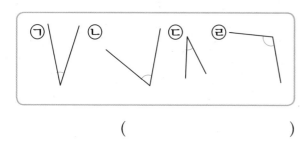

( )

2 각도를 잘못 구한 것을 찾아 기호를 써 보세요.

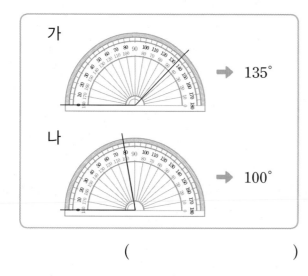

가 ➡ 135°

나 ➡ 100°

( )

3 주어진 선분을 한 변으로 하는 예각을 그리려고 합니다. 점 ㅇ과 이어야 할 점을 찾아 기호를 써 보세요.

㉠ ㉡ ㉢ ㉣

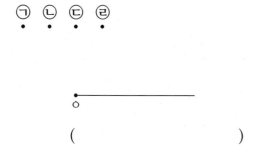

( )

4 각도기를 사용하여 각도를 재어 보세요.

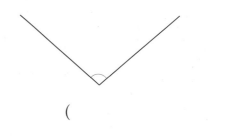

( )

5 노트북이 열린 각도를 어림하고 각도기로 재어 확인해 보세요.

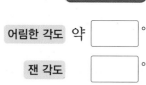

어림한 각도 약 ☐°

잰 각도 ☐°

6 휴식을 할 때는 책을 읽을 때보다 등받이를 몇 도 더 눕혔는지 구해 보세요.

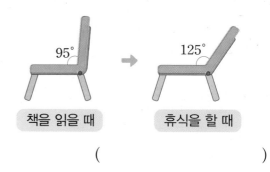

95° 책을 읽을 때 ➡ 125° 휴식을 할 때

( )

7 색종이를 세 번 접어서 만들어진 각의 크기는 몇 도일까요?

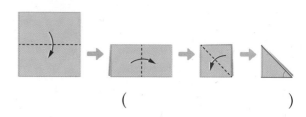

( )

8 시계의 긴바늘과 짧은바늘이 이루는 작은 쪽의 각이 예각인 것은 어느 것일까요? (　　　)

① 12시 30분　　② 10시 30분
③ 7시　　　　　④ 9시
⑤ 11시

9 계산한 각도가 작은 것부터 차례로 기호를 써 보세요.

> ㉠ 35°＋40°　　㉡ 170°－90°
> ㉢ 20°＋70°　　㉣ 110°－25°

(　　　　　　　　)

10 360°로 펼칠 수 있는 부채가 있습니다. 그림을 보고 부채를 펼친 각도를 구해 보세요.

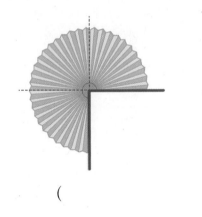

(　　　　　　　　)

11 도형 안에서 찾을 수 있는 둔각은 직각보다 몇 개 더 많을까요?

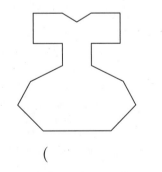

(　　　　　　　　)

12 ㉠의 각도를 구해 보세요.

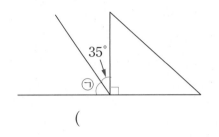

(　　　　　　　　)

13 ☐ 안에 알맞은 수를 써넣으세요.

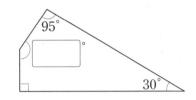

14 삼각형의 세 각의 크기가 될 수 없는 것을 찾아 기호를 써 보세요.

> ㉠ 20°, 100°, 60°
> ㉡ 55°, 15°, 120°
> ㉢ 35°, 80°, 65°

(　　　　　　　　)

15 ☐ 안에 알맞은 수를 써넣으세요.

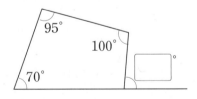

16 두 삼각자를 그림과 같이 겹쳤습니다. ㉠의 각도를 구해 보세요.

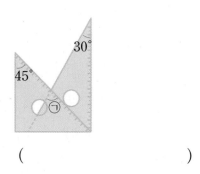

( )

17 직사각형 모양의 종이에 선 하나를 그어 사각형과 삼각형으로 나눈 것입니다. ㉠의 각도를 구해 보세요.

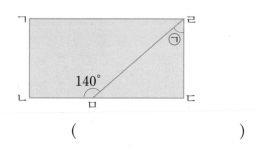

( )

18 다음 도형은 3개의 삼각형으로 나눌 수 있습니다. ㉠의 각도를 구해 보세요.

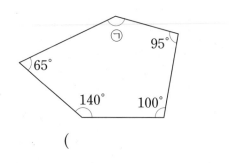

( )

19 수아가 운동 기구의 각도를 바꾸어 운동하고 있습니다. ㉠과 ㉡ 중 운동하는 것이 더 힘이 드는 쪽의 기호를 쓰고 그 까닭을 써 보세요.

㉠   ㉡

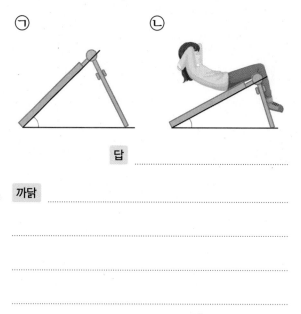

답 ....

까닭 ....

....

....

....

20 두 삼각자를 이어 붙여서 만들 수 있는 각도 중 셋째로 큰 각도는 몇 도인지 풀이 과정을 쓰고 답을 구해 보세요.

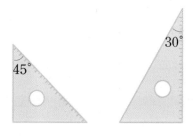

풀이 ....

....

....

....

답 ....

3 곱셈과 나눗셈

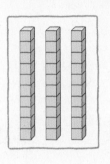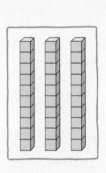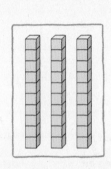

$$30 \times 4 = 120$$
$$120 \div 4 = 30$$

450 나누는 수를 다시 곱하면 30
처음 수가 돼.

÷15

×15

1 (세 자리 수)×(몇십)

● (몇백)×(몇십)의 계산

(몇)×(몇)의 계산 결과에 곱하는 두 수의 0의 개수만큼 0을 붙입니다.

0이 3개
$$500 \times 30 = 15000$$
$5 \times 3 = 15$

$$\begin{array}{r} 5\,0\,0 \\ \times 3\,0 \\ \hline 1\,5\,0\,0\,0 \end{array}$$

● 291×30의 계산

(세 자리 수)×(몇)의 계산 결과에 0을 1개 붙입니다.

$$291 \times 3 = 873$$
10배 ↓ ↓ 10배
$$291 \times 30 = 8730$$

$$\begin{array}{r} 2\,9\,1 \\ \times 3 \\ \hline 8\,7\,3 \end{array}$$
10배 →
$$\begin{array}{r} 2\,9\,1 \\ \times 3\,0 \\ \hline 8\,7\,3\,0 \end{array}$$
← 10배

⊕ 보충 개념

• 곱해지는 수가 10배가 되면 곱 도 10배가 됩니다.
• 곱하는 수가 10배가 되면 곱도 10배가 됩니다.

$$2 \times 3 = 6$$
10배 ↓ ↓ 10배
$$2 \times 30 = 60$$
10배 ↓ ↓ 10배
$$20 \times 30 = 600$$
10배 ↓ ↓ 10배
$$200 \times 30 = 6000$$

---

1 계산해 보세요.

(1) 40×80

400×80

(2) 5×40

500×40

▶ (몇)×(몇)의 계산 결과에 0을 붙이는 경우 0의 개수에 주의합니다.

2 ☐ 안에 알맞은 수를 써넣으세요.

(1) $273 \times 4 =$ ☐
10배 ↓ ↓ 10배
$273 \times 40 =$ ☐

(2) $752 \times 5 =$ ☐
10배 ↓ ↓ 10배
$752 \times 50 =$ ☐

▶ $372 \times 3 = 1116$
372×30
$= \boxed{372 \times 3} \times 10$
↓
$= 1116 \times 10$
$= 11160$

3 504×70은 약 얼마인지 어림하여 구하고 실제로 계산해 보려고 합니다. 504를 수직선에 나타내고, ☐ 안에 알맞은 수를 써넣으세요.

▶ 어림하여 구하면 쉽고 빠르게 곱을 예상할 수 있습니다.

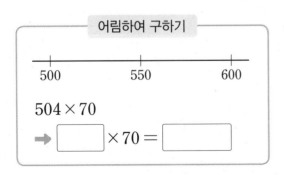

어림하여 구하기

500 ─── 550 ─── 600

504×70

→ ☐ $\times 70 =$ ☐

실제로 계산하기

$$\begin{array}{r} 5\,0\,4 \\ \times 7\,0 \\ \hline \end{array}$$

2 (세 자리 수) × (몇십몇)

정답과 풀이 18쪽

● 311×28의 계산

두 자리 수를 몇과 몇십으로 나누어 곱한 후 두 곱을 더합니다.

$$28 \begin{cases} 8 \\ 20 \end{cases} \rightarrow 311 \times 28 \begin{cases} 311 \times 8 = 2488 \\ 311 \times 20 = 6220 \end{cases}$$
$$311 \times 28 = 8708$$

$$\begin{array}{r} 3\ 1\ 1 \\ \times\quad 2\ 8 \\ \hline 2\ 4\ 8\ 8 \end{array} \rightarrow \begin{array}{r} 3\ 1\ 1 \\ \times\quad 2\ 8 \\ \hline 2\ 4\ 8\ 8 \\ 6\ 2\ 2 \end{array} \rightarrow \begin{array}{r} 3\ 1\ 1 \\ \times\quad 2\ 8 \quad\leftarrow 20+8 \\ \hline 2\ 4\ 8\ 8 \quad\leftarrow 311\times8 \\ 6\ 2\ 2 \quad\leftarrow 311\times20 \\ \hline 8\ 7\ 0\ 8 \end{array}$$

⚡ 주의 개념

세로로 계산할 때는 자리를 맞추어 쓰는 것에 주의합니다.

$$\begin{array}{r} 2\ 4\ 3 \\ \times\quad 3\ 8 \\ \hline 1\ 9\ 4\ 4 \\ 7\ 2\ 9 \\ \hline 2\ 6\ 7\ 3 \end{array} \times \quad \begin{array}{r} 2\ 4\ 3 \\ \times\quad 3\ 8 \\ \hline 1\ 9\ 4\ 4 \\ 7\ 2\ 9\ 0 \\ \hline 9\ 2\ 3\ 4 \end{array} \bigcirc$$

세로 계산에서 십의 자리를 곱할 때 계산의 편리함을 위해 일의 자리 0을 생략할 수 있어.

확인 !

164×17은 □×7과 164×□의 합과 같습니다.

---

4 □ 안에 알맞은 수를 써넣으세요.

(1) $432 \times 2 = $ □

$\quad\ 432 \times 50 = $ □

$\quad\ \overline{432 \times 52 = }$ □

(2) $362 \times 7 = $ □

$\quad\ 362 \times 40 = $ □

$\quad\ \overline{362 \times 47 = }$ □

▶ 236×34는 236×4와 236×30의 합으로 구할 수 있습니다.

5 계산해 보세요.

(1)
$$\begin{array}{r} 6\ 3\ 4 \\ \times\quad 6\ 7 \\ \hline \end{array}$$

(2)
$$\begin{array}{r} 5\ 1\ 7 \\ \times\quad 3\ 4 \\ \hline \end{array}$$

6 286×42는 약 얼마인지 어림하여 구하고 실제로 계산해 보세요.

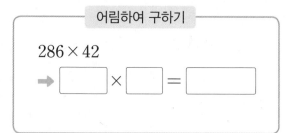

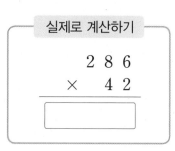

❓ 어림을 왜 하나요?

암산으로 쉽게 계산하기 어려운 경우 몇백, 몇십과 같이 간단한 수로 어림하여 구하면 실제 곱이 얼마쯤 되는지 예상할 수 있기 때문입니다.

기본에서 응용으로

개념+문제 풀이

1 (세 자리 수)×(몇십)

- 386×20의 계산

$$386 \times 2 = 772$$

10배 ↓   ↓ 10배

$$386 \times 20 = 7720$$

1 ☐ 안에 알맞은 수를 써넣으세요.

$$27 \times 3 = \boxed{}$$

$$270 \times 3 = \boxed{}$$

$$270 \times 30 = \boxed{}$$

2 700×50을 계산하려고 합니다. 5를 어느 자리에 써야 할까요? (   )

```
      7 0 0
  ×     5 0
  ─────────
  ① ② ③ ④ ⑤
```

3 계산해 보세요.

(1)
```
    4 9 6
  ×   3 0
```

(2)
```
    8 0 7
  ×   2 0
```

4 ☐ 안에 알맞은 수를 써넣으세요.

$$200 \times 60 = \boxed{}$$

$$20 \times 600 = \boxed{}$$

$$2 \times 6000 = \boxed{}$$

5 가장 큰 수와 가장 작은 수의 곱을 구해 보세요.

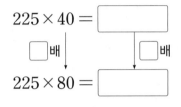

| 259 | 80 | 60 | 345 |

(   )

6 ☐ 안에 알맞은 수를 써넣으세요.

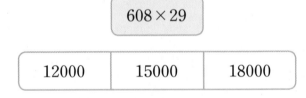

$$225 \times 40 = \boxed{}$$

☐배 ↓   ↓ ☐배

$$225 \times 80 = \boxed{}$$

7 어림하여 구한 값을 찾아 ○표 하세요.

$$608 \times 29$$

| 12000 | 15000 | 18000 |

8 석현이와 민정이는 저금통에 동전을 모았습니다. 누가 더 많이 모았을까요?

내 저금통에는 100원짜리 동전이 70개 있어.

내 저금통에는 500원짜리 동전이 20개 있어.

석현   민정

(   )

9 ☐ 안에 알맞은 수를 써넣으세요.

(1) $18000 = 900 \times \boxed{}$

$\quad\quad\quad = 600 \times \boxed{}$

$\quad\quad\quad = 180 \times \boxed{}$

(2) $25000 = 500 \times \boxed{}$

$\quad\quad\quad = 250 \times \boxed{}$

$\quad\quad\quad = 25 \times \boxed{}$

---

2 (세 자리 수)×(몇십몇)

• 246×57의 계산

$$
\begin{array}{r}
2\,4\,6 \\
\times\quad 5\,7 \quad \leftarrow 50+7 \\
\hline
1\,7\,2\,2 \quad \leftarrow 246 \times 7 \\
1\,2\,3\,0\quad\ \ \leftarrow 246 \times 50 \\
\hline
1\,4\,0\,2\,2
\end{array}
$$

---

10 ☐ 안에 알맞은 수를 써넣으세요.

$$
\begin{array}{r}
7\,6\,4 \\
\times\quad 4\,1 \quad \leftarrow 40 + \boxed{} \\
\hline
\boxed{} \quad \leftarrow 764 \times \boxed{} \\
3\,0\,5\,6\,0 \quad \leftarrow 764 \times \boxed{} \\
\hline
3\,1\,3\,2\,4
\end{array}
$$

---

11 계산해 보세요.

(1)
$$
\begin{array}{r}
4\,1\,7 \\
\times\quad 2\,3 \\
\hline
\end{array}
$$

(2)
$$
\begin{array}{r}
2\,8\,0 \\
\times\quad 3\,6 \\
\hline
\end{array}
$$

---

12 곱셈식을 이용하여 749×55의 곱을 구해 보세요.

$$749 \times 5 = 3745$$

$()$

---

13 빈칸에 알맞은 수를 써넣으세요.

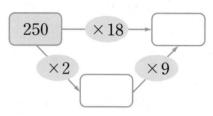

---

14 곱의 크기를 비교하여 ◯ 안에 $>$, $=$, $<$ 중 알맞은 것을 써넣으세요.

(1) $318 \times 19 \bigcirc 318 \times 21$

(2) $206 \times 52 \bigcirc 197 \times 52$

서술형

15 계산 결과가 다섯 자리 수인 곱셈식의 곱은 얼마인지 풀이 과정을 쓰고 답을 구해 보세요.

$$\bigcirc\ 145 \times 64 \quad \bigcirc\ 368 \times 29 \quad \bigcirc\ 407 \times 17$$

풀이

답

16 ☐ 안에 알맞은 수를 써넣으세요.

$$125 \times 4 = \boxed{}$$

☐배 ↓   ☐배

$$125 \times 16 = \boxed{}$$

17 ☐ 안에 알맞은 수를 써넣으세요.

(1) $372 \times 31 = \boxed{372 \times 30} + \boxed{}$

(2) $748 \times 25 = \boxed{748 \times 24} + \boxed{}$

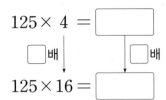

3 곱셈의 활용

문제에서 곱셈 상황을 찾아 식을 만들어 봅니다.

●씩 ▲번
●원짜리 ▲개 ➡ ● × ▲
● g짜리 ▲개
●개씩 ▲명

18 미술 시간에 사용할 리본을 한 명에게 160 cm 씩 나누어 주려고 합니다. 20명에게 나누어 주려면 리본은 모두 몇 cm가 필요할까요?

식 ....

답 ....

19 저금통에 500원짜리 동전 23개와 100원짜리 동전 14개가 들어 있습니다. 저금통에 들어 있는 돈은 모두 얼마일까요?

(   )

20 250 g짜리 찰흙이 12개 있습니다. 찰흙의 수를 2배로 늘리면 전체 무게는 몇 g이 될까요?

(   )

21 승민이는 4월에 줄넘기를 매일 300회씩 하였습니다. 승민이가 4월 한 달 동안 한 줄넘기는 몇 회일까요?

식 ....

답 ....

22 한 개에 320원짜리 사탕을 45개 사고 20000원을 냈습니다. 거스름돈으로 얼마를 받아야 할까요?

(   )

23 지수는 묶음으로 파는 빵을 사려고 합니다. 어림하여 8000원으로 살 수 있는 빵 묶음을 찾아 ○표 하세요.

크루아상	마들렌	머핀
한 개에 900원 12개 묶음	한 개에 390원 18개 묶음	한 개에 510원 22개 묶음

(   )   (   )   (   )

창의 ✚

24 유찬이네 가족이 물 절약을 위해 쓴 내용을 보고 곱셈 문제를 만들어 해결해 보세요.

> 물 절약 방법: 샤워 시간 3분씩 줄이기
> 하루에 절약되는 물의 양: 144 L
> 실천한 기간: 99일 동안

문제 _____

_____

_____

식 _____

답 _____

---

4 바르게 계산한 값 구하기

㉘ 어떤 수에 20을 곱해야 할 것을 잘못하여 더했더니 150이 되었을 때 바르게 계산한 값 구하기

❶ 어떤 수를 □라 하고 잘못 계산한 식 쓰기

➡ $\square + 20 = 150$

❷ ❶의 식에서 □ 구하기

➡ $150 - 20 = \square$, $\square = 130$

❸ 바르게 계산한 값 구하기

➡ $130 \times 20 = 2600$

25 어떤 수에 25를 곱해야 할 것을 잘못하여 더했더니 385가 되었습니다. 물음에 답하세요.

(1) 어떤 수를 구해 보세요.

( )

(2) 바르게 계산한 값을 구해 보세요.

( )

---

26 어떤 수를 40배 해야 할 것을 잘못하여 4배 하였더니 400이 되었습니다. 바르게 계산한 값을 구해 보세요.

( )

27 어떤 수를 32번 더해야 할 것을 잘못하여 32를 더했더니 422가 되었습니다. 바르게 계산한 값을 구해 보세요.

( )

서술형

28 어떤 수에 37을 곱해야 할 것을 잘못하여 73을 뺐더니 429가 되었습니다. 바르게 계산한 값은 얼마인지 풀이 과정을 쓰고 답을 구해 보세요.

풀이 _____

_____

_____

_____

답 _____

3 (세 자리 수)÷(몇십)

개념 강의

● **240÷40의 계산** → 나머지가 없는 경우

$$240 \div 40 = 6$$
$$24 \div 4 = 6$$

→ 240 ÷ 40의 몫은
24 ÷ 4의 몫과 같습
니다.

$$\begin{array}{r} \times\ 6 \\ 40\overline{)2\ 4\ 0} \\ -\ 2\ 4\ 0 \\ \hline 0 \end{array}$$

$$240 \div 40 = 6 \Rightarrow \boxed{몫}\ 6 \quad \boxed{나머지}\ 0$$

확인 $40 \times 6 = 240$

● **215÷40의 계산** → 나머지가 있는 경우

$$40 \times 4 = 160$$
$$40 \times 5 = 200$$
$$40 \times 6 = 240$$

→ 215보다 크지 않으면서
215에 가장 가까운
곱을 찾습니다.

$$\begin{array}{r} \times\ 5 \\ 40\overline{)2\ 1\ 5} \\ -\ 2\ 0\ 0 \\ \hline 1\ 5 \end{array}$$

→ 나머지는 항상 나누는
수보다 작아야 합니다.

$$215 \div 40 = 5 \cdots 15 \Rightarrow \boxed{몫}\ 5 \quad \boxed{나머지}\ 15$$

확인 $40 \times 5 = 200, 200 + 15 = 215$

확인 !

$180 \div 30$의 몫은 $18 \div 3$의 몫과 (같습니다 , 다릅니다).

---

1 계산해 보세요.

(1) $180 \div 20$

(2) $250 \div 50$

(3) $480 \div 60$

(4) $720 \div 90$

▶ ●▲0 ÷ ■0의 몫과 ●▲ ÷ ■
의 몫이 같음을 이용합니다.

2 ☐ 안에 알맞은 수를 써넣으세요.

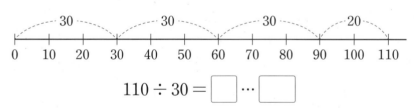

$$110 \div 30 = \boxed{} \cdots \boxed{}$$

3 필요한 곱셈식에 ○표 하고, 계산해 보세요.

(1)
$$\begin{array}{l} 30 \times 3 = \ \ 90 \\ 30 \times 4 = 120 \\ 30 \times 5 = 150 \end{array}$$

$$30\overline{)1\ 4\ 7}$$

(2)
$$\begin{array}{l} 50 \times 6 = 300 \\ 50 \times 7 = 350 \\ 50 \times 8 = 400 \end{array}$$

$$50\overline{)3\ 1\ 6}$$

? 나눗셈의 몫은 어떻게 정해야 하나요?

나누는 수와 몫의 곱이 나누어지는 수보다 크지 않으면서 가장 가깝게 되도록 정합니다.

4 몇십몇으로 나누기(1)

정답과 풀이 21쪽

● **80 ÷ 16의 계산** → 나머지가 없고, 몫이 한 자리 수인 경우

$$16 \times 4 = 64$$
$$16 \times 5 = 80$$
$$16 \times 6 = 96$$

$$\begin{array}{r} \times\ 5 \\ 16\overline{)8\ 0} \\ -\ 8\ 0 \\ \hline 0 \end{array}$$

$$80 \div 16 = 5 \;\Rightarrow\; 몫\ 5 \quad 나머지\ 0$$

확인 $16 \times 5 = 80$

● **287 ÷ 32의 계산** → 나머지가 있고, 몫이 한 자리 수인 경우

$$32 \times 7 = 224$$
$$32 \times 8 = 256$$
$$32 \times 9 = 288$$

$$\begin{array}{r} \times\ 8 \\ 32\overline{)2\ 8\ 7} \\ -\ 2\ 5\ 6 \\ \hline 3\ 1 \end{array}$$

$$287 \div 32 = 8 \cdots 31 \;\Rightarrow\; 몫\ 8 \quad 나머지\ 31$$

확인 $32 \times 8 = 256,\ 256 + 31 = 287$

---

4 알맞은 말에 ○표 하고, ☐ 안에 알맞은 수를 써넣으세요.

(1)
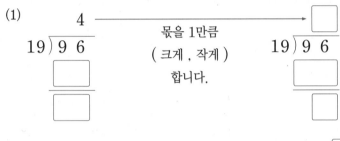

$$\begin{array}{r} 4 \\ 19\overline{)9\ 6} \end{array}$$

몫을 1만큼
(크게 , 작게)
합니다.

$$19\overline{)9\ 6}$$

(2)

$$\begin{array}{r} 8 \\ 42\overline{)3\ 2\ 6} \end{array}$$

몫을 1만큼
(크게 , 작게)
합니다.

(뺄 수 없습니다.)

$$42\overline{)3\ 2\ 6}$$

▶ 나머지는 항상 나누는 수보다 작아야 합니다.

$$\begin{array}{r} 7 \\ 25\overline{)2\ 1\ 0} \\ 1\ 7\ 5 \\ \hline 3\ 5 \end{array}$$

➡ 35에 25가 한 번 더 들어갈 수 있습니다.

---

5 어림한 나눗셈의 몫으로 가장 적절한 수에 ○표 하세요.

(1) $89 \div 31$

| 2 | 3 | 4 | 5 | 6 |

(2) $322 \div 78$

| 3 | 4 | 9 | 30 | 40 |

❓ 나눗셈의 몫은 어떻게 어림하여 구할 수 있나요?

$$63 \div 28$$

63을 어림하면 60쯤이고, 28을 어림하면 30쯤입니다.
$63 \div 28$을 어림하여 구하면 몫은 약 $60 \div 30 = 2$입니다.

---

6 계산해 보세요.

(1)
$$22\overline{)9\ 6}$$

(2)
$$26\overline{)2\ 2\ 0}$$

5 몇십몇으로 나누기 (2)

● **308÷14의 계산** → 나머지가 없고, 몫이 두 자리 수인 경우

$$14 \times 10 = 140$$
$$14 \times 20 = 280$$
$$14 \times 30 = 420$$

$$
\begin{array}{r}
\times\ 2 \\
14\ )\overline{3\ 0\ 8} \\
-\ 2\ 8 \\
\hline
2\ 8
\end{array}
$$

→

$$14 \times 1 = 14$$
$$14 \times 2 = 28$$
$$14 \times 3 = 42$$

$$
\begin{array}{r}
2\ 2 \\
14\ )\overline{3\ 0\ 8} \\
2\ 8 \\
\hline
2\ 8 \\
-\ 2\ 8 \\
\hline
0
\end{array}
$$

① 30 ÷ 14의 계산을 합니다.
→ 300 ÷ 14의 계산을 나타냅니다.

② 남은 28을 14로 나눕니다.

$$308 \div 14 = 22 \Rightarrow \boxed{\text{몫}}\ 22 \quad \boxed{\text{나머지}}\ 0$$

$\boxed{\text{확인}}\ 14 \times 22 = \boxed{308}$

🔧 실전 개념

$14 < 30$이므로 몫은 두 자리 수임을 알 수 있습니다.

십의 자리에 2가 있으므로 20을 $14\overline{)308}$ 나타냅니다.

30에는 14가 2번 들어갈 수 있으므로 몫의 십의 자리에 2를 씁니다.

---

7 곱셈식을 이용하여 884÷34의 몫을 어림해 보세요.

$$34 \times 10 = 340$$
$$34 \times 20 = 680$$
$$34 \times 30 = 1020$$

884 ÷ 34의 몫은 ☐ 보다 크고 ☐ 보다 작습니다.

8 필요한 곱셈식에 ○표 하고, 계산해 보세요.

$$25 \times 10 = 250$$
$$25 \times 20 = 500$$
$$25 \times 30 = 750$$
$$25 \times 40 = 1000$$

$$25\overline{)8\ 2\ 5}$$

▶ 나누어지는 수의 앞의 두 자리 수가 나누는 수와 같거나 크면 몫이 두 자리 수가 됩니다.

9 잘못된 것을 찾아 기호를 써 보세요.

$$
\begin{array}{r}
2\ 6 \\
32\ )\overline{8\ 3\ 2} \\
6\ 4 \\
\hline
1\ 9\ 2 \\
1\ 9\ 2 \\
\hline
0
\end{array}
$$

← ㉠ 3 × 26
← ㉡ 832 − 640
← ㉢ 32 × 6
← ㉣ 192 − 192

(   )

▶ 몫의 십의 자리를 구할 때 (나누는 수)×(몇십)임에 주의합니다.

6 몇십몇으로 나누기(3)

● **785÷21의 계산** ── 나머지가 있고, 몫이 두 자리 수인 경우

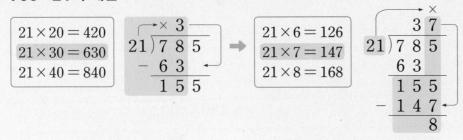

$21 \times 20 = 420$
$21 \times 30 = 630$
$21 \times 40 = 840$

$21 \times 6 = 126$
$21 \times 7 = 147$
$21 \times 8 = 168$

① $\underline{78 \div 21}$의 계산을 합니다.
└─ • $780 \div 21$의 계산을 나타냅니다.

② 남은 155를 21로 나눕니다.

$785 \div 21 = 37 \cdots 8$ ➡ 몫 37 나머지 8

확인 $21 \times 37 = 777, \ 777 + 8 = 785$

실전 개념

곱을 빼고 남는 수로 더 나눌 수 없으면 몫의 일의 자리는 0이 됩니다.

$$\begin{array}{r} 4\ 0 \\ 14\overline{)5\ 6\ 7} \\ 5\ 6 \\ \hline 7 \end{array}$$

➡ $567 \div 14 = 40 \cdots 7$

---

10 빈칸에 알맞은 수를 써넣고 계산해 보세요.

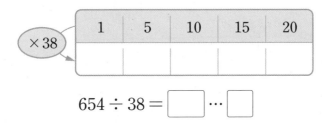

×38	1	5	10	15	20

$654 \div 38 = \boxed{} \cdots \boxed{}$

▶ (나누는 수)×(몫)이 나누어지는 수보다 크지 않으면서 가장 가까운 수를 찾아봅니다.

11 계산을 하고 계산이 맞는지 확인해 보세요.

$23\overline{)5\ 6\ 9}$

확인 ....

....

? 나눗셈의 몫을 바르게 구했는지 어떻게 알 수 있나요?

(나누는 수)×(몫)에 나머지를 더하여 나누어지는 수가 나오는지 확인해 봅니다.

12 수직선에 790과 22를 ↑로 나타내고 몫을 어림하여 구해 보세요.

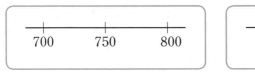

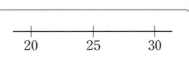

700   750   800

20   25   30

$790 \div 22$ ➡ 약 $\boxed{} \div \boxed{} = \boxed{}$

5 (세 자리 수)÷(몇십)

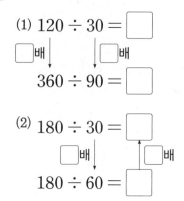

• 240 ÷ 80의 계산

• 245 ÷ 80의 계산

→ 240 ÷ 80 = 3

→ 245 ÷ 80 = 3 … 5

29 ☐ 안에 알맞은 수를 써넣어 몫이 같은 나눗셈식을 만들어 보세요.

(1) $14 \div 2 = 7$

$140 \div \boxed{} = 7$

(2) $45 \div 5 = 9$

$\boxed{} \div 50 = 9$

30 두 수의 곱이 ◯ 안의 수보다는 크지 않으면서 가장 가까운 수가 되도록 ☐ 안에 알맞은 자연수를 써넣으세요.

(1) (98) ← [30 × ☐]

(2) (612) ← [70 × ☐]

31 ☐ 안에 알맞은 수를 써넣고 740 ÷ 90의 몫과 나머지를 구해 보세요.

$90 \times 7 = \boxed{}$

$90 \times 8 = \boxed{}$

$90 \times 9 = \boxed{}$

$740 \div 90 = \boxed{} \cdots \boxed{}$

32 ☐ 안에 알맞은 수를 써넣으세요.

(1) $120 \div 30 = \boxed{}$

☐배 ↓   ↓☐배

$360 \div 90 = \boxed{}$

(2) $180 \div 30 = \boxed{}$

☐배 ↓   ↑☐배

$180 \div 60 = \boxed{}$

33 빈칸에 알맞은 수를 써넣으세요.

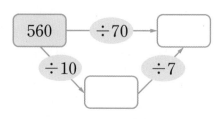

560 — $\div 70$ → ☐

$\div 10$ ↘   ↗ $\div 7$

☐

34 ☐ 안에 알맞은 수를 써넣으세요.

(1) $200 \div 50 = \boxed{}$

$150 \div 50 = \boxed{}$ $+$

$350 \div 50 = \boxed{}$

(2) $240 \div 40 = \boxed{}$

$120 \div 40 = \boxed{}$ $+$

$360 \div 40 = \boxed{}$

35 □ 안에 알맞은 수를 써넣으세요.

(1) □ ÷ 90 = 8

(2) 210 ÷ □ = 7

서술형

36 나머지가 작은 것부터 차례로 기호를 쓰려고 합니다. 풀이 과정을 쓰고 답을 구해 보세요.

> ㉠ 387 ÷ 40　㉡ 225 ÷ 30　㉢ 561 ÷ 60

풀이

답

6 몇십몇으로 나누기(1)–몫이 한 자리 수인 경우

• 123 ÷ 34의 계산

$$34 \times 2 = 68$$
$$34 \times 3 = 102$$
$$34 \times 4 = 136$$

$$\begin{array}{r} \times\ 3 \\ 34\overline{)1\ 2\ 3} \\ -\ 1\ 0\ 2 \\ \hline 2\ 1 \end{array}$$

➡ 123 ÷ 34 = 3 ⋯ 21

37 필요한 곱셈식에 ○표 하고, 계산해 보세요.

$$54 \times 7 = 378$$
$$54 \times 8 = 432$$
$$54 \times 9 = 486$$

$$54\overline{)4\ 6\ 7}$$

38 보기 와 같이 어림할 수 있는 식을 찾아 ○표 하고, 계산해 보세요.

보기

312 ÷ 76 ➡ | 240 ÷ 80 　(320 ÷ 80) |

어림하여 구하기 320 ÷ 80 = 4

실제로 계산하기 312 ÷ 76 = 4 ⋯ 8

481 ÷ 58 ➡ | 480 ÷ 60 　540 ÷ 60 |

어림하여 구하기 _____

실제로 계산하기 _____

39 계산하고 계산 결과가 맞는지 확인해 보세요.

(1)
$$26\overline{)7\ 3}$$

확인

(2)
$$44\overline{)2\ 5\ 2}$$

확인

40 잘못 계산한 부분을 찾아 바르게 계산해 보세요.

$$\begin{array}{r} 8 \\ 31\overline{)2\ 1\ 9} \\ 2\ 4\ 8 \end{array}$$ ➡

41 493에서 62를 최대한 몇 번 뺄 수 있을까요? 그리고 그때 남는 수는 얼마일까요?

뺄 수 있는 횟수 (   )

남는 수 (   )

7 몇십몇으로 나누기 (2) - 나머지가 없는 경우

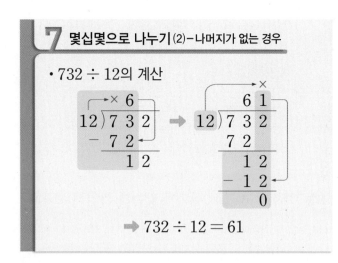

• $732 \div 12$의 계산

→ $732 \div 12 = 61$

42 $832 \div 26$의 몫을 구하려고 합니다. ☐ 안에 알맞은 수를 써넣고, 몫의 십의 자리 수를 구할 때 필요한 식에 ○표 하세요.

$26 \times 20 =$ ☐   (   )

$26 \times 30 =$ ☐   (   )

$26 \times 40 =$ ☐   (   )

43 계산해 보세요.

(1) $27 \overline{)864}$ (2) $19 \overline{)950}$

44 몫이 두 자리 수인 나눗셈을 모두 찾아 기호를 써 보세요.

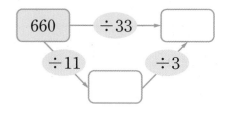

㉠ $360 \div 72$ ㉡ $416 \div 52$

㉢ $154 \div 11$ ㉣ $504 \div 24$

(   )

45 빈칸에 알맞은 수를 써넣으세요.

660 → $\div 33$ → ☐

$\div 11$ $\div 3$

☐

46 ☐ 안에 알맞은 수를 써넣으세요.

$360 \div 24 = 15$

$360 \div 12 =$ ☐

$360 \div 6 =$ ☐

47 $574 \div 14$를 오른쪽과 같이 계산했습니다. 다시 계산하지 않고 몫을 바르게 구하는 방법을 써 보세요.

$$\begin{array}{r} 3\ 9 \\ 14 \overline{)5\ 7\ 4} \\ 4\ 2 \\ \hline 1\ 5\ 4 \\ 1\ 2\ 6 \\ \hline 2\ 8 \end{array}$$

나머지가 나누는 수보다 크므로 더 나눌 수 있습니다. $28 \div 14 =$ ☐ 이므로 $574 \div 14$의 몫은 $39 +$ ☐ $=$ ☐ 입니다.

48 ☐ 안에 알맞은 수를 써넣으세요.

(1) ☐ $\div 18 = 16$

(2) $476 \div$ ☐ $= 17$

---

8 몇십몇으로 나누기(3)―나머지가 있는 경우

• $254 \div 16$의 계산

$$
\begin{array}{r}
\times\ 1 \\
16\,)\,2\ 5\ 4 \\
-\ 1\ 6 \\
\hline
9\ 4
\end{array}
\Rightarrow
\begin{array}{r}
1\ 5 \\
16\,)\,2\ 5\ 4 \\
1\ 6 \\
\hline
9\ 4 \\
-\ 8\ 0 \\
\hline
1\ 4
\end{array}
$$

➡ $254 \div 16 = 15 \cdots 14$

---

49 $26 \times 3 = 78$을 이용하여 계산하고 몫과 나머지를 구해 보세요.

$$26\,)\,8\ 5\ 9$$

몫 (   )

나머지 (   )

---

50 계산해 보세요.

(1) $24\,)\,3\ 2\ 5$ (2) $38\,)\,7\ 6\ 7$

---

51 $713 \div 23 = 31$입니다. $715 \div 23$의 나머지는 얼마일까요?

(   )

---

52 나눗셈의 몫과 나머지의 합을 구해 보세요.

$$919 \div 19$$

(   )

---

53 몫의 크기를 비교하여 ◯ 안에 $>$, $=$, $<$ 중 알맞은 것을 써넣으세요.

(1) $225 \div 14$ ◯ $589 \div 32$

(2) $628 \div 24$ ◯ $417 \div 18$

---

9 나눗셈의 활용

문제에서 나눗셈 상황을 찾아 식을 만들어 봅니다.

● ●개를 ▲명에게 똑같이

● ●개를 한 사람에게 ▲개씩 ➡ ● $\div$ ▲

● ●L를 ▲L씩 통에

---

54 마라톤 대회 준비를 위해 매일 같은 거리만큼 달리기를 하려고 합니다. 30일 동안 $145\,km$를 목표로 하여 달리려면 하루에 $5\,km$씩 달리면 충분할지 어림하여 구해 보세요.

어림하여 구하기 ☐ $\div 30 =$ ☐

하루에 $5\,km$씩 달리면 목표한 거리를 모두 달리는 데 (충분합니다 , 부족합니다).

55 구슬 470개를 94명에게 똑같이 나누어 주려고 합니다. 한 사람에게 몇 개씩 나누어 주어야 할까요?

식 _____

답 _____

56 씨앗 555개를 한 봉지에 45개씩 담아 포장하려고 합니다. 포장을 다 하고 남는 씨앗은 몇 개일까요?

(   )

57 812 L의 물을 32 L 들이 물탱크에 나누어 담으려고 합니다. 물을 남김없이 모두 담으려면 물탱크는 적어도 몇 개가 필요할까요?

(   )

창의➕
58 ☐ 안에 알맞은 수를 써넣어 은하의 일기를 완성해 보세요.

> 5월 19일 ○요일
>
> 빈 친구들에게 선물하기 위해 250개가 들어 있는 초콜릿 한 통과 180개가 들어 있는 사탕 한 봉지를 샀다. 상자 22개에 초콜릿과 사탕을 각각 똑같이 나누어 담았더니 초콜릿은 ☐개씩 담고 ☐개가 남았고, 사탕은 ☐개씩 담고 ☐개가 남았다.
>
> 친구들이 선물을 받고 기뻐했으면 좋겠다.

10 나누는 수와 나머지의 관계

예 어떤 자연수를 25로 나눌 때 나머지가 될 수 있는 수는 0, 1, 2, ..., 23, 24입니다.

➡ 나머지는 나누는 수보다 작아야 합니다.

59 잘못 계산한 것을 모두 찾아 기호를 써 보세요.

```
 ㉠         3          ㉡         5
   42) 1 2 8            84) 5 0 8
        1 2 6                4 2 0
            2                  8 8

 ㉢         8          ㉣         7
   75) 6 3 0            56) 4 5 4
        6 0 0                3 9 2
           3 0                 6 2
```

(   )

60 어떤 자연수를 11로 나누었을 때 나올 수 있는 나머지 중에서 가장 큰 수는 얼마일까요?

(   )

61 어떤 자연수를 78로 나누었을 때 나머지가 될 수 있는 수 중에서 가장 큰 수를 16으로 나누면 몫과 나머지는 얼마일까요?

몫 (   )

나머지 (   )

11 나누어지는 수, 나누는 수 구하기

예 ☐ ÷ 19 = 7 ⋯ 11일 때 ☐의 값 구하기
19 × 7 = 133, 133 + 11 = 144이므로
☐ = 144
➡ 나누어지는 수는 (나누는 수) × (몫)에 나머지를 더한 것과 같습니다.

12 나누어지는 수, 나누는 수와 몫의 관계

나누어지는 수가 클수록 몫이 커지고 나누는 수가 클수록 몫이 작아집니다.

$$100 ÷ 50 = 2 \qquad 500 ÷ 10 = 50$$
$$200 ÷ 50 = 4 \qquad 500 ÷ 50 = 10$$
$$300 ÷ 50 = 6 \qquad 500 ÷ 100 = 5$$

62 ☐ 안에 알맞은 수를 써넣으세요.

$$\boxed{} ÷ 24 = 9 ⋯ 17$$

63 어떤 수에 17을 곱해야 할 것을 잘못하여 나누었더니 몫이 25이고 나머지가 11이었습니다. 바르게 계산한 값을 구해 보세요.

(   )

서술형
64 나눗셈식의 나머지가 가장 큰 수가 되도록 ☐ 안에 알맞은 자연수를 구하려고 합니다. 풀이 과정을 쓰고 답을 구해 보세요.

$$\boxed{} ÷ 43 = 16 ⋯ ●$$

풀이 _____

_____

답 _____

65 수 카드 4장을 한 번씩만 사용하여 몫이 가장 큰 (두 자리 수) ÷ (두 자리 수)의 나눗셈식을 만들려고 합니다. 알맞은 말에 ○표 하고, ☐ 안에 알맞은 수를 써넣으세요.

5   3   1   6

몫이 가장 크려면 나누어지는 수를 가장 (크게 , 작게), 나누는 수를 가장 (크게 , 작게) 만듭니다.

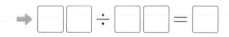

66 900을 어떤 자연수로 나누었을 때 가장 큰 몫과 가장 작은 몫의 차를 구해 보세요.

(   )

67 수 카드 5장을 한 번씩만 사용하여 나눗셈식을 만들려고 합니다. 몫이 가장 크게 되는 나눗셈식을 만들고 몫과 나머지를 구해 보세요.

5   0   8   4   1

➡ ☐☐☐ ÷ ☐☐

몫 (   )
나머지 (   )

심화유형 1 곱셈식과 나눗셈식 완성하기

☐ 안에 알맞은 수를 써넣으세요.

(1)
```
        5  2  ☐
    ×      ☐  7
    ─────────────
    3  ☐  9  6
  ☐  6  4  0
  ─────────────
  ☐  0  0  9  6
```

(2)
```
              2  1
  3 ☐ )☐ 1 ☐
        6  8
      ──────
        3  6
        3  ☐
      ──────
           ☐
```

● 핵심 NOTE
- 곱셈식에서 ☐ 구하기: 곱의 일의 자리 수를 이용하여 곱한 수를 알아봅니다.
- 나눗셈식에서 ☐ 구하기: 곱의 일의 자리 수를 이용하여 나누는 수를 알아봅니다.

1-1

☐ 안에 알맞은 수를 써넣으세요.

```
        4  5  ☐
    ×      ☐  3
    ─────────────
    1  3  ☐  1
  2  7  ☐  2
  ─────────────
  2  8  ☐  9  1
```

1-2

☐ 안에 알맞은 수를 써넣으세요.

```
              3  ☐
  2 ☐ )☐  4  9
        ☐  0
      ──────
        4  ☐
        4  0
      ──────
           9
```

심화유형 2 나누어지는 수 구하기

0부터 9까지의 수 중에서 ☐ 안에 들어갈 수 있는 가장 큰 수를 구해 보세요.

$$70\overline{)4\boxed{}3}\quad{}^{6}$$

(   )

● **핵심 NOTE** ・ ▲ ÷ ■ 에서 ▲는 ■ × (몫)보다 크거나 같고, ■ × (몫 + 1)보다 작은 수입니다.

2-1 0부터 9까지의 수 중에서 ☐ 안에 들어갈 수 있는 가장 작은 수를 구해 보세요.

$$43\overline{)7\boxed{}5}\quad{}^{1\;8}$$

(   )

2-2 나눗셈의 몫이 12일 때 0부터 9까지의 수 중에서 ☐ 안에 들어갈 수 있는 수는 모두 몇 개일까요?

$$4\boxed{}2 \div 38$$

(   )

2-3 900보다 큰 어떤 수를 47로 나누었더니 나머지가 36이었습니다. 어떤 수가 될 수 있는 수 중에서 가장 작은 수는 얼마일까요?

(   )

수 카드를 사용하여 곱셈식과 나눗셈식 만들기

수 카드 5장을 한 번씩만 사용하여 (세 자리 수)×(두 자리 수)의 곱셈식을 만들려고 합니다.
만들 수 있는 식 중에서 곱이 가장 큰 곱셈식을 완성하고 곱을 구해 보세요.

(   )

● 핵심 NOTE
• 곱이 가장 큰 곱셈식 만들기
➡ 가장 큰 수와 둘째로 큰 수를 곱하는 두 수의 가장 높은 자리에 놓습니다.

3-1　수 카드 5장을 한 번씩만 사용하여 (세 자리 수)×(두 자리 수)의 곱셈식을 만들려고 합니다.
만들 수 있는 식 중에서 곱이 가장 큰 곱셈식을 완성하고 곱을 구해 보세요.

(   )

3-2　수 카드 5장을 한 번씩만 사용하여 (세 자리 수)÷(두 자리 수)의 나눗셈식을 만들려고 합니
다. 만들 수 있는 식 중에서 몫이 가장 작은 나눗셈식을 만들고 몫과 나머지를 구해 보세요.

몫 (   )

나머지 (   )

통합
교과유형

수학 ✛ 생활

곱셈과 나눗셈을 이용하여 가격 구하기

마트에서는 제품의 가격이 묶음으로 매겨진 경우가 많습니다. 이때 한 개당 얼마인지를 알아보면 가격을 더 정확히 비교할 수 있습니다. 다음은 마트에서 파는 세 종류의 클립입니다. 한 개의 가격이 가장 저렴한 클립을 골라 25상자를 사려면 얼마가 필요할까요?

한 상자: 900원   한 상자: 450원   한 상자: 480원

1단계 한 개의 가격이 가장 저렴한 클립 고르기

_____

_____

_____

2단계 한 개의 가격이 가장 저렴한 클립 25상자의 가격 구하기

_____

(   )

● **핵심 NOTE**   **1단계** 나눗셈을 이용하여 클립 한 개의 가격을 구해 비교합니다.

2단계 곱셈을 이용하여 한 개의 가격이 가장 저렴한 클립 25상자의 가격을 구합니다.

3

4-1 다음은 마트에서 파는 세 종류의 고무줄입니다. 한 개의 가격이 가장 저렴한 고무줄을 골라 40통을 사려면 얼마가 필요할까요?

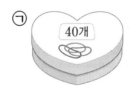

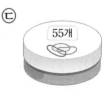

한 통: 800원   한 통: 720원   한 통: 770원

(   )

단원 평가 Level ❶

1 두 수의 곱에 0이 몇 개일까요?

$$800 \quad 50$$

(   )

2 잘못 나타낸 것을 찾아 기호를 써 보세요.

$$
\begin{array}{r}
7\ 6\ 4 \\
\times \quad 5\ 3 \\
\hline
\end{array}
$$ ← ㉠ $50 + 3$

$2\ 2\ 9\ 2$ ← ㉡ 764×30

$3\ 8\ 2\ 0$ ← ㉢ 764×50

$4\ 0\ 4\ 9\ 2$ ← ㉣ $2292 + 38200$

(   )

3 나눗셈을 어림하여 구한 몫을 찾아 ○표 하세요.

| $638 \div 80$ | → | 6 | 7 | 8 |

| $861 \div 20$ | → | 42 | 43 | 44 |

4 계산하고 계산 결과가 맞는지 확인해 보세요.

$$24\overline{)9\ 7\ 5}$$

확인 _____

5 계산하지 않고 곱이 큰 것부터 차례로 기호를 써 보세요.

㉠ 265×40

㉡ 44×265

㉢ 265×38

(   )

6 곱의 크기를 비교하여 ○ 안에 >, =, < 중 알맞은 것을 써넣으세요.

$$578 \times 87 \bigcirc 875 \times 58$$

7 530×29의 곱을 구해 보세요.

$$530 \times 29 = 530 \times 30 - \boxed{}$$

$$= \boxed{} - \boxed{}$$

$$= \boxed{}$$

8 몫이 두 자리 수인 나눗셈은 어느 것일까요?

(   )

① $493 \div 60$ ② $706 \div 76$

③ $357 \div 32$ ④ $275 \div 29$

⑤ $987 \div 99$

9 ☐ 안에 알맞은 수를 써넣으세요.

(1) $700 \times$ ☐ $= 63000$

(2) $420 \times$ ☐ $= 25200$

10 잘못 계산한 부분을 찾아 바르게 계산해 보세요.

```
    1 7 6
  ×   4 3
    5 2 8
    7 0 4
  1 2 3 2
```

11 어느 공장에서 양말을 하루에 365켤레 만든다고 합니다. 이 공장에서 하루도 쉬지 않고 6월과 7월 두 달 동안 만든 양말은 모두 몇 켤레일까요?

( )

12 보기 의 낱말을 이용하여 $248 \div 36$에 알맞은 문제를 만들고 답을 구해 보세요.

보기

과일 가게, 사과, 상자

문제 ....

....

답

13 어떤 수를 36으로 나누었더니 몫은 24이고, 나머지는 10이었습니다. 어떤 수를 29로 나누었을 때의 몫과 나머지를 구해 보세요.

몫 ( )

나머지 ( )

14 물 578 L를 물통 한 개에 25 L씩 나누어 담으려고 합니다. 물을 남김없이 모두 물통에 담으려면 물통은 적어도 몇 개가 필요할까요?

( )

15 나눗셈식에서 지워진 부분에 알맞은 수를 구해 보세요.

$854 \div$ ● $= 77 \cdots 7$

( )

16 ☐ 안에 알맞은 수를 써넣으세요.

```
          ☐ 8
    ☐ ☐ ) 8 ☐ 2
          6 ☐
          1 ☐ 2
          1 8 4
              8
```

17 9●3÷53에서 몫이 17일 때, 0부터 9까지의 수 중에서 ● 안에 들어갈 수 있는 가장 큰 수를 구해 보세요.

(   )

18 초콜릿 12개의 무게가 180 g입니다. 이 초콜릿 350개의 무게는 몇 g일까요?

(   )

19 민지네 학교 학생 35명이 동물원에 갔습니다. 한 사람의 입장료는 1000원인데 단체 요금으로 계산하여 한 사람당 150원씩 할인을 받았습니다. 35명이 입장료로 낸 돈은 모두 얼마인지 풀이 과정을 쓰고 답을 구해 보세요.

풀이 _____

_____

_____

_____

답 _____

20 수 카드를 한 번씩만 사용하여 몫이 가장 큰 (세 자리 수)÷(두 자리 수)를 만들었을 때 몫은 얼마인지 풀이 과정을 쓰고 답을 구해 보세요.

③ ⑤ ⑦ ⑥ ②

풀이 _____

_____

_____

_____

답 _____

단원 평가 Level ❷

점수

확인

1 계산이 틀린 것을 찾아 기호를 써 보세요.

> ㉠ $50 \times 400 = 2000$
> ㉡ $300 \times 30 = 9000$
> ㉢ $900 \times 40 = 36000$
> ㉣ $60 \times 700 = 42000$

(   )

2 계산해 보세요.

(1)
$$\begin{array}{r} 7\,5\,4 \\ \times \quad 8\,0 \\ \hline \end{array}$$

(2)
$$\begin{array}{r} 2\,5\,9 \\ \times \quad 3\,6 \\ \hline \end{array}$$

3 나눗셈식 $79 \div 23$의 몫을 구하는 식으로 가장 알맞은 것을 찾아 기호를 써 보세요.

> ㉠ $23 \times 2 = 46$ ㉡ $23 \times 3 = 69$
> ㉢ $23 \times 4 = 92$ ㉣ $23 \times 5 = 115$

(   )

4 태주와 은하가 677×70을 다음과 같이 어림했습니다. 실제 곱에 더 가깝게 어림한 사람은 누구일까요?

> 태주: 700×70
> 은하: 680×70

(   )

5 몫이 다른 하나를 찾아 기호를 써 보세요.

> ㉠ $16 \div 4$ ㉡ $160 \div 4$ ㉢ $160 \div 40$

(   )

6 잘못 계산한 부분을 찾아 바르게 계산해 보세요.

$$\begin{array}{r} 3 \\ 17{\overline{\smash{\big)}\,5\,1\,7}} \\ \underline{5\,1} \\ 7 \end{array}$$ ➡

7 몫이 한 자리 수인 나눗셈은 어느 것일까요?

(   )

① $706 \div 30$ ② $357 \div 10$

③ $492 \div 60$ ④ $275 \div 20$

⑤ $987 \div 70$

8 계산 결과를 비교하여 ◯ 안에 >, =, < 중 알맞은 것을 써넣으세요.

(1) 583×40 ◯ 892×28

(2) $780 \div 30$ ◯ $442 \div 17$

3

9 나머지가 가장 큰 것을 찾아 기호를 써 보세요.

> ㉠ $197 \div 33$
> ㉡ $198 \div 33$
> ㉢ $199 \div 33$

(   )

10 ☐ 안에 알맞은 수를 써넣으세요.

(1) $123 \times 59 = 123 \times 50 + 123 \times \boxed{}$

(2) $123 \times 59 = 123 \times 60 - \boxed{}$

11 혜진이는 감기약을 한 번에 $15\,\mathrm{mL}$씩 먹어야 합니다. 감기약이 $120\,\mathrm{mL}$ 있다면 몇 번 먹을 수 있을까요?

(   )

12 전등을 신제품으로 바꾸면 한 가구당 하루에 77원이 절약된다고 합니다. 670가구가 전등을 신제품으로 바꾸면 하루에 얼마가 절약될까요?

식 ....

답 ....

13 선호는 묶음으로 파는 음료수를 사려고 합니다. 10000원으로 살 수 없는 음료수 묶음을 찾아 기호를 써 보세요.

㉠	㉡	㉢
한 개에 400원 24개 묶음	한 개에 620원 16개 묶음	한 개에 580원 18개 묶음

(   )

14 성준이가 그림 퍼즐을 완성하는 데 725분이 걸렸다면 몇 시간 몇 분이 걸린 것일까요?

(   )

15 487개의 씨앗을 한 줄에 12개씩 모두 심으려고 합니다. 마지막 줄에는 몇 개의 씨앗을 심어야 할까요?

(   )

16 ☐ 안에 알맞은 수를 써넣으세요.

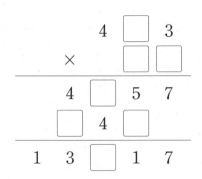

17 626에 어떤 수를 곱해야 하는데 잘못하여 나누었더니 몫이 11이고 나머지가 32였습니다. 바르게 계산하면 얼마일까요?

(   )

18 다음 식에서 나누어지는 수가 가장 큰 자연수가 되도록 ☐ 안에 알맞은 수를 써넣으세요.

$$\boxed{} \div 34 = 14 \cdots \bullet$$

✏ 서술형 문제

19 크로나는 스웨덴의 화폐 단위입니다. 1크로나가 우리나라 돈으로 129원이면 85크로나는 우리나라 돈으로 얼마인지 풀이 과정을 쓰고 답을 구해 보세요.

풀이

답

20 경서가 336쪽인 책을 모두 읽으려고 합니다. 하루에 10쪽씩 읽으면 다 읽는 데 모두 며칠이 걸리는지 풀이 과정을 쓰고 답을 구해 보세요.

풀이

답

3

'4 평면도형의 이동

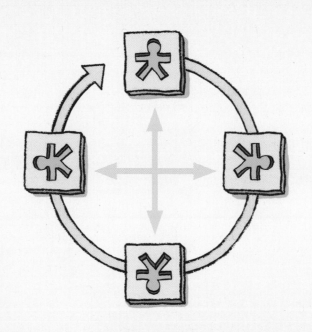

도형은 이동 방법에 따라 위치와 방향이 달라져!

- 밀기

- 뒤집기

- 돌리기

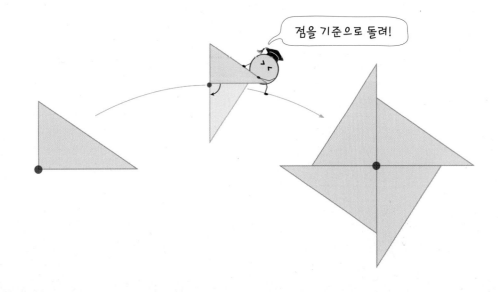

1 점을 이동하기

● **점을 위쪽, 아래쪽, 오른쪽, 왼쪽으로 이동하기**

• 점 ㄱ을 아래쪽으로 2칸, 오른쪽으로 3칸 이동한 위치에 점 ㄴ이 있습니다.

• 점 ㄱ을 위쪽으로 1칸, 왼쪽으로 2칸 이동한 위치에 점 ㄷ이 있습니다.

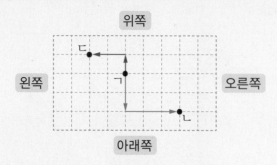

➕ **보충 개념**

점을 ■ cm 이동하기

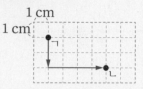

한 칸의 길이가 1 cm인 모눈종이에서도 같은 방법으로 점을 이동할 수 있습니다.

➡ 점 ㄱ을 아래쪽으로 2 cm, 오른쪽으로 4 cm 이동한 위치에 점 ㄴ이 있습니다.

1 점을 주어진 방법으로 이동한 위치에 점을 그려 보세요.

(1) 아래쪽으로 2칸

(2) 오른쪽으로 3칸

(3) 위쪽으로 2칸, 오른쪽으로 4칸

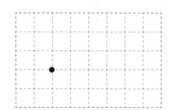

(4) 아래쪽으로 3칸, 왼쪽으로 5칸

❓ **점을 다른 위치로 이동하는 방법은 한 가지만 있나요?**

점 ㄱ을 점 ㄴ의 위치로 이동하는 방법은 여러 가지입니다.

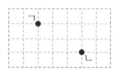

방법1 오른쪽으로 3칸, 아래쪽으로 2칸 이동

방법2 아래쪽으로 2칸, 오른쪽으로 3칸 이동

방법3 오른쪽으로 2칸, 아래쪽으로 2칸, 오른쪽으로 1칸 이동

▶ 점 ㄱ이 점 ㄴ의 위치로 이동하려면 위쪽, 아래쪽, 오른쪽. 왼쪽 중 어느 방향으로 몇 cm 움직여야 하는지 생각해 봅니다.

2 점 ㄱ을 어떻게 이동하면 점 ㄴ의 위치로 이동할 수 있는지 ☐ 안에 알맞은 말이나 수를 써넣으세요.

점 ㄱ을 ☐쪽으로 ☐ cm, ☐쪽으로 ☐ cm 이동합니다.

② 평면도형을 밀기

정답과 풀이 28쪽

● **도형을 위쪽, 아래쪽, 오른쪽, 왼쪽으로 밀기**

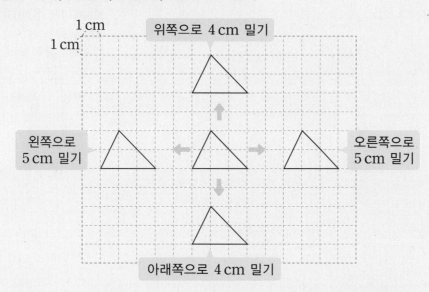

➕ 보충 개념

도형을 ■ cm만큼 밀기
도형의 한 변을 기준으로
■ cm만큼 밉니다.

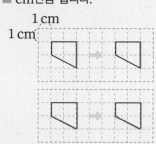

➡ 이때 어떤 변을 기준으로 밀어
도 결과는 같습니다.

➡ 도형을 어느 방향으로 밀어도 모양은 변하지 않고 미는 방향에 따라 위
치만 바뀝니다.

확인 ❗

도형을 어느 방향으로 밀어도 (위치는 , 모양은) 변하지 않습니다.

---

3 도형을 주어진 방법으로 밀었을 때의 도형을 그려 보세요.

▶ 기준이 되는 한 변을 정해 움직여
봅니다.

(1) 아래쪽으로 3 cm 밀기

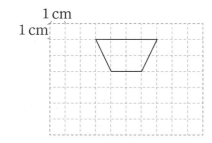

(2) 왼쪽으로 5 cm 밀기

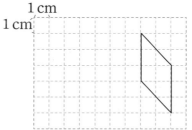

4 도형을 위쪽으로 3 cm, 오른쪽으로 8 cm 밀었을 때의 도형을 그려 보
세요.

▶ 먼저 위쪽으로 밀고, 그 위치에서
오른쪽으로 밉니다.

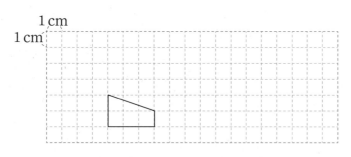

3 평면도형을 뒤집기

● 도형을 위쪽, 아래쪽, 오른쪽, 왼쪽으로 뒤집기

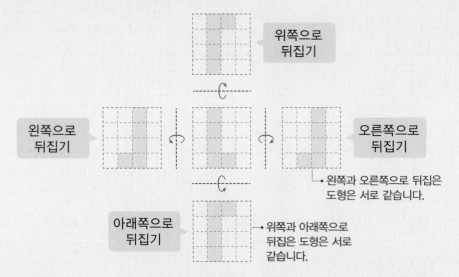

위쪽으로
뒤집기

왼쪽으로
뒤집기

오른쪽으로
뒤집기

└→ 왼쪽과 오른쪽으로 뒤집은
　　도형은 서로 같습니다.

아래쪽으로
뒤집기

└→ 위쪽과 아래쪽으로
　　뒤집은 도형은 서로
　　같습니다.

➡ 도형을 위쪽이나 아래쪽으로 뒤집으면 도형의 위쪽과 아래쪽이 서로 바
　 뀝니다.
　 도형을 왼쪽이나 오른쪽으로 뒤집으면 도형의 왼쪽과 오른쪽이 서로 바
　 뀝니다.

💡 심화 개념

도형을 여러 번 뒤집기
도형을 같은 방향으로 2번 뒤집으
면 처음 도형과 같아집니다.

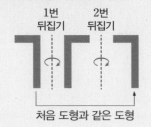

1번
뒤집기

2번
뒤집기

처음 도형과 같은 도형

확인 !

도형을 오른쪽으로 뒤집은 도형과 왼쪽으로 뒤집은 도형은 서로 (같습니다 , 다릅니다).

5　보기 의 도형을 위쪽으로 뒤집었습니다. 알맞은 것에 ○표 하세요.

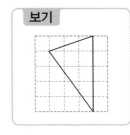

보기

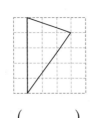

(　　　)

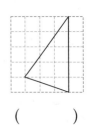

(　　　)

▶ 도형을 위쪽으로 뒤집으면 위쪽
은 아래쪽으로, 아래쪽은 위쪽으
로 바뀝니다.

6　도형을 왼쪽으로 뒤집은 도형과 오른쪽으로 뒤집은 도형을 각각 그려 보
　 세요.

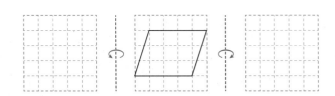

▶ 도형을 오른쪽으로 뒤집은 도형
과 왼쪽으로 뒤집은 도형은 서로
같습니다.

4 평면도형을 돌리기

정답과 풀이 29쪽

● 도형을 시계 방향으로 90°, 180°, 270°, 360°만큼 돌리기

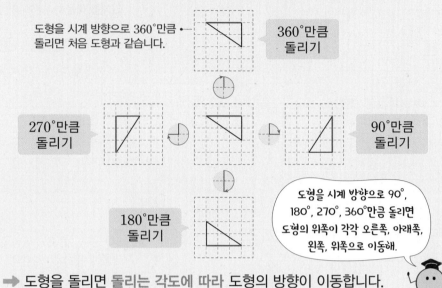

도형을 시계 방향으로 360°만큼 돌리면 처음 도형과 같습니다.

360°만큼 돌리기

270°만큼 돌리기

90°만큼 돌리기

180°만큼 돌리기

도형을 시계 방향으로 90°, 180°, 270°, 360°만큼 돌리면 도형의 위쪽이 각각 오른쪽, 아래쪽, 왼쪽, 위쪽으로 이동해.

➡ 도형을 돌리면 돌리는 각도에 따라 도형의 방향이 이동합니다.

● 도형을 오른쪽으로 뒤집고 시계 방향으로 90°만큼 돌리기

보충 개념

시계 반대 방향으로 돌리기

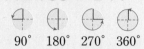

90° 180° 270° 360°

돌린 도형이 서로 같은 경우

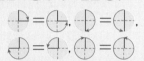

➡ 화살표의 끝이 가리키는 위치가 같으면 도형을 돌렸을 때의 도형은 서로 같습니다.

확인 !
도형을 시계 방향으로 90°만큼 돌리면 도형의 위쪽이 (오른쪽 , 아래쪽 , 왼쪽)으로 이동합니다.

---

7 오른쪽 도형을 시계 방향으로 90°만큼 돌렸습니다. 알맞은 것에 ○표 하세요.

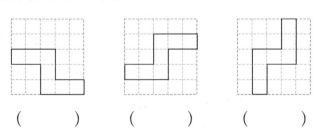

(   )   (   )   (   )

❓ 시계 방향으로 돌리는 각도를 그림으로 어떻게 나타내나요?

90°	직각
180°	90°의 2배
270°	90°의 3배
360°	90°의 4배

8 도형을 오른쪽으로 뒤집고 시계 방향으로 270°만큼 돌린 도형을 각각 그려 보세요.

➡ 시계 방향으로 270°만큼 돌리는 것은 시계 반대 방향으로 90°만큼 돌리는 것과 같습니다.

● 규칙적인 무늬 만들기

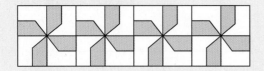

→ 모양을 시계 방향으로 90°만큼 돌리는 것을 반복하여 모양을 만들고, 그 모양을 오른쪽으로 밀어서 무늬를 만들었습니다.

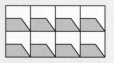
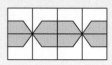
9 무늬가 만들어진 규칙을 바르게 설명한 사람은 누구일까요?

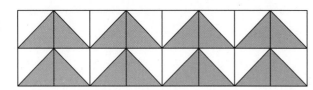

준기: ◨ 모양을 오른쪽과 아래쪽으로 밀어서 무늬를 만들었어.

서희: ◨ 모양을 오른쪽으로 뒤집기를 반복하여 모양을 만들고, 그 모양을 아래로 밀었어.

(   )

❓ 밀기, 뒤집기, 돌리기 중 한 가지 방법만 이용해야 하나요?

두 가지 방법으로 무늬를 만들 수도 있습니다.

• 돌리기와 밀기 이용

• 뒤집기와 밀기 이용

10 모양으로 뒤집기를 이용하여 규칙적인 무늬를 만들어 보세요.

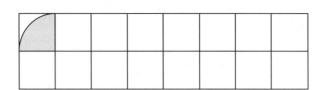

11 일정한 규칙에 따라 만든 무늬입니다. 빈칸에 알맞은 모양을 그려 보세요.

▶ 반복되는 무늬를 찾아봅니다.

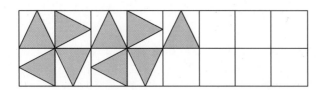

기본에서 응용으로

1 점을 이동하기

예 점을 위쪽으로 1칸, 오른쪽으로 4칸 이동하기

1 점을 위쪽으로 2 cm, 왼쪽으로 3 cm 이동한 위치에 점을 그려 보세요.

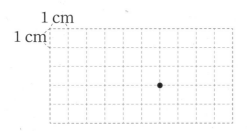

2 점 ㄱ을 점 ㄴ이 있는 위치로 이동하려고 합니다. □ 안에 알맞은 말이나 수를 써넣으세요.

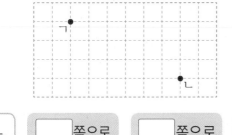

3 점을 아래쪽으로 4 cm, 오른쪽으로 5 cm 이동했을 때의 위치입니다. 이동하기 전의 위치에 점을 그려 보세요.

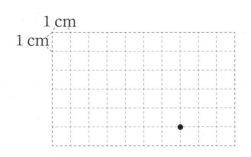

4 네 점을 이었을 때 정사각형이 되도록 네 점 ㄱ~ㄹ 중 두 점을 이동하려고 합니다. 어떤 두 점을 어떻게 움직여야 할지 설명해 보세요.

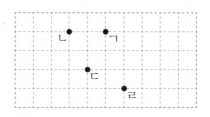

설명 _____

2 평면도형 밀기

예 도형을 오른쪽으로 6 cm 밀기

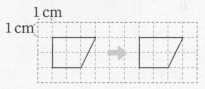

➡ 도형을 어느 방향으로 밀어도 모양은 변하지 않고 위치만 바뀝니다.

5 도형을 왼쪽과 오른쪽으로 7 cm씩 밀었을 때의 도형을 각각 그려 보세요.

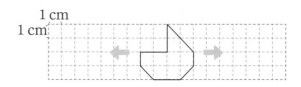

6 도형의 이동 방법을 설명해 보세요.

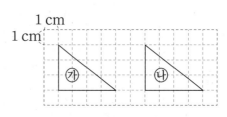

㉯ 도형은 ㉮ 도형을 □ 쪽으로 □ cm 밀어서 이동한 도형입니다.

7 도형을 오른쪽으로 7 cm, 왼쪽으로 3 cm 밀었을 때의 도형을 그려 보세요.

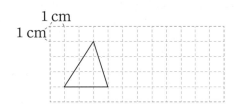

8 빨간색 사각형을 완성하려면 가 조각을 어떻게 움직여야 하는지 □ 안에 알맞은 말이나 수를 써넣으세요.

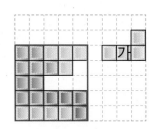

가 조각을 ☐ 쪽으로 ☐ 칸 밀고,
☐ 쪽으로 ☐ 칸 밀어야 합니다.

3 평면도형 뒤집기

㉠ 도형을 왼쪽, 오른쪽으로 뒤집기

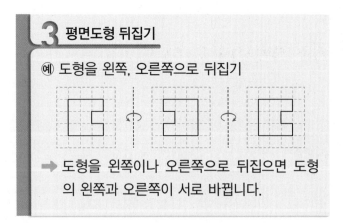

➡ 도형을 왼쪽이나 오른쪽으로 뒤집으면 도형의 왼쪽과 오른쪽이 서로 바뀝니다.

9 도형을 왼쪽으로 뒤집은 도형과 오른쪽으로 뒤집은 도형을 각각 그려 보세요.

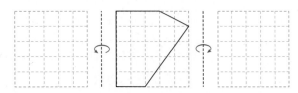

10 아래쪽으로 뒤집었을 때 처음 모양과 같은 도형을 찾아 기호를 써 보세요.

가   나   다

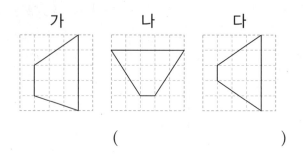

(   )

11 어느 방향으로 뒤집어도 처음 모양과 같은 도형을 모두 고르세요. (   )

12 오른쪽 도형을 뒤집기만 이용하여 만들 수 없는 도형을 찾아 ○표 하세요.

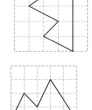

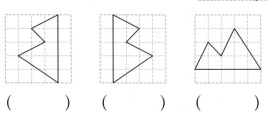

(   )   (   )   (   )

13 진구는 정사각형 퍼즐을 맞추고 있습니다. 뒤집었을 때 빈칸에 들어갈 수 있는 도형을 찾아 ○표 하세요.

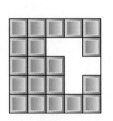

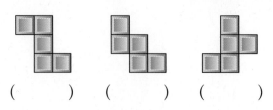

(   )   (   )   (   )

4 평면도형 돌리기

예 도형을 180°만큼 돌리기

  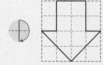

→ 도형을 시계 반대 방향으로 180°만큼 돌린 도형과 시계 방향으로 180°만큼 돌린 도형은 서로 같습니다.

14 도형을 시계 방향으로 주어진 각도만큼 돌렸을 때의 도형을 각각 그려 보세요.

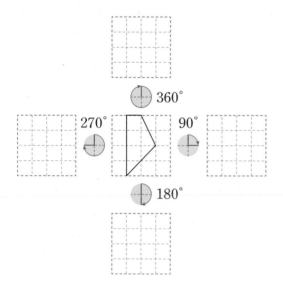

15 그림을 보고 ☐ 안에 알맞은 수를 써넣으세요.

가   나   다

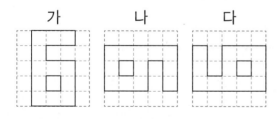

(1) 가 도형을 시계 방향으로 ☐°만큼 돌리면 나 도형이 됩니다.

(2) 나 도형을 시계 반대 방향으로 ☐°만큼 돌리면 다 도형이 됩니다.

16 오른쪽 도형을 돌렸을 때 생기는 도형이 아닌 것을 찾아 ◯표 하세요.

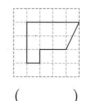 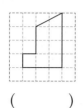

(   ) (   ) (   )

5 평면도형 뒤집고 돌리기

예 도형을 오른쪽으로 뒤집고 시계 방향으로 180°만큼 돌리기

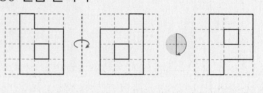

17 도형을 아래쪽으로 뒤집고 시계 반대 방향으로 90°만큼 돌렸을 때의 도형을 그려 보세요.

18 왼쪽 도형을 시계 방향으로 90°만큼 돌리고 어느 쪽으로 뒤집으면 오른쪽 도형이 되는지 모두 찾아 기호를 써 보세요.

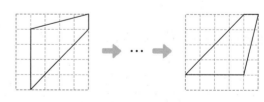

⊙ 위쪽 ⓒ 오른쪽 ⓒ 아래쪽 ② 왼쪽

(   )

6 무늬 꾸미기

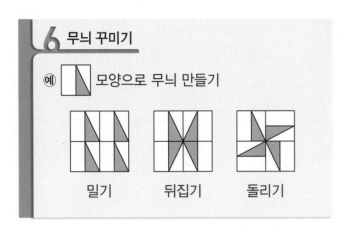

예 ◩ 모양으로 무늬 만들기

밀기   뒤집기   돌리기

19 ◪ 모양으로 만든 무늬를 보고, 밀기, 뒤집기, 돌리기 중 이용한 방법을 써 보세요.

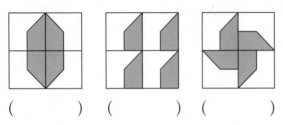

(   ) (   ) (   )

20 ◗ 모양으로 밀기, 뒤집기, 돌리기를 이용하여 규칙적인 무늬를 만들어 보세요.

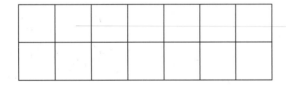

서술형
21 ◺ 모양으로 규칙에 따라 무늬를 만들었습니다. 빈칸에 알맞은 모양을 그리고 규칙을 설명해 보세요.

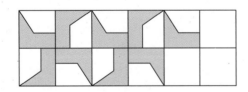

설명 ....

7 처음 도형 찾기

처음 도형을 찾을 때는 방향을 거꾸로 생각합니다.

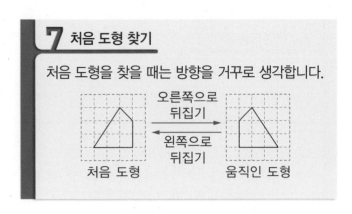

오른쪽으로
뒤집기
→
←
왼쪽으로
뒤집기

처음 도형   움직인 도형

22 어떤 도형을 시계 반대 방향으로 90°만큼 돌린 도형입니다. 처음 도형을 찾아 기호를 써 보세요.

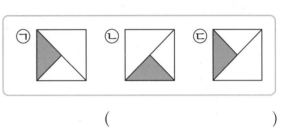

㉠   ㉡   ㉢

(   )

23 어떤 도형을 아래쪽으로 뒤집은 도형입니다. 처음 도형을 그려 보세요.

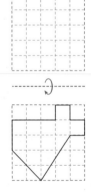

24 도형을 시계 방향으로 90°만큼 돌린 도형입니다. 처음 도형을 그려 보세요.

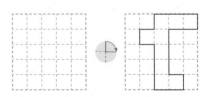

8 숫자나 문자를 움직인 모양 알아보기

도형을 움직일 때와 같이 숫자나 문자 전체를 움직입니다.

⑩ 한글 자음 **ㅍ**을 오른쪽으로 뒤집기

➡ 오른쪽으로 뒤집어도 처음 글자와 같습니다.

9 여러 번 움직인 도형 알아보기

• 오른쪽으로 2번 뒤집으면 처음 도형이 됩니다.
➡ 오른쪽으로 3번 뒤집은 도형은 오른쪽으로 한 번 뒤집은 도형과 같습니다.
• 시계 방향으로 180°만큼 2번 돌리면 처음 도형이 됩니다.
➡ 시계 방향으로 180°만큼 3번 돌린 도형은 시계 방향으로 180°만큼 한 번 돌린 도형과 같습니다.

25 오른쪽으로 뒤집었을 때 처음 모양과 같은 글자는 어느 것일까요? (　　　)

창의➕
26 네 자리 수가 적힌 수 카드를 시계 반대 방향으로 180°만큼 돌렸을 때 만들어지는 네 자리 수를 써 보세요.

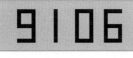

(　　　　　　)

27 왼쪽 글자를 오른쪽으로 뒤집고 시계 방향으로 180°만큼 돌린 모양을 각각 그려 보세요.

28 도형을 왼쪽으로 2번 뒤집은 도형을 차례로 그려 보세요.

29 오른쪽 도형을 위쪽으로 7번 뒤집은 도형을 찾아 기호를 써 보세요.

(　　　　　　)

30 주어진 도형을 시계 반대 방향으로 90°만큼 5번 돌린 도형을 그려 보세요.

뒤집거나 돌렸을 때 처음 모양과 같은 글자 찾기

주어진 한글 자음 중 왼쪽으로 뒤집었을 때 처음 모양과 같은 것은 모두 몇 개일까요?

ㄱ ㄴ ㄷ ㄹ ㅁ ㅂ ㅅ ㅇ ㅈ ㅊ ㅋ ㅌ ㅍ ㅎ

(   )

● **핵심 NOTE**   • 도형을 왼쪽으로 뒤집으면 왼쪽과 오른쪽이 서로 바뀝니다.

1-1   주어진 영어 알파벳 대문자 중 위쪽으로 뒤집었을 때 처음 모양과 같은 것은 모두 몇 개일까요?

A B C D E F G H I J K L M N

(   )

1-2   주어진 숫자 중 시계 방향으로 180°만큼 돌렸을 때 처음 모양과 같은 것을 모두 찾아 써 보세요.

0 1 2 3 4 5 6 7 8 9

(   )

심화유형 2 여러 번 움직인 도형의 처음 도형 알아보기

어떤 도형을 오른쪽으로 뒤집고 시계 방향으로 90°만큼 돌렸더니 오른쪽과 같았습니다. 처음 도형을 그려 보세요.

● **핵심 NOTE**
• 처음 도형을 움직인 방법과 반대로 움직입니다.
• 오른쪽 도형을 시계 반대 방향으로 90°만큼 돌리고 왼쪽으로 뒤집습니다.

2-1 어떤 도형을 아래쪽으로 뒤집고 시계 반대 방향으로 180°만큼 돌렸더니 오른쪽과 같았습니다. 처음 도형을 그려 보세요.

2-2 어떤 도형을 위쪽으로 6번 뒤집고 시계 반대 방향으로 90°만큼 9번 돌렸더니 오른쪽과 같았습니다. 처음 도형을 그려 보세요.

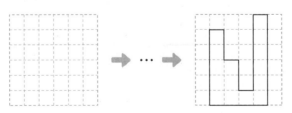

퍼즐 완성하기

주어진 도형을 밀기, 뒤집기, 돌리기를 이용하여 직사각형을 채워 보세요.

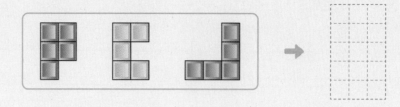

● **핵심 NOTE** · 빈틈이 생기지 않도록 도형을 다양한 방법으로 채워 봅니다.

3-1 주어진 도형 중 2개를 골라 밀기, 뒤집기, 돌리기를 이용하여 정사각형을 채워 보세요.

3-2 주어진 도형 중 3개를 골라 밀기, 뒤집기, 돌리기를 이용하여 직사각형을 채워 보세요.

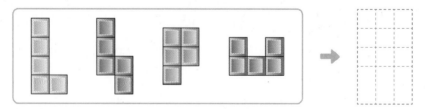

로봇 이동하기

통합 교과유형 4
수학 ✚ 과학

컴퓨터가 어떤 일을 처리할 수 있도록 순서대로 명령어를 입력하는 것을 코딩이라고 합니다. 로봇의 시작하기 버튼을 누르면 코딩한 대로 음식을 손님 테이블에 가져다 줍니다. 주방에 들러 음식을 가지고 손님 테이블까지 가져다 주려고 할 때 보기 에서 필요한 명령어를 모두 찾아 순서대로 기호를 써 보세요.

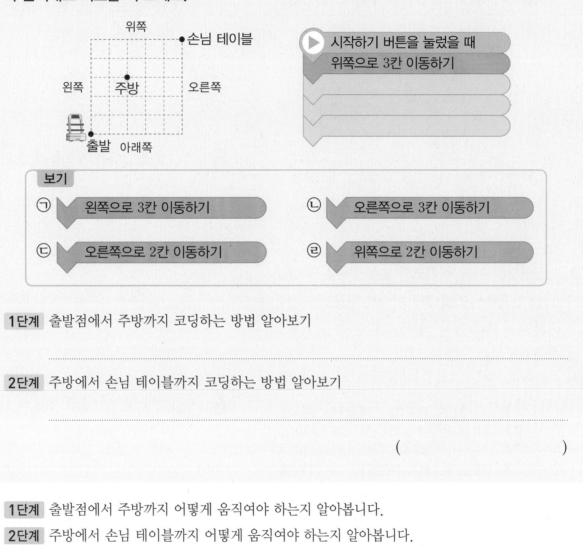

1단계 출발점에서 주방까지 코딩하는 방법 알아보기

....

2단계 주방에서 손님 테이블까지 코딩하는 방법 알아보기

....

(   )

● 핵심 NOTE   **1단계** 출발점에서 주방까지 어떻게 움직여야 하는지 알아봅니다.
                  2단계 주방에서 손님 테이블까지 어떻게 움직여야 하는지 알아봅니다.

4-1   로봇의 시작하기 버튼을 누르면 코딩한 대로 손님 테이블로 이동합니다. 빨간색 점을 지나지 않으면서 이동할 수 있도록 위 4의 보기 에서 필요한 명령어를 모두 찾아 순서대로 기호를 써 보세요.

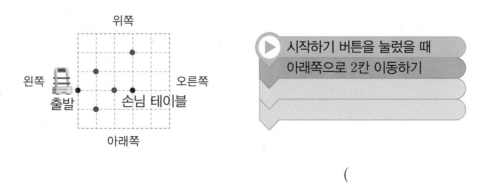

(   )

단원 평가 Level ❶

1 오른쪽 액자를 이동해서 왼쪽 액자와 같은 높이에 놓으려고 합니다. 오른쪽 액자를 어떻게 이동해야 하는지 알맞은 것에 ◯표 하세요.

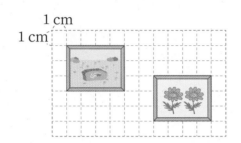

(위쪽 , 아래쪽)으로 (2 cm , 4 cm) 이동합니다.

2 공연장의 좌석 배치도의 일부입니다. 나열 3번 자리에서 라열 7번 자리까지 물건을 전달하려고 합니다. ☐ 안에 알맞은 수를 써넣으세요.

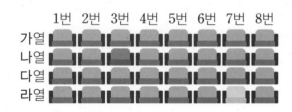

물건을 아래쪽으로 ☐ 칸, 오른쪽으로 ☐ 칸 옮깁니다.

3 점을 아래쪽으로 2칸, 왼쪽으로 5칸 이동한 위치에 점을 그려 보세요.

4 도형의 뒤집기에 대한 설명입니다. 옳은 것에 ◯표, 틀린 것에 ×표 하세요.

(1) 왼쪽으로 뒤집으면 위쪽과 아래쪽이 서로 바뀝니다. (   )

(2) 오른쪽으로 뒤집은 도형과 왼쪽으로 뒤집은 도형은 서로 같습니다. (   )

5 ☐ 안에 알맞은 기호를 써넣으세요.

☐ 도형을 위쪽으로 뒤집으면 ☐ 도형과 같습니다.

6 ☐ 안에 알맞은 수를 써넣으세요.

(1) ㉮ 도형을 시계 방향으로 ☐ °만큼 돌린 도형은 ㉯ 도형과 같습니다.

(2) ㉮ 도형을 시계 반대 방향으로 ☐ °만큼 돌린 도형은 ㉯ 도형과 같습니다.

7 왼쪽 도형은 어떤 도형을 왼쪽으로 8칸 밀었을 때의 도형입니다. 처음 도형을 그려 보세요.

8 오른쪽 도형을 돌렸을 때 생기는
도형이 아닌 것에 ○표 하세요.

(   ) (   ) (   ) (   )

9 시계 방향으로 90°만큼 돌렸을 때 처음 모양
과 같은 도형을 찾아 기호를 써 보세요.

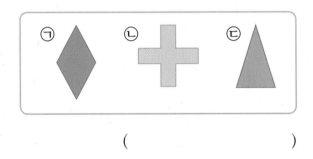

(   )

10 왼쪽 도형을 돌렸더니 오른쪽 도형이 되었습
니다. 어느 방향으로 몇 도만큼 돌린 것일까요?

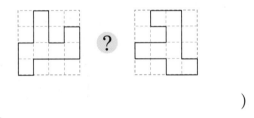

(   )

11 일정한 규칙에 따라 만든 무늬입니다. 빈칸에
알맞은 모양을 그려 보세요.

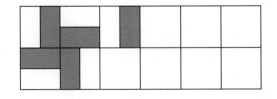

12 규칙적인 무늬를 만든 방법이 나머지와 다른
하나를 찾아 ○표 하세요.

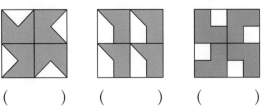

(   ) (   ) (   )

13 알파벳 대문자 N을 바르게 설명한 사람은 누
구일까요?

> 소라: N을 아래쪽으로 뒤집어도 처음 모양
> 과 똑같아.
> 은석: N을 시계 방향으로 180°만큼 돌려도
> 처음 모양과 똑같아.

(   )

14 어떤 도형을 다음과 같이 움직였을 때 처음
도형과 항상 같은 것을 모두 찾아 기호를 써
보세요.

> ㉠ 오른쪽으로 5 cm 밀기
> ㉡ 같은 방향으로 2번 뒤집기
> ㉢ 시계 방향으로 180°만큼 돌리기

(   )

15 도형을 시계 방향으로 90°만큼 10번 돌린 도
형을 그려 보세요.

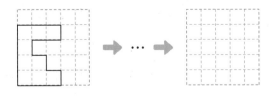

16 왼쪽 도형을 아래쪽으로 뒤집고 시계 방향으로 90°만큼 돌린 도형을 그려 보세요.

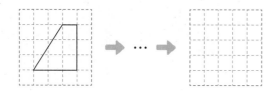

17 두 자리 수가 적힌 카드를 시계 방향으로 180°만큼 돌렸을 때 만들어지는 수와 처음 수의 차를 구해 보세요.

( )

18 가와 나에 들어갈 수 있는 조각을 보기 에서 찾고, 어떻게 넣을 수 있는지 설명해 보세요.

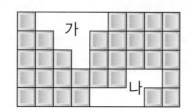

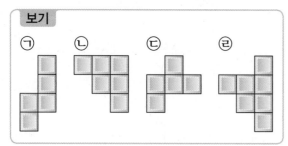

가: ( ) 조각을 오른쪽으로 뒤집고
(⊕ , ⊖ , ⊝) 방향으로 돌려서 넣을 수 있습니다.

나: ( ) 조각을 ....

19 점 ㄱ이 점 ㄴ의 위치를 지나 점 ㄷ의 위치까지 이동하는 방법을 설명해 보세요.

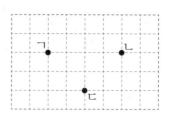

설명 ....

20 다음 글자 중 시계 방향으로 180°만큼 돌린 모양이 글자가 되지 않는 것을 찾으려고 합니다. 풀이 과정을 쓰고 답을 구해 보세요.

| 곰 눈 숲 용 를 |

풀이 ....

답 ....

단원 평가 Level ❷

점수

확인

1 그림을 보고 □ 안에 알맞은 수를 써넣으세요.

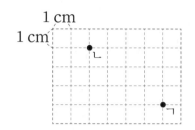

점 ㄱ을 위쪽으로 □ cm, 왼쪽으로

□ cm 이동한 위치에 점 ㄴ이 있습니다.

2 도형을 왼쪽과 오른쪽으로 밀었을 때의 도형을 각각 그려 보세요.

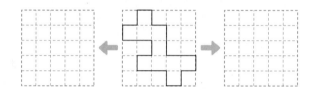

3 도형을 왼쪽으로 뒤집은 도형을 그려 보세요.

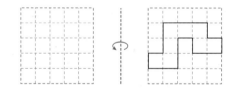

4 ㉮ 도형을 어느 쪽으로 뒤집으면 ㉯ 도형이 되는지 모두 찾아 기호를 써 보세요.

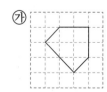 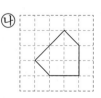

┌─────────────────────────────────────┐
│ ㉠ 오른쪽 ㉡ 위쪽 ㉢ 왼쪽 ㉣ 아래쪽 │
└─────────────────────────────────────┘

( )

5 오른쪽 도형을 뒤집었을 때 생기는 도형이 아닌 것을 찾아 기호를 써 보세요.

㉠ 　　㉡ 　　㉢

( )

6 돌렸을 때 퍼즐의 빈칸에 들어갈 수 없는 도형을 찾아 ○표 하세요.

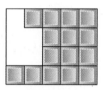

( )　　( )　　( )

7 ▨ 모양을 이용하여 무늬를 만들었습니다. 이용한 방법에 모두 ○표 하세요.

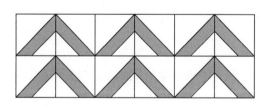

┌─────────────────────────┐
│ 밀기　 뒤집기　 돌리기 │
└─────────────────────────┘

8 가운데 도형을 시계 방향으로 270°만큼 돌린 도형과 시계 반대 방향으로 180°만큼 돌린 도형을 각각 그려 보세요.

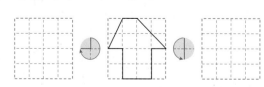

9 돌리기와 밀기를 이용하여 아래와 같은 무늬를 만들 수 없는 모양을 찾아 기호를 써 보세요.

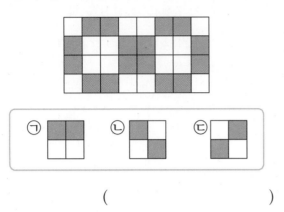

(   )

10 왼쪽 도형을 거울에 비추었을 때의 도형을 오른쪽에 그려 보세요.

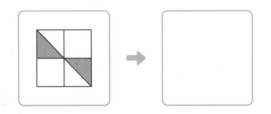

11 오른쪽 도형을 다음과 같이 움직였을 때 움직인 도형이 다른 하나를 찾아 기호를 써 보세요.

⊙ 오른쪽으로 뒤집기
ⓛ 아래쪽으로 뒤집기
ⓒ 시계 방향으로 180°만큼 돌리기

(   )

12 왼쪽 도형을 오른쪽으로 뒤집고 시계 반대 방향으로 270°만큼 돌린 도형을 각각 그려 보세요.

13 한글 자음 중 아래쪽으로 뒤집었을 때 처음 모양과 같은 것을 모두 찾아 써 보세요.

ㄱ ㄴ ㄷ ㄹ ㅁ ㅂ ㅅ
ㅇ ㅈ ㅊ ㅋ ㅌ ㅍ ㅎ

(   )

14 점을 차례로 이동하여 도착한 위치에 점을 그려 보세요.

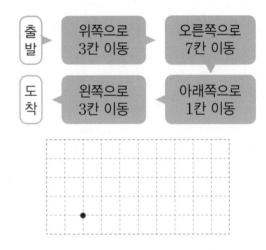

15 ㉠ 도형을 움직였더니 ㉡ 도형이 되었습니다. 움직인 방법을 바르게 말한 사람은 누구일까요?

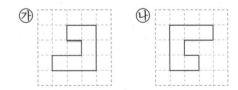

선아: 시계 반대 방향으로 90°만큼 돌렸어.
정우: 아래쪽으로 뒤집고 왼쪽으로 뒤집었어.

(   )

16 가를 나와 같이 넣을 수 있는 방법을 모두 고르세요. ( )

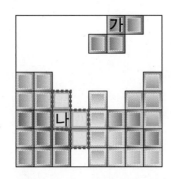

① 시계 방향으로 90°만큼 돌리기
② 시계 방향으로 180°만큼 돌리기
③ 시계 반대 방향으로 180°만큼 돌리기
④ 시계 방향으로 360°만큼 돌리기
⑤ 시계 반대 방향으로 90°만큼 돌리기

17 알파벳을 왼쪽으로 5번 뒤집었을 때 처음 모양과 같은 것을 모두 찾아 기호를 써 보세요.

( )

18 도형을 아래쪽으로 2번 뒤집고 시계 반대 방향으로 180°만큼 돌린 도형을 그려 보세요.

서술형 문제

19 수호네 방 벽지는 왼쪽과 같은 모양을 이용하여 만들어진 무늬로 되어 있습니다. 벽지의 무늬는 왼쪽 모양을 어떻게 움직여서 만든 것인지 설명하고, 빈칸에 알맞은 모양을 그려 보세요.

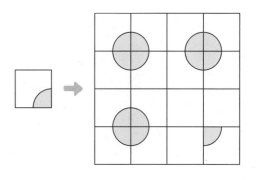

설명 _____

_____

_____

_____

20 주어진 디지털 숫자 중 시계 방향으로 180°만큼 돌렸을 때 처음 모양과 같은 것은 모두 몇 개인지 풀이 과정을 쓰고 답을 구해 보세요.

$$0123456$$

풀이 _____

_____

_____

_____

답 _____

5

막대그래프

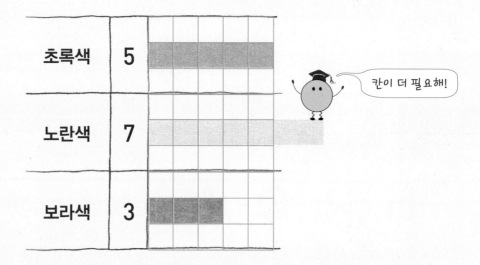

초록색	5					
노란색	7					
보라색	3					

칸이 더 필요해!

분류한 것을 막대그래프로 나타낼 수 있어!

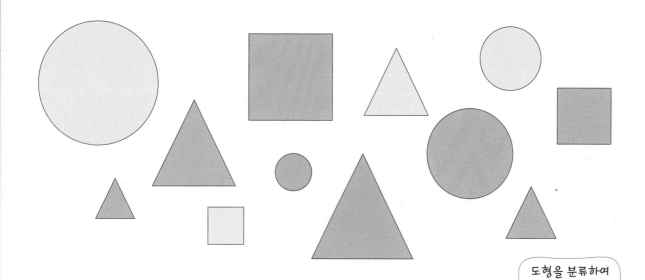

도형을 분류하여
표로 나타냈어.

● 표로 나타내기

도형	삼각형	사각형	원	합계
도형의 수(개)	5	3	4	12

● 막대그래프로 나타내기

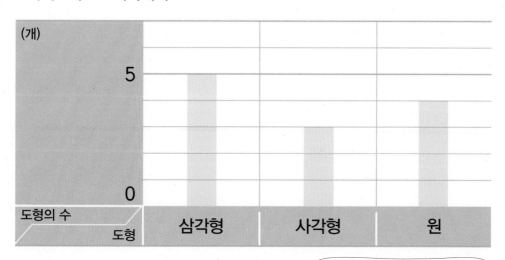

막대그래프의 가로에는 도형,
세로에는 도형의 수를 나타냈어.

● **막대그래프**: 조사한 자료의 수량을 막대 모양으로 나타낸 그래프

좋아하는 계절별 학생 수

계절	봄	여름	가을	겨울	합계
학생 수(명)	12	8	3	5	28

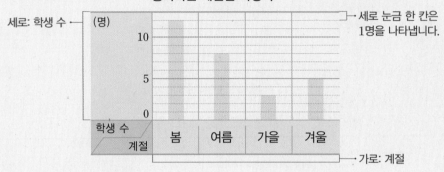

좋아하는 계절별 학생 수

● **보충 개념**

막대그래프의 막대를 가로로 나타낼 수도 있습니다.

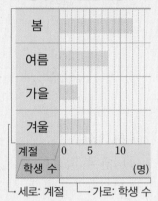

좋아하는 계절별 학생 수

● **표와 막대그래프의 비교**

표: 조사한 자료의 항목별 수량과 합계를 알기 쉽습니다.

막대그래프: 항목별 수량의 많고 적음을 한눈에 비교하기 쉽습니다.

[1~2] 미정이네 모둠 학생들이 고리 던지기를 하여 성공한 횟수를 조사하여 나타낸 막대그래프입니다. 물음에 답하세요.

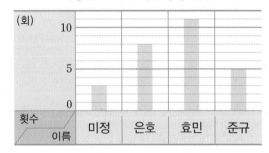

학생별 고리 던지기 성공 횟수

1 세로 눈금 한 칸은 몇 회를 나타낼까요?

( )

2 성공한 횟수가 가장 많은 학생과 가장 적은 학생은 각각 누구일까요?

가장 많은 학생 ( )

가장 적은 학생 ( )

▶ 막대그래프에서 수량의 많고 적음은 막대의 길이로 비교합니다.

➡ 막대의 길이가 길수록 자료의 수량이 많습니다.

2 막대그래프 알아보기 (2)

정답과 풀이 35쪽

● 막대그래프의 내용 알아보기

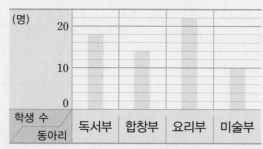

하고 싶은 동아리별 학생 수

실전 개념

막대그래프의 수량 구하는 방법
① 눈금 한 칸의 크기를 알아봅니다.
② (눈금 한 칸의 크기)×(항목의 칸 수)를 구합니다.

• 하고 싶은 학생 수가 많은 동아리부터 차례로 쓰면 요리부, 독서부, 합창부, 미술부입니다.
• 세로 눈금 5칸이 10명을 나타내므로 세로 눈금 한 칸은 $10 \div 5 = 2$(명)을 나타냅니다.
• 합창부를 하고 싶은 학생은 $2 \times 7 = 14$(명)입니다.

[3~5] 형석이네 학교 학생들이 받고 싶은 선물을 조사하여 나타낸 막대그래프입니다. 물음에 답하세요.

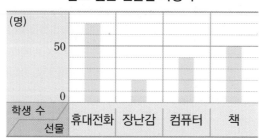

받고 싶은 선물별 학생 수

3 세로 눈금 한 칸은 몇 명을 나타낼까요?

(   )

세로 눈금 5칸이 몇 명을 나타내는지 알아봅니다.

4 컴퓨터를 받고 싶은 학생은 몇 명일까요?

(   )

? 막대그래프는 그림그래프와 어떤 점이 다른가요?

그림그래프는 자료의 수를 그림으로 나타내 자료의 수와 크기를 한눈에 알아보기 쉽지만, 막대그래프는 막대의 길이로 자료의 많고 적음을 비교합니다.

5 받고 싶은 학생 수가 컴퓨터보다 많고 휴대전화보다 적은 선물은 무엇일까요?

(   )

3 막대그래프로 나타내기

● **막대그래프 그리는 방법**

① 가로와 세로에 나타낼 것을 정합니다.

② 눈금 한 칸의 크기를 정하고, 조사한 수 중에서 가장 큰 수를 나타낼 수 있도록 눈금의 수를 정합니다.

③ 조사한 수에 맞도록 막대를 그립니다.

④ 막대그래프에 알맞은 제목을 씁니다.

└ 눈금의 수는 가장 큰 수보다 1칸 또는 2칸 더 많이 나타낼 수 있게 정합니다.

제목을 가장 먼저 써도 돼.

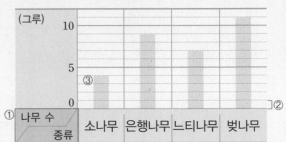
④종류별 나무 수

[6~8] 진서네 반 학생들이 배우고 싶은 전통 악기를 조사하여 나타낸 표를 보고 막대그래프로 나타내려고 합니다. 물음에 답하세요.

배우고 싶은 전통 악기별 학생 수

전통 악기	가야금	피리	해금	장구	합계
학생 수(명)	6	9	3	8	26

6 막대그래프의 가로와 세로에는 각각 무엇을 나타내는 것이 좋을까요?

가로 (   ), 세로 (   )

7 막대그래프의 눈금 한 칸은 몇 명을 나타내는 것이 좋을까요?

(   )

8 표를 보고 막대그래프로 나타내 보세요.

(   )

0

❓ 막대그래프를 다른 방법으로 나타낼 수 있나요?

· 세로 눈금 한 칸의 크기를 다르게 하여 나타낼 수 있습니다.
· 그래프의 가로와 세로를 바꾸어 막대를 가로로 나타낼 수 있습니다.

4 막대그래프의 활용

정답과 풀이 35쪽

● **막대그래프를 보고 알 수 있는 내용 활용하기**

체육관까지의 이동 수단별 소요 시간

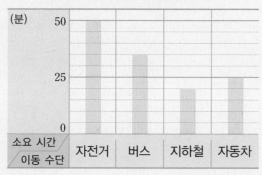

* 소요 시간이 짧은 이동 수단부터 차례로 쓰면 지하철, 자동차, 버스, 자전거입니다.
* 자전거는 버스보다 15분 더 느립니다. ── 세로 눈금 한 칸은 5분을 나타냅니다.
* 체육관에 가장 빨리 도착하기 위해서는 지하철을 타는 것이 좋겠습니다.

🔧 실전 개념

수량을 비교할 때는 직접 칸 수를 세어 보지 않아도 막대의 길이를 비교하여 쉽게 해결할 수 있습니다.

> 그래프에 나타나지 않은 정보를 예상할 수 있어.

[9~11] 채영이네 반 학생들이 좋아하는 색깔을 조사하여 나타낸 막대그래프입니다. 물음에 답하세요.

좋아하는 색깔별 학생 수

(그래프: 빨간색 8, 노란색 4, 파란색 12, 초록색 7)

9 파란색을 좋아하는 학생 수는 노란색을 좋아하는 학생 수의 몇 배일까요?

( )

10 빨간색을 좋아하는 학생은 초록색을 좋아하는 학생보다 몇 명 더 많을까요?

( )

11 단체 티셔츠를 주문해야 할 경우 어느 색으로 주문하면 좋을까요?

( )

❓ 막대그래프를 보고 무엇을 예상할 수 있나요?

연도별 쌀 소비량

막대의 길이가 짧아지고 있으므로 연도별 쌀 소비량이 줄어들고 있습니다.

➡ 2024년의 쌀 소비량도 줄어들 것으로 예상할 수 있습니다.

▶ 항목별로 막대가 나타내는 수량을 각각 알아봅니다.

▶ 그래프에 나타난 자료를 보고, 그래프에 나타나지 않은 정보를 해석하고 예상할 수 있습니다.

기본에서 응용으로

개념+문제 풀이

1 막대그래프 알아보기(1)

• 막대그래프: 조사한 자료의 수량을 막대 모양으로 나타낸 그래프

기르고 싶은 반려동물별 학생 수

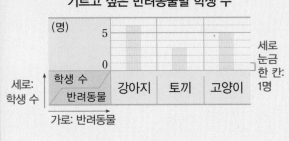

[1~3] 하경이네 반 학생들이 심고 싶은 채소를 조사하여 나타낸 막대그래프입니다. 물음에 답하세요.

심고 싶은 채소별 학생 수

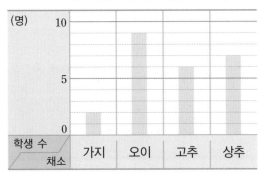

1 막대의 길이가 나타내는 것에 ○표 하세요.

심고 싶은 채소별 학생 수	학생들이 심고 싶은 채소

2 상추를 심고 싶은 학생은 몇 명일까요?

( )

3 가장 많은 학생들이 심고 싶은 채소는 무엇일까요?

( )

[4~8] 어느 가게에서 하루 동안 판매한 과일주스를 조사하여 나타낸 막대그래프입니다. 물음에 답하세요.

하루 동안 판매한 종류별 병의 수

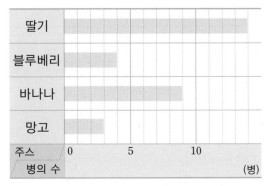

4 막대그래프에서 가로와 세로는 각각 무엇을 나타낼까요?

가로 ( )

세로 ( )

5 가로 눈금 한 칸은 몇 병을 나타낼까요?

( )

6 하루 동안 판매한 바나나주스는 몇 병일까요?

( )

7 블루베리주스보다 더 많이 판매한 주스를 모두 써 보세요.

( )

8 판매한 바나나주스 수는 망고주스 수의 몇 배일까요?

( )

[9~12] 여진이네 학교 4학년 학생들의 혈액형을 조사하여 나타낸 표와 막대그래프입니다. 물음에 답하세요.

혈액형별 학생 수

혈액형	A형	B형	O형	AB형	합계
학생 수(명)	110		70	30	270

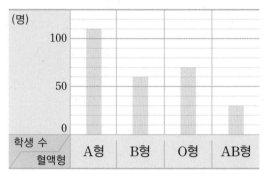

혈액형별 학생 수

9 세로 눈금 한 칸은 몇 명을 나타낼까요?

( )

10 B형인 학생은 몇 명일까요?

( )

11 학생 수가 가장 많은 혈액형부터 차례로 알아볼 때 한눈에 쉽게 알아볼 수 있는 것은 표와 막대그래프 중 어느 것일까요?

( )

12 조사한 전체 학생 수가 모두 몇 명인지 알기 쉬운 것은 표와 막대그래프 중 어느 것일까요?

( )

2 막대그래프 알아보기(2)

막대의 길이가 길수록 항목의 수량이 많고, 길이가 짧을수록 항목의 수량이 적습니다.

존경하는 위인별 학생 수

➡ 가장 많은 학생들이 존경하는 위인: 이순신

[13~15] 건우네 학교에서 일주일 동안 배출한 재활용품의 양을 조사하여 나타낸 막대그래프입니다. 물음에 답하세요.

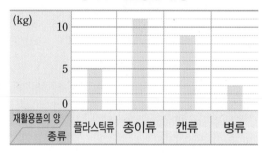

종류별 재활용품의 양

13 가장 많이 배출한 재활용품은 무엇인가요?

( )

14 일주일 동안 배출한 플라스틱류와 병류는 모두 몇 kg일까요?

( )

창의➕

15 막대그래프를 보고 알 수 있는 내용과 환경 보호를 위해 할 수 있는 실천을 각각 써 보세요.

알 수 있는 내용

실천

5

[16~19] 영어 캠프에 신청한 4학년과 5학년의 반별 학생 수를 조사하여 나타낸 막대그래프입니다. 물음에 답하세요.

영어 캠프에 신청한 4학년의 반별 학생 수
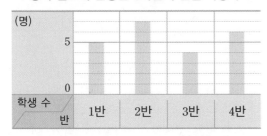

영어 캠프에 신청한 5학년의 반별 학생 수

16 4학년과 5학년에서 영어 캠프에 신청한 학생 수가 가장 많은 반은 각각 몇 반인지 차례로 써 보세요.

(   ), (   )

17 4학년과 5학년의 막대그래프에서 세로 눈금 한 칸은 각각 몇 명인지 차례로 써 보세요.

(   ), (   )

18 4학년 2반과 5학년 4반 중 영어 캠프에 신청한 학생 수가 더 많은 반은 몇 학년 몇 반일까요?

(   )

19 영어 캠프에 신청한 학생 수가 4학년 4반과 같은 반은 몇 학년 몇 반일까요?

(   )

3 막대그래프로 나타내기

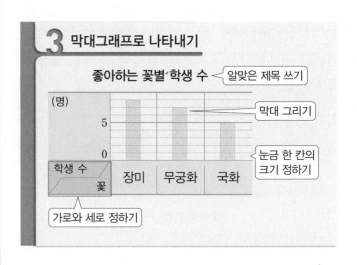

[20~22] 민기네 반 학생들이 좋아하는 TV 프로그램을 조사하여 나타낸 표입니다. 물음에 답하세요.

좋아하는 TV 프로그램별 학생 수

프로그램	예능	만화	스포츠	음악	합계
학생 수(명)	9	6	5	8	28

20 표를 보고 막대그래프로 나타내려고 합니다. 세로 눈금은 적어도 몇 명까지 나타낼 수 있어야 할까요?

(   )

21 표를 보고 막대그래프로 나타내 보세요.

22 만화보다 더 많은 학생들이 좋아하는 TV 프로그램을 모두 써 보세요.

(   )

[23~26] 어느 마을에 있는 헌 옷 수거함의 헌 옷 수거량을 조사하여 나타낸 표입니다. 물음에 답하세요.

헌 옷 수거함별 헌 옷 수거량

헌 옷 수거함	가	나	다	라	합계
수거량(kg)	12		14	20	64

23 나 헌 옷 수거함의 수거량은 몇 kg일까요?

( )

24 막대그래프의 가로에 헌 옷 수거함을 나타낸다면 세로에는 무엇을 나타내야 할까요?

( )

25 표를 보고 막대가 세로로 된 막대그래프로 나타내 보세요.

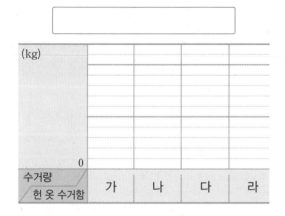

26 표를 보고 막대가 가로로 된 막대그래프로 나타내 보세요.

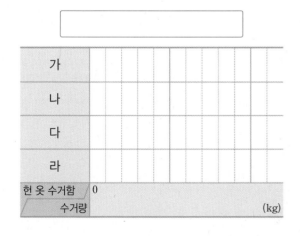

---

4 자료를 조사하여 막대그래프로 나타내기

일주일 동안의 날씨를 표로 정리하고 막대그래프로 나타내기

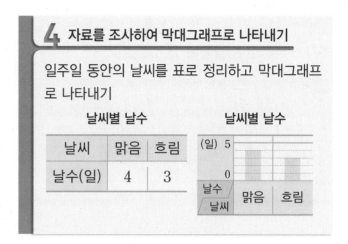

[27~28] 성은이네 반 학생들이 좋아하는 계절을 조사하였습니다. 물음에 답하세요.

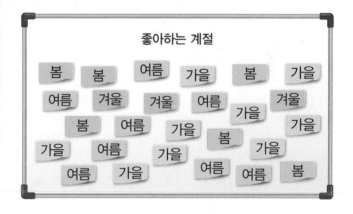

27 조사한 자료를 보고 표로 나타내 보세요.

좋아하는 계절별 학생 수

계절	봄	여름	가을	겨울	합계
학생 수 (명)					

28 27의 표를 보고 막대그래프로 나타내 보세요.

좋아하는 계절별 학생 수

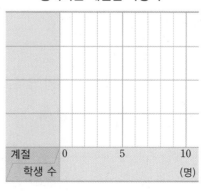

[29~31] 건우네 반 학생들이 좋아하는 과일을 조사하였습니다. 물음에 답하세요.

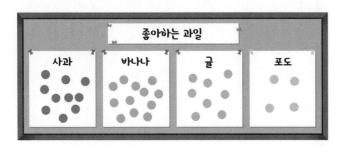

29 자료를 보고 표와 막대그래프로 나타내 보세요.

과일	사과	바나나	귤	포도	합계
학생 수 (명)					

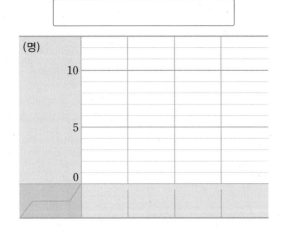

30 좋아하는 학생 수가 많은 과일부터 차례로 써 보세요.

( )

31 세로 눈금 한 칸의 크기가 2명을 나타내도록 다시 그래프를 그린다면 귤은 몇 칸으로 그려야 할까요?

( )

5 막대그래프의 활용

자료를 막대그래프로 나타내면 여러 가지 사실을 알아보거나 막대그래프에 나타나지 않은 정보까지 예상할 수 있습니다.

[32~34] 2023년에 우리나라를 방문한 외국인 관광객 수를 조사하여 나타낸 막대그래프입니다. 물음에 답하세요.

나라별 외국인 관광객 수

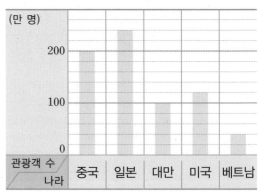

32 2023년에 우리나라를 방문한 미국 관광객은 몇 명인가요?

( )

33 2023년에 우리나라를 방문한 외국인 관광객 수가 가장 많은 나라는 어느 나라일까요?

( )

서술형
34 한국의 기념품 가게 점원은 어느 나라 말을 잘하는 것이 좋을지 쓰고 그 까닭을 써 보세요.

답 ....

까닭 ....

[35~37] 어느 농촌의 인구수를 연도별로 조사하여 나타낸 막대그래프입니다. 물음에 답하세요.

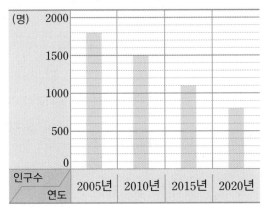

어느 농촌의 연도별 인구수

35 이 농촌의 2020년 인구수는 2005년 인구수보다 몇 명 줄어들었나요?

( )

36 2025년에 이 농촌의 인구수는 어떻게 될지 예상해 보세요.

37 이 농촌의 인구수 감소를 막기 위해 할 수 있는 일을 써 보세요.

[38~39] 주성이가 음식 100 g에서 얻는 열량과 1시간 동안 운동했을 때 소모되는 열량을 조사하여 나타낸 막대그래프입니다. 물음에 답하세요.

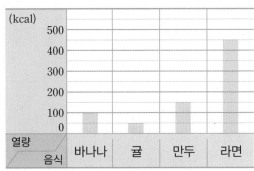

음식별 열량

운동별 소모되는 열량

38 두 막대그래프를 보고 알 수 있는 내용을 각각 한 가지씩 써 보세요.

음식별 열량

운동별 소모되는 열량

창의＋ 서술형
39 만두 100 g에서 얻은 열량을 1시간 동안 모두 사용하려면 어떤 운동을 하면 좋을지 쓰고 그 까닭을 써 보세요.

( )

까닭

6 표를 완성하여 막대그래프로 나타내기

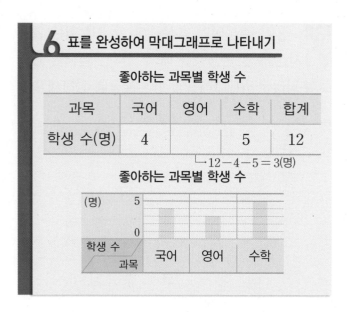

좋아하는 과목별 학생 수

과목	국어	영어	수학	합계
학생 수(명)	4		5	12

└ 12-4-5=3(명)

좋아하는 과목별 학생 수

[40~41] 은서네 반 학급 문고의 종류별 책 수를 조사하여 나타낸 표입니다. 위인전이 과학책보다 5 권 많을 때 물음에 답하세요.

종류별 책 수

종류	동화책	위인전	역사책	과학책	합계
책 수(권)	11		8		34

40 표를 완성하고 막대그래프로 나타내 보세요.

종류별 책 수

41 과학책보다 많고 위인전보다 적은 책은 어떤 책인지 풀이 과정을 쓰고 답을 구해 보세요.

풀이

답

[42~45] 동네 빵집에서 오늘 아침에 만든 종류별 빵의 수를 조사하여 나타낸 표입니다. 크림빵의 수는 바게트의 수의 2배일 때 물음에 답하세요.

종류별 빵의 수

종류	크림빵	소금빵	바게트	베이글	합계
빵의 수(개)		36		28	100

42 크림빵과 바게트의 수를 각각 구해 보세요.

크림빵 ( )

바게트 ( )

43 표를 보고 막대그래프로 나타내 보세요.

종류별 빵의 수

44 크림빵과 소금빵의 수가 같아지려면 어느 빵을 몇 개 더 만들어야 할까요?

( ), ( )

45 43의 그래프에서 알 수 있는 내용을 2가지 써 보세요.

7 여러 가지 항목을 나타낸 막대그래프 해석하기

좋아하는 운동별 학생 수

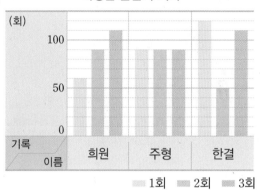

- 남학생 수와 여학생 수의 차가 가장 큰 운동: 축구
- 남학생 수와 여학생 수가 같은 운동: 농구

[46~47] 두 가게에서 3일 동안 판매한 떡의 수를 조사하여 나타낸 표입니다. 물음에 답하세요.

두 가게에서 판매한 요일별 떡의 수

가게 \ 요일	금	토	일
A 가게	9개	8개	12개
B 가게	10개	10개	12개

46 표를 보고 막대그래프를 각각 완성해 보세요.

A 가게에서 판매한 요일별 떡의 수

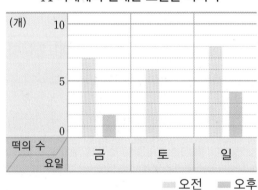

B 가게에서 판매한 요일별 떡의 수

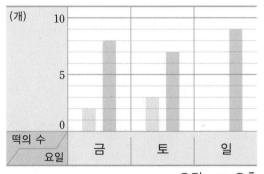

47 두 가게 중 어느 가게가 오후 늦게까지 문을 여는 것이 좋을까요?

(   )

[48~50] 희원, 주형, 한결 세 명의 학생 중에서 반 줄넘기 대표를 뽑으려고 합니다. 세 학생의 3회 줄넘기 기록을 나타낸 막대그래프를 보고 물음에 답하세요.

학생별 줄넘기 기록

48 희원이의 3회 줄넘기 기록은 몇 회일까요?

(   )

49 1회부터 3회까지의 줄넘기 기록의 합이 가장 큰 사람은 누구일까요?

(   )

서술형
50 누구를 반 줄넘기 대표로 뽑으면 좋을지 쓰고 그 까닭을 써 보세요.

답 ....

까닭 ....

표와 막대그래프 완성하기

심화유형 1

어느 음식 판매 행사장의 음식별 판매량을 조사하여 나타낸 표와 막대그래프입니다. 탕후루가 샌드위치보다 8개 더 많이 팔렸을 때 표와 막대그래프를 각각 완성해 보세요.

음식별 판매량

음식	소떡소떡	탕후루	샌드위치	핫도그	합계
판매량(개)	18			22	

음식별 판매량

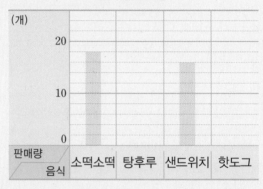

● **핵심 NOTE** • 막대그래프에 나타난 막대와 주어진 조건을 이용하여 표를 완성하고, 완성된 표를 이용하여 막대그래프를 완성합니다.

1-1 민형이네 모둠 학생들이 갯벌에서 잡은 조개 수를 조사하여 나타낸 표와 막대그래프입니다. 주은이가 잡은 조개 수가 민형이가 잡은 조개 수의 3배일 때 표와 막대그래프를 각각 완성해 보세요.

학생별 갯벌에서 잡은 조개 수

이름	민형	은혁	주은	하율	합계
조개 수(개)		50		80	

학생별 갯벌에서 잡은 조개 수

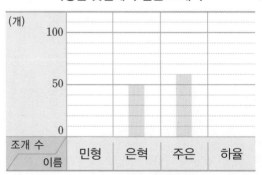

심화유형 2 막대가 두 개인 막대그래프 알아보기

채은이네 학교 4학년 반별 남녀 학생 수를 조사하여 나타낸 막대그래프입니다. 남학생 수와 여학생 수의 차가 가장 큰 반은 어느 반이고, 그 차는 몇 명일까요?

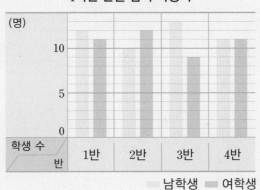

(   ), (   )

● **핵심 NOTE**
- 두 가지 항목을 하나의 그래프로 나타낸 막대그래프에서는 막대의 색깔에 주의하여 알아봅니다.
- 남녀 학생 수의 차를 구하는 문제이므로 각 반별로 두 막대의 길이를 비교하여 막대의 길이의 차가 가장 큰 반을 찾습니다.

2-1 어느 블로그의 요일별 방문자 수를 조사하여 나타낸 막대그래프입니다. 방문한 남자의 수와 여자의 수의 차가 가장 큰 요일은 어느 요일이고, 그 차는 몇 명일까요?

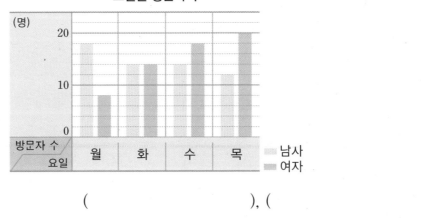

(   ), (   )

2-2 2-1의 그래프에서 요일별 방문자 수가 같은 요일을 모두 써 보세요.

(   )

심화유형 3 일부분이 찢어진 막대그래프 알아보기

하민이네 학교 4학년의 반별 안경을 쓴 학생 수를 조사하여 나타낸 막대그래프의 일부분이 찢어졌습니다. 3반의 안경을 쓴 학생 수는 4반의 안경을 쓴 학생 수의 2배이고, 2반의 안경을 쓴 학생 수는 3반의 안경을 쓴 학생 수보다 5명 더 적습니다. 2반과 3반의 안경을 쓴 학생 수를 각각 구해 보세요.

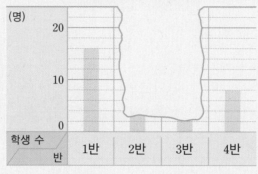

반별 안경을 쓴 학생 수

2반 (   )

3반 (   )

● 핵심 NOTE ・ 찢어지지 않은 부분의 막대와 주어진 조건을 이용하여 찢어져서 보이지 않는 부분의 안경을 쓴 학생 수를 구합니다.

3-1 유성이네 화단에 있는 종류별 꽃의 수를 조사하여 나타낸 막대그래프의 일부분이 찢어졌습니다. 국화는 나팔꽃의 4배이고, 튤립은 국화보다 3송이 더 적습니다. 국화와 튤립의 수를 각각 구해 보세요.

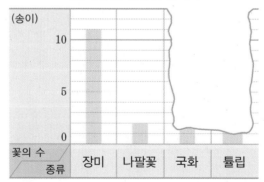

화단에 있는 종류별 꽃의 수

국화 (   )

튤립 (   )

통합
교과유형 **4**

수학 **＋** 과학

가전용품의 전력소비량 구하기

전력은 열에너지, 화학에너지 등을 변환시켜 생산한 전기에너지로 W(와트)라는 단위를 사용합니다. 전력소비량은 단위 시간당 전력 사용량을 의미하며 Wh(와트시)라는 단위를 사용합니다. 다음은 가전용품의 전력소비량을 나타낸 막대그래프입니다. 네 제품의 전력소비량의 합이 4400 Wh일 때, 전기밥솥의 전력소비량을 구해 보세요.

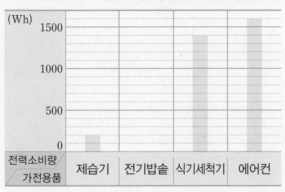

연속 1시간 사용시 가전용품별 전력소비량

1단계 막대그래프를 보고 제습기, 식기세척기, 에어컨의 전력소비량 각각 구하기

....

2단계 전력소비량의 합을 이용하여 전기밥솥의 전력소비량을 구하기

....

(   )

● **핵심 NOTE**　**1단계** 막대그래프를 보고 제습기, 식기세척기, 에어컨의 전력소비량을 각각 구합니다.

　　　　　　　　2단계 전력소비량의 합을 이용하여 전기밥솥의 전력소비량을 구합니다.

5

4-1 오른쪽은 가전용품의 전력소비량을 나타낸 막대그래프입니다. 네 제품의 전력소비량의 합이 400 Wh일 때, 선풍기의 전력소비량을 구해 보세요.

(   )

연속 1시간 사용시 가전용품별 전력소비량

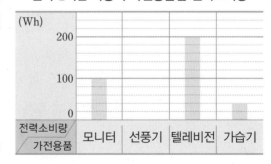

단원 평가 Level ❶

[1~4] 주형이네 반 학생들이 하고 싶은 전통 놀이를 조사하여 나타낸 막대그래프입니다. 물음에 답하세요.

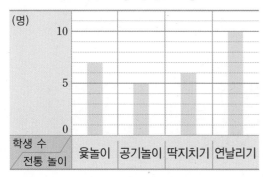

하고 싶은 전통 놀이별 학생 수

1 막대그래프의 가로와 세로는 각각 무엇을 나타낼까요?

가로 (   )

세로 (   )

2 윷놀이를 하고 싶은 학생은 몇 명일까요?

(   )

3 가장 많은 학생들이 하고 싶은 전통 놀이는 무엇일까요?

(   )

4 연날리기를 하고 싶은 학생은 딱지치기를 하고 싶은 학생보다 몇 명 더 많을까요?

(   )

[5~8] 어느 동물원에 있는 동물을 조사하여 나타낸 막대그래프입니다. 물음에 답하세요.

동물원에 있는 종류별 동물 수

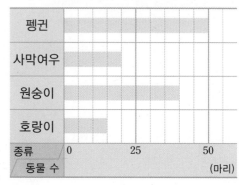

5 가로 눈금 한 칸은 몇 마리를 나타낼까요?

(   )

6 원숭이는 몇 마리일까요?

(   )

7 사막여우보다 적은 동물은 어느 동물일까요?

(   )

8 가장 많이 있는 동물은 가장 적게 있는 동물보다 몇 마리 더 많을까요?

(   )

[9~13] 방과후 수업의 강좌별 수강생 수를 조사하여 나타낸 표입니다. 물음에 답하세요.

강좌별 수강생 수

강좌	영어	마술	암산	요리	합계
수강생 수(명)	9	12	5		36

9 조사한 수강생은 모두 몇 명일까요?

( )

10 요리 수강생은 몇 명일까요?

( )

11 표를 보고 막대그래프로 나타내 보세요.

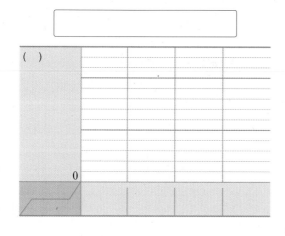

12 수강생이 둘째로 적은 강좌는 무엇일까요?

( )

13 영어보다 더 많은 학생들이 수강한 강좌를 모두 써 보세요.

( )

[14~15] 민서네 모둠 학생들이 모은 칭찬 붙임딱지 수를 조사하여 나타낸 막대그래프입니다. 물음에 답하세요.

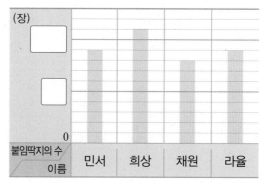

학생별 칭찬 붙임딱지의 수

14 민서가 모은 칭찬 붙임딱지 수가 9장일 때, □ 안에 알맞은 수를 써넣어 막대그래프를 완성해 보세요.

15 막대그래프를 보고 알 수 있는 내용을 이야기한 것입니다. 잘못 말한 사람은 누구일까요?

> 희상: 민서와 라율이가 모은 칭찬 붙임딱지 수는 같아.
> 채원: 나는 희상이보다 칭찬 붙임딱지가 3장 더 적어.
> 라율: 나는 채원이보다 칭찬 붙임딱지가 2장 더 많아.

( )

[16~18] 미나네 반과 정우네 반 학생들이 좋아하는 간식을 조사하여 나타낸 막대그래프입니다. 물음에 답하세요.

미나네 반 학생들이 좋아하는 간식별 학생 수

간식	학생 수
빙수	
떡볶이	
피자	
김밥	

0   5   10   (명)

정우네 반 학생들이 좋아하는 간식별 학생 수

간식	학생 수
빙수	
떡볶이	
피자	
김밥	

0   5   10   (명)

16 두 반의 좋아하는 학생 수가 같은 간식은 무엇일까요?

(   )

17 김밥을 좋아하는 학생은 정우네 반이 미나네 반보다 몇 명 더 많은가요?

(   )

18 두 반에서 좋아하는 학생 수가 많은 간식부터 차례로 써 보세요.

(   )

✏ 서술형 문제

19 경희네 반 학생들이 주말에 가고 싶은 장소를 조사하여 나타낸 막대그래프입니다. 경희네 반 학생들이 함께 놀러 간다면 어디를 가면 좋을지 쓰고 그 까닭을 써 보세요.

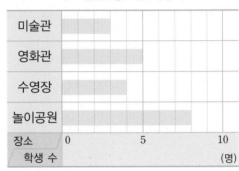

가고 싶은 장소별 학생 수

답 _____

까닭 _____

_____

20 건우네 반 학생들이 좋아하는 교통수단을 조사하여 나타낸 막대그래프입니다. 건우네 반 학생 수가 29명일 때, 버스를 좋아하는 학생은 몇 명인지 풀이 과정을 쓰고 답을 구해 보세요.

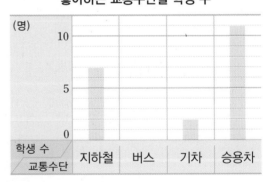

좋아하는 교통수단별 학생 수

풀이 _____

_____

_____

답 _____

단원 평가 Level ❷

[1~5] 리듬체조 동아리 학생들이 좋아하는 리듬체조 종목을 조사하여 나타낸 막대그래프입니다. 물음에 답하세요.

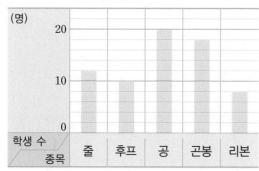

좋아하는 종목별 학생 수

1 세로 눈금 한 칸은 몇 명을 나타낼까요?

( )

2 곤봉을 좋아하는 학생은 몇 명일까요?

( )

3 가장 적은 학생들이 좋아하는 종목은 무엇일까요?

( )

4 12명보다 많은 학생들이 좋아하는 종목을 모두 써 보세요.

( )

5 공을 좋아하는 학생 수는 후프를 좋아하는 학생 수의 몇 배일까요?

( )

[6~9] 수진이네 학교 체육관에 있는 공의 수를 조사하여 나타낸 표입니다. 물음에 답하세요.

체육관에 있는 종류별 공의 수

종류	축구공	농구공	배구공	야구공	합계
공의 수(개)	9	5	8	6	28

6 표를 보고 막대그래프로 나타내 보세요.

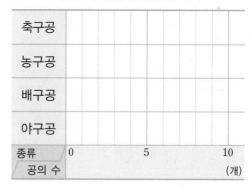

체육관에 있는 종류별 공의 수

7 많이 있는 공부터 차례로 써 보세요.

( )

8 가장 많이 있는 공은 가장 적게 있는 공보다 몇 개 더 많을까요?

( )

9 체육관에 있는 공의 수가 많은 것부터 차례로 알아볼 때, 한눈에 쉽게 알아볼 수 있는 것은 표와 막대그래프 중 어느 것일까요?

( )

10 우석이네 반 학생 24명이 좋아하는 놀이기구를 조사하여 나타낸 막대그래프입니다. 바이킹을 좋아하는 학생은 몇 명일까요?

좋아하는 놀이기구별 학생 수

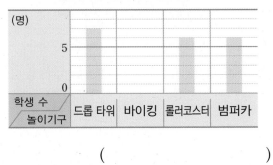

( )

[11~12] 어느 영화의 상영관별 입장객 수를 조사하여 나타낸 막대그래프입니다. 물음에 답하세요.

상영관별 입장객 수

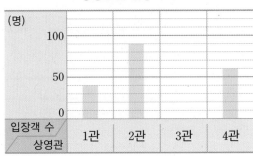

11 2관에 입장한 사람은 모두 몇 명일까요?

( )

12 3관의 입장객 수는 1관의 입장객 수의 3배입니다. 3관의 입장객 수는 몇 명일까요?

( )

[13~14] 도윤이가 외국인 관광객들이 서울에서 가고 싶어 하는 장소를 조사하여 나타낸 막대그래프입니다. 물음에 답하세요.

장소별 가고 싶어 하는 외국인 관광객 수

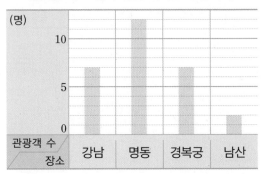

13 막대그래프를 보고 옳은 것을 모두 찾아 기호를 써 보세요.

> ㉠ 조사한 외국인 관광객 수는 모두 28명입니다.
> ㉡ 경복궁에 가고 싶어 하는 외국인 관광객 수는 남산에 가고 싶어 하는 외국인 관광객 수의 5배입니다.
> ㉢ 도윤이가 조사한 외국인 관광객들이 가고 싶어 하는 장소는 4곳입니다.

( )

14 외국인 관광객을 많이 만나려면 어느 장소로 가면 좋을까요?

( )

[15~18] 진서네 학교에 있는 나무 수를 조사하여 나타낸 막대그래프의 일부분이 찢어졌습니다. 소나무 수는 감나무 수의 2배이고, 밤나무는 은행나무보다 4그루 더 적다고 합니다. 물음에 답하세요.

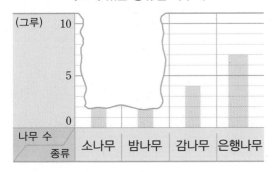

15 학교에 있는 소나무와 밤나무는 각각 몇 그루인지 차례로 써 보세요.

(   ), (   )

16 막대그래프를 완성해 보세요.

학교에 있는 종류별 나무 수

17 가장 많이 있는 나무와 가장 적게 있는 나무 수의 차는 몇 그루일까요?

(   )

18 나무를 더 심어서 종류별로 나무 수가 같도록 하려면 가장 많이 심어야 하는 나무는 무엇일까요?

(   )

19 어느 지역의 마을별 편의점 수를 조사하여 나타낸 막대그래프입니다. 편의점 수가 둘째로 적은 마을은 어느 마을인지 풀이 과정을 쓰고 답을 구해 보세요.

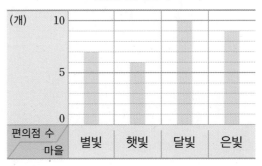

풀이

답

20 어느 중국집에서 오늘 판매한 메뉴별 그릇 수를 조사하여 나타낸 막대그래프입니다. 짜장면을 잡채밥보다 몇 그릇 더 많이 판매했는지 풀이 과정을 쓰고 답을 구해 보세요.

풀이

답

규칙 찾기

$$1 \qquad 1+2 \qquad 1+2+3$$

규칙을 찾으면 다음을 알 수 있어!

첫째	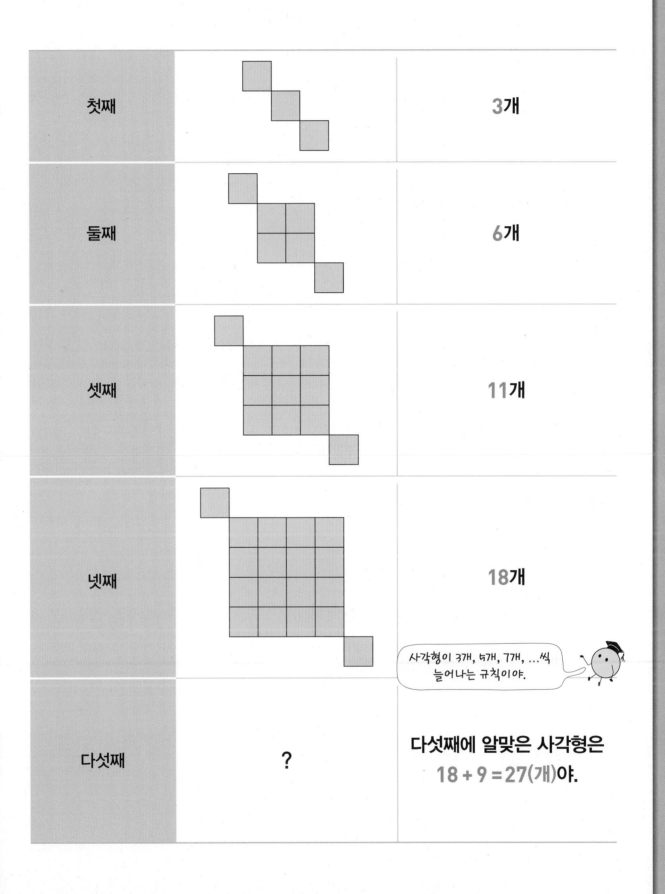	3개
둘째		6개
셋째		11개
넷째		18개
다섯째	?	다섯째에 알맞은 사각형은 18 + 9 = 27(개)야.

사각형이 3개, 4개, 7개, ...씩
늘어나는 규칙이야.

● 수 배열표에서 규칙 찾기(1)

300	310	320	330	340
400	410	420	430	440
500	510	520	530	540
600	610	620	630	640
700	710	720	730	740

규칙

- 오른쪽으로 10씩 커집니다.
- 아래쪽으로 100씩 커집니다.
- ↘ 방향으로 110씩 커집니다.
- ↗ 방향으로 90씩 작아집니다.

⊕ 보충 개념

수 배열표에서 찾을 수 있는 여러 가지 규칙

- 왼쪽으로 10씩 작아집니다.
- 위쪽으로 100씩 작아집니다.
- ↖ 방향으로 110씩 작아집니다.
- ↙ 방향으로 90씩 커집니다.

[1~2] 수 배열표를 보고 물음에 답하세요.

708	608	508	408	308
718	618	518	418	318
728	628	528	★	328
738	638	538	438	338
748	648	▲	448	348

1 수 배열표에서 규칙을 찾아 ☐ 안에 알맞은 수를 써넣으세요.

(1) 오른쪽으로 ☐ 씩 작아지는 규칙입니다.

(2) 아래쪽으로 ☐ 씩 커지는 규칙입니다.

(3) ↘ 방향으로 ☐ 씩 작아지는 규칙입니다.

(4) ↗ 방향으로 ☐ 씩 작아지는 규칙입니다.

2 규칙에 따라 ★과 ▲에 알맞은 수를 각각 구해 보세요.

★ ( )

▲ ( )

❓ 같은 줄에 있는 수들은 규칙이 한 가지인가요?

같은 줄에 있는 수들이라도 방향에 따라 수 배열의 규칙이 달라집니다.
예를 들어 가로줄에 배열된 수가 15 — 18 — 21 — 24 라면 수 배열의 규칙은 '오른쪽으로 3씩 커집니다' 또는 '왼쪽으로 3씩 작아집니다'라고 할 수 있습니다.

▶ 수 배열표에서 이웃하는 두 수의 차가 일정하면 덧셈이나 뺄셈의 규칙입니다.

▶ 수 배열표에서 찾을 수 있는 규칙이 여러 가지이므로 빈칸에 알맞은 수를 구하는 방법도 여러 가지가 있습니다.

2 수 배열표에서 규칙 찾기(2)

● 수 배열표에서 규칙 찾기(2)

3	6	12	24	48
6	12	24	48	96
12	24	48	96	192
24	48	96	192	384
48	96	192	384	768

규칙

• 오른쪽으로 2씩 곱합니다.
• 아래쪽으로 2씩 곱합니다.
• ↘ 방향으로 4씩 곱합니다.
• ↗ 방향에는 모두 같은 수가 있습니다.

➕ 보충 개념

수 배열표에서 찾을 수 있는 여러 가지 규칙

• 왼쪽으로 2씩 나눕니다.
• 위쪽으로 2씩 나눕니다.
• ↘ 방향으로 4씩 나눕니다.
• ↗ 방향에는 모두 같은 수가 있습니다.

[3~4] 수 배열표를 보고 물음에 답하세요.

16	8	4	2	1
32	16	8	4	2
64	♥	16	8	4
128	64	32	16	8
256	128	◆	32	16

3 수 배열표에서 규칙을 찾아 ☐ 안에 알맞은 수를 써넣고 알맞은 말에 ○표 하세요.

(1) 오른쪽으로 ☐씩 (곱하는 , 나누는) 규칙입니다.

(2) 아래쪽으로 ☐씩 (곱하는 , 나누는) 규칙입니다.

(3) ↘ 방향에는 모두 (같은 , 다른) 수가 있는 규칙입니다.

(4) ↗ 방향으로 ☐씩 (곱하는 , 나누는) 규칙입니다.

▶ 수 배열표에서 이웃하는 두 수끼리 나누어 몫이 일정하면 곱셈이나 나눗셈의 규칙입니다.

4 찾은 규칙에 따라 ♥와 ◆에 알맞은 수를 각각 구해 보세요.

♥ (   )

◆ (   )

▶ 오른쪽, 아래쪽, ↘, ↗ 방향 등의 규칙에 따라 이웃한 수를 이용하여 빈칸에 알맞은 수를 구합니다.

3 모양의 배열에서 규칙 찾기

정답과 풀이 **43**쪽

● **모양의 배열에서 규칙 찾기**

순서	첫째	둘째	셋째	넷째
배열				
식	2	2＋4	2＋4＋6	2＋4＋6＋8
수	2	6	12	20

규칙 모형(■)의 수가 2개에서 시작하여 4개, 6개, 8개, ...씩 늘어납니다.

➡ 다섯째에 알맞은 모형의 수는 2＋4＋6＋8＋10＝30(개)입니다.

➕ 보충 개념

왼쪽 모양의 배열을 다른 식으로 나타내기

순서	식	수
첫째	1×2	2
둘째	2×3	6
셋째	3×4	12
넷째	4×5	20

모양의 규칙: 가로와 세로에 각각 1줄씩 더 늘어나서 이루어진 직사각형 모양입니다.

➡ 다섯째에 알맞은 모형의 수는 5×6＝30(개)입니다.

---

5 모형(■)으로 모양을 만들어 규칙적으로 배열하려고 합니다. 모형(■)을 □로 나타내 다섯째에 알맞은 모양을 그려 보세요.

첫째　　둘째　　셋째　　넷째　　다섯째

▶ 배열에서 규칙을 찾아봅니다.

[6~7] 구슬의 배열을 보고 물음에 답하세요.

순서	첫째	둘째	셋째	넷째
배열				
식	1	1＋2	1＋2＋3	
수	1	3	6	

6 구슬의 배열에서 규칙을 찾아 빈칸에 알맞은 식과 수를 써넣으세요.

7 다섯째에 알맞은 모양에서 구슬의 수를 식으로 나타내고 구해 보세요.

식 ....　　답 ....

▶ 구슬의 수와 모양에서 규칙을 찾아 구슬이 몇 개씩 늘어나는지 알아봅니다.

기본에서 응용으로

정답과 풀이 43쪽

1 수의 배열에서 규칙 찾기(1)

100	110	120
200	210	220
300	310	320

규칙 오른쪽으로 10씩 커집니다.
아래쪽으로 100씩 커집니다.

1 수 배열표에서 규칙을 찾아 빈칸에 알맞은 수를 써넣으세요.

215	315	415	515	615
225	325	425		625
235	335		535	635
	345	445	545	645
255	355	455	555	

[2~3] 수 배열표를 보고 물음에 답하세요.

40002	40003	40004	40005	40006
40102	40103	40104	40105	40106
40202	40203	40204	40205	40206
40302	40303	40304	40305	40306
40402	40403	40404	40405	40406

2 40004부터 시작하여 100씩 커지는 수들에 색칠해 보세요.

3 빨간색 칸에 있는 수들의 규칙을 찾아 써 보세요.

규칙

4 수의 배열에서 규칙을 찾아 ♥, ★에 알맞은 수를 각각 구해 보세요.

(1)
2120	2130	♥	2150	2160	★

♥ (   )
★ (   )

(2)
6405	♥	6205	6105	★	5905

♥ (   )
★ (   )

5 어느 공연장의 좌석 번호를 보고 ■, ▲에 알맞은 좌석 번호를 각각 구해 보세요.

좌석표

A4	A5	A6	A7	A8	A9
B4	B5	B6	B7	B8	B9
C4	C5	■	C7	C8	C9
D4	D5	D6	D7	D8	▲

■ (   )
▲ (   )

창의+

6 계단 모양의 수의 배열에서 규칙을 찾아 ㉠, ㉡에 알맞은 수를 각각 구해 보세요.

```
              1
         2    5    8
      3    6    9   12
   4    7              ㉠
              ㉡
```

㉠ (   ), ㉡ (   )

2 수의 배열에서 규칙 찾기(2)

12	36	108
6	18	54
3	9	27

규칙 오른쪽으로 3씩 곱합니다.
아래쪽으로 2씩 나눕니다.

7 수 배열표에서 규칙을 찾아 빈칸에 알맞은 수를 써넣으세요.

27	9	3	1
54	18		2
108		12	4
216	72		8

8 수의 배열에서 규칙을 찾아 빈칸에 알맞은 수를 써넣으세요.

17 — 68 — 272 — ☐ — 4352

9 수 배열표에서 규칙을 찾아 ☐ 안에 알맞은 수를 써넣으세요.

	☐	3	4	5
200	400	600	800	1000
☐	800	1200	1600	2000
600	1200	☐	2400	3000
800	1600	2400	3200	☐

[10~11] 수 배열표를 보고 물음에 답하세요.

24	12	6	3
48	24	12	6
96			㉠
		㉡	

10 수 배열표를 완성했을 때 ㉠과 ㉡에 알맞은 수의 합을 구해 보세요.

(   )

11 ↙ 방향에 있는 수의 배열에서 규칙을 찾아 빈칸에 알맞은 수를 써넣으세요.

3 — 12 — ☐ — ☐ — ☐

서술형
12 수 배열표에서 규칙을 찾아 ■와 ▲에 알맞은 수는 각각 얼마인지 풀이 과정을 쓰고 답을 구해 보세요.

	412	413	414	415	416
21	2	3	4	5	6
22	4	6	8	0	■
23	6	9	2	5	8
24	8	2	6	0	4
25	0	5	▲	5	0

풀이 ....

....

....

....

답 ■: _____ , ▲: _____

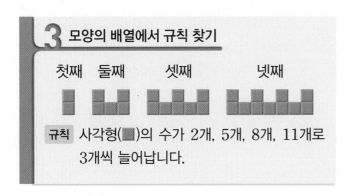

3 모양의 배열에서 규칙 찾기

첫째　둘째　　셋째　　　넷째

규칙 사각형(■)의 수가 2개, 5개, 8개, 11개로
3개씩 늘어납니다.

13 모양의 배열에서 규칙을 찾아 빈칸에 알맞은
식과 수를 써넣으세요.

순서	첫째	둘째	셋째	넷째
배열				
식	1	1 + 3	1 + 3 + 3	
수	1	4		

[14~15] 모양의 배열을 보고 물음에 답하세요.

순서	첫째	둘째	셋째	넷째
배열				
식	2 × 2	3 × 3	4 × 4	5 × 5
수	4	9	16	25

14 모양의 배열에서 규칙을 찾아 써 보세요.

　규칙 ....

....

15 다섯째에 알맞은 모양에서 ■은 몇 개일까요?

(　　　　　　)

16 모양의 배열에서 규칙을 찾아 넷째에 알맞은
모양을 그리고, ☐ 안에 알맞은 수를 써넣으
세요.

첫째　　둘째　　　셋째　　　　넷째

　1　　　4　　　　9　　　　☐

[17~18] 모양의 배열을 보고 물음에 답하세요.

첫째　　둘째　　셋째　　넷째　　다섯째

17 모양의 배열에서 규칙을 찾아 써 보세요.

　규칙 ....

....

18 여섯째에 알맞은 모양을 찾아 기호를 써 보
세요.

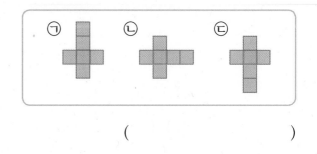

(　　　　　　)

4. 계산식의 배열에서 규칙 찾기(1)

● **덧셈식의 배열에서 규칙 찾기**

순서	덧셈식
첫째	$104 + 302 = 406$
둘째	$114 + 312 = 426$
셋째	$124 + 322 = 446$
넷째	$134 + 332 = 466$
다섯째	$144 + 342 = 486$

규칙 10씩 커지는 두 수의 합은 20씩 커집니다.

➡ 여섯째 덧셈식은 $154 + 352 = 506$입니다.

실전 개념

계산식의 배열에서 규칙 찾는 방법
변하지 않는 수와 변하는 수를 따로 표시하면 계산식의 배열에서 규칙을 쉽게 찾을 수 있습니다.

주의 개념

계산 결과가 맞더라도 계산식이 규칙에 맞지 않으면 알맞은 계산식의 배열이라고 할 수 없습니다.

[8~10] 뺄셈식의 배열을 보고 물음에 답하세요.

순서	뺄셈식		
첫째	246	− 123	= 123
둘째	346	− 223	= 123
셋째	446	− 323	= 123
넷째	☐	− 423	= 123
다섯째	646	− ☐	= ☐

8 ☐ 안에 알맞은 수를 써넣으세요.

9 뺄셈식의 배열에서 규칙을 설명해 보세요.

규칙 빼지는 수가 ☐씩 커지고 빼는 수도 ☐씩 커지면 차는 같습니다.

10 규칙에 따라 여섯째 뺄셈식을 써 보세요.

뺄셈식 ....

> 각각의 뺄셈식에서 변하는 수와 변하지 않는 수를 구분한 다음 규칙을 찾아봅니다.

> 빼지는 수, 빼는 수, 계산 결과까지 모두 규칙에 맞는 뺄셈식을 써야 합니다.

5 계산식의 배열에서 규칙 찾기(2)

정답과 풀이 **44**쪽

● 곱셈식의 배열에서 규칙 찾기

순서	곱셈식
첫째	$101 \times 11 = 1111$
둘째	$101 \times 22 = 2222$
셋째	$101 \times 33 = 3333$
넷째	$101 \times 44 = 4444$
다섯째	$101 \times 55 = 5555$

규칙 곱해지는 수는 101로 같고 곱하는 수가 11씩 커지면 두 수의 곱은 1111씩 커집니다.

➡ 여섯째 곱셈식은 $101 \times 66 = 6666$입니다.

⚡ 주의 개념

규칙적인 곱셈식의 배열에서 계산 결과를 구할 때에는 곱셈을 계산하여 구하지 않고 배열된 곱셈식의 규칙을 이용하여 구합니다.

[11~13] 나눗셈식의 배열을 보고 물음에 답하세요.

순서	나눗셈식
첫째	$84700 \div 77 = 1100$
둘째	$72600 \div 66 = 1100$
셋째	$60500 \div 55 = 1100$
넷째	$48400 \div \boxed{} = 1100$
다섯째	$\boxed{} \div 33 = \boxed{}$

11 ☐ 안에 알맞은 수를 써넣으세요.

▶ 각각의 나눗셈식에서 변하는 수와 변하지 않는 수를 구분한 다음 규칙을 찾아봅니다.

12 나눗셈식의 배열에서 규칙을 설명해 보세요.

규칙 나누어지는 수가 $\boxed{}$씩 작아지고 나누는 수가 $\boxed{}$씩 작아지면 몫은 같습니다.

13 규칙에 따라 여섯째 나눗셈식을 써 보세요.

나눗셈식 ⋯⋯⋯⋯⋯⋯⋯⋯⋯⋯⋯⋯

▶ 나누어지는 수, 나누는 수, 몫까지 모두 규칙에 맞는 나눗셈식을 써야 합니다.

6 등호(=)가 있는 식 알아보기 (1)

● 크기가 같은 두 양을 식으로 나타내기

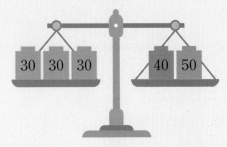

➡ $30 + 30 + 30 = 40 + 50$

크기가 같은 두 양을 등호(=)를 사용하여 하나의 식으로 나타낼 수 있습니다.

➕ 보충 개념

크기가 같은 두 양

$4 + 2 + 5$와 $6 + 5$의 크기는 같습니다.
'같습니다'는 ' = '로 나타냅니다.
➡ $4 + 2 + 5 = 6 + 5$

등호(=)도 부등호(> , <)처럼 두 양의 크기를 비교하는 기호야.

[14~15] 그림을 보고 물음에 답하세요.

14 크기가 같은 두 양을 찾아 빈칸에 써넣으세요.

| 60 |━━| □ | $+$ | □ |

| □ | $+$ | □ | $+$ | □ |━━| 90 |

▶ 양팔 저울이 수평을 이루도록 양쪽에 추를 올린다고 생각하며 크기가 같은 두 양을 찾아봅니다.

15 크기가 같은 두 양을 등호(=)를 사용하여 하나의 식으로 나타내 보세요.

식 _____

식 _____

❓ 등호(=)의 오른쪽에 계산 결과인 수를 쓰지 않아도 되나요?

등호(=)는 두 양의 크기가 같음을 나타내는 기호입니다. 따라서 등호 양쪽에 수 또는 식이 모두 올 수 있습니다.

16 크기가 같은 두 양을 등호(=)를 사용하여 하나의 식으로 나타내 보세요.

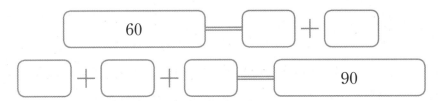

식 _____

● **계산하지 않고 옳은 식인지 알아보기**

2만큼 커집니다.

$$11 + 9 = 13 + 7$$

2만큼 작아집니다.

➡ 두 양이 같으므로 옳은 식입니다.

2만큼 커집니다.

$$11 - 9 = 13 - 11$$

2만큼 커집니다.

➡ 두 양이 같으므로 옳은 식입니다.

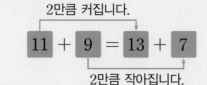

확인!

더해지는 수가 5만큼 커졌을 때 옳은 식을 만들려면 더하는 수는 ☐ 만큼 작아져야 합니다.

심화 개념

달력에서 규칙 찾기

4월

일	월	화	수	목	금	토
		1	2	3	4	5
6	7	8	9	10	11	12
13	14	15	16	17	18	19
20	21	22	23	24	25	26
27	28	29	30			

2만큼 커집니다.

➡ $8 + 24 = 10 + 22$

2만큼 작아집니다.

---

17 수직선을 보고 $50 - 29 = 53 - 32$가 옳은 식인지 알아보려고 합니다. 알맞은 말에 ○표 하고, ☐ 안에 알맞은 수를 써넣으세요.

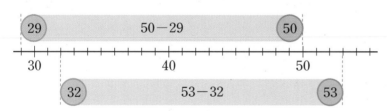

50에서 53으로 ☐ 만큼 (커지고 , 작아지고) 29에서 32로 ☐ 만큼 (커집니다 , 작아집니다).

➡ $50 - 29 = 53 - 32$는 (옳은 , 옳지 않은) 식입니다.

▶ 등호(=) 양쪽의 수가 얼마만큼 커지고 작아졌는지 비교하여 옳은 식인지 알아봅니다.

---

18 옳은 식에 ○표, 옳지 않은 식에 ×표 하세요.

$50 - 5 = 55 - 10$

(   )

$36 \div 4 = 72 \div 2$

(   )

$15 + 9 = 20 + 14$

(   )

$3 \times 8 = 6 \times 4$

(   )

▶ 합이 같아지려면 더해지는 수가 커진 만큼 더하는 수는 작아져야 합니다.

4 계산식의 배열에서 규칙 찾기 (1)

• 덧셈식의 배열에서 규칙 찾기

$600 + 1500 = 2100$ 규칙

$600 + 2600 = 3200$ 더하는 수가 1100씩

$600 + 3700 = 4300$ 커지면 합도 1100씩

$600 + 4800 = 5400$ 커집니다.

[19~20] 계산식의 배열을 보고 물음에 답하세요.

㉮

$315 + 216 = 531$
$325 + 226 = 551$
$335 + 236 = 571$
$345 + 246 = 591$

㉯

$621 + 107 = 728$
$621 + 117 = 738$
$621 + 127 = 748$
$621 + 137 = 758$

㉰

$314 - 122 = 192$
$414 - 222 = 192$
$514 - 322 = 192$
$614 - 422 = 192$

㉱

$403 - 138 = 265$
$393 - 128 = 265$
$383 - 118 = 265$
$373 - 108 = 265$

19 설명에 맞는 계산식을 찾아 기호를 써 보세요.

> 백의 자리 수가 똑같이 커지는 두 수의 차
> 는 항상 같습니다.

(   )

20 서아의 생각과 같은 규칙적인 계산식을 찾아 기호를 써 보세요.

> 다음에 올 계산식은
> 355+256=611이야.

서아

(   )

[21~22] 덧셈식의 배열을 보고 물음에 답하세요.

순서	덧셈식
첫째	$1 + 3 = 4$
둘째	$1 + 3 + 5 = 9$
셋째	$1 + 3 + 5 + 7 = 16$
넷째	$1 + 3 + 5 + 7 + 9 = 25$
다섯째	

21 빈칸에 알맞은 덧셈식을 써넣으세요.

서술형

22 규칙에 따라 계산 결과가 64가 되는 덧셈식을 구하려고 합니다. 풀이 과정을 쓰고 답을 구해 보세요.

풀이 ....

....

....

....

답 ....

23 계산식의 배열에서 규칙을 찾아 ☐ 안에 알맞은 식을 써넣으세요.

$$600 + 300 - 300 = 600$$
$$700 + 400 - 600 = 500$$
$$800 + 500 - 900 = 400$$
$$\boxed{} = 300$$

5 계산식의 배열에서 규칙 찾기 (2)

• 곱셈식의 배열에서 규칙 찾기

$300 \times 400 = 120000$ 규칙

$500 \times 400 = 200000$ 곱해지는 수가 200씩

$700 \times 400 = 280000$ 커지면 곱은 80000

$900 \times 400 = 360000$ 씩 커집니다.

[24~25] 계산식의 배열을 보고 물음에 답하세요.

㉮
$11 \times 22 = 242$
$22 \times 22 = 484$
$33 \times 22 = 726$
$44 \times 22 = 968$

㉯
$10 \times 11 = 110$
$20 \times 11 = 220$
$30 \times 11 = 330$
$40 \times 11 = 440$

㉰
$66066 \div 66 = 1001$
$55055 \div 55 = 1001$
$44044 \div 44 = 1001$
$33033 \div 33 = 1001$

㉱
$2640 \div 60 = 44$
$2200 \div 50 = 44$
$1320 \div 30 = 44$
$880 \div 20 = 44$

24 설명에 맞는 계산식을 찾아 기호를 써 보세요.

> 곱해지는 수가 10씩 커지고 곱하는 수가 11로 같으면 곱은 110씩 커집니다.

(   )

25 은호의 생각과 같은 규칙적인 계산식을 찾아 기호를 써 보세요.

다음에 올 계산식은 22022÷22=1001이야.

은호

(   )

[26~27] 곱셈식의 배열을 보고 물음에 답하세요.

순서	곱셈식
첫째	$9 \times 9 = 81$
둘째	$9 \times 99 = 891$
셋째	$9 \times 999 = 8991$
넷째	$9 \times 9999 = 89991$
다섯째	

26 빈칸에 알맞은 곱셈식을 써넣으세요.

서술형

27 규칙에 따라 계산 결과가 89999991이 되는 곱셈식을 구하려고 합니다. 풀이 과정을 쓰고 답을 구해 보세요.

풀이

답

28 나눗셈식의 배열에서 규칙을 찾아 ☐ 안에 알맞은 식을 써넣으세요.

$$111 \div 37 = 3$$
$$222 \div 37 = 6$$
$$333 \div 37 = 9$$
$$\boxed{} = 12$$

6

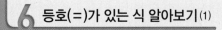

6 등호(=)가 있는 식 알아보기⑴

$$4 + 7 = 11 \qquad 3 + 6 + 2 = 11$$

➡ $4 + 7 = 3 + 6 + 2$

크기가 같은 두 양을 등호(=)를 사용하여 하나의 식으로 나타낼 수 있습니다.

29 저울의 양쪽 무게가 같아지도록 빈칸에 들어갈 수 있는 것을 모두 찾아 ○표 하세요.

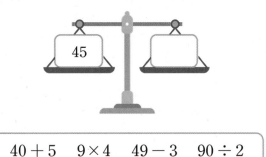

$$45$$

$$40 + 5 \quad 9 \times 4 \quad 49 - 3 \quad 90 \div 2$$

30 계산 결과가 같은 두 식을 찾아 ○표 하고, 등호(=)를 사용하여 두 식을 하나의 식으로 나타내 보세요.

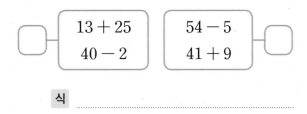

$$13 + 25 \qquad 54 - 5$$
$$40 - 2 \qquad 41 + 9$$

식 _____

31 계산 결과가 27이 되는 식을 빈칸에 쓰고 등호(=)를 사용하여 두 식을 하나의 식으로 나타내 보세요.

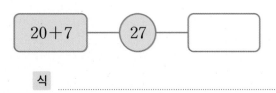

$$20 + 7 \qquad 27$$

식 _____

32 계산 결과가 48이 되는 식을 모두 찾아 ○표 하고, 등호(=)를 사용하여 두 식을 하나의 식으로 나타내 보세요.

$$50 - 2 \qquad 8 \times 6 \qquad 98 \div 2$$

$$49 + 0 \qquad 43 + 5 \qquad 15 + 15 + 15$$

식 _____

식 _____

식 _____

7 등호가 있는 식 알아보기⑵

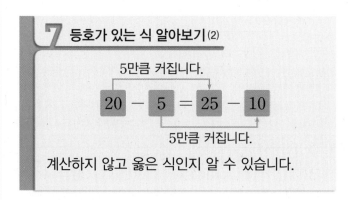

5만큼 커집니다.

$$20 - 5 = 25 - 10$$

5만큼 커집니다.

계산하지 않고 옳은 식인지 알 수 있습니다.

33 알맞은 말에 ○표 하고, 그 까닭을 써 보세요.

$40 \div 2 = 120 \div 6$은
(옳은 , 옳지 않은) 식입니다.

까닭 _____

_____

34 ■ 안의 수를 바르게 고쳐 옳은 식을 만들어 보세요.

$$37 + 20 = 40 + 20$$

옳은 식 _____

35 ☐ 안에 알맞은 수를 써넣어 옳은 식을 만들어 보세요.

(1) $47 - ☐ = 44 - 2$

(2) $24 \times 9 = 6 \times ☐$

36 등호(=)가 있는 식을 완성하여 암호를 풀려고 합니다. ☐ 안에 알맞은 수나 글자를 써넣으세요.

수	1	2	3	4	5	6	7	8	9
글자	유	학	더	방	우	코	교	리	위

$26 \times ☐ = 4 \times 26$ ☐

$48 + 4 = 50 + ☐$ ☐

창의 ✚

37 유미네 집 주소를 구해 보세요.

우리집 주소야. 힌트를 줄게, 찾아봐!

유미

한글로 ■ 길 ▲ - ★

힌트

$42 - ■ = 36 - 2$

$58 + 15 = 50 + ▲$

$15 \times 16 = ★ \times 48$

한글로 ☐ 길 ☐ - ☐

8 생활에서 규칙적인 계산식 찾기

• 계산기 버튼에서 규칙적인 계산식 찾기

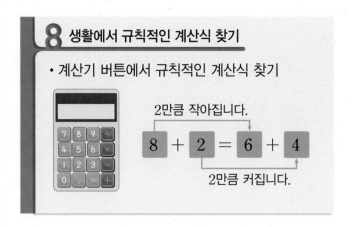

2만큼 작아집니다.

$8 + 2 = 6 + 4$

2만큼 커집니다.

38 ☐ 에서 ■ 으로 색칠된 두 수의 합과 같은 두 수를 찾아 등호(=)를 사용하여 하나의 식으로 나타내 보세요.

7월

일	월	화	수	목	금	토
	1	2	3	4	5	6
7	8	9	10	11	12	13
14	15	16	17	18	19	20
21	22	23	24	25	26	27
28	29	30	31			

$9 + 25 = ☐ + ☐$

39 엘리베이터 버튼의 수에서 계산 결과가 21이 되는 식을 쓰고, 등호(=)를 사용하여 두 식을 하나의 식으로 나타내 보세요.

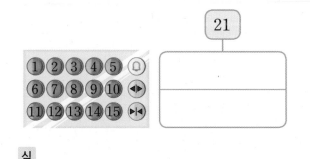

21

식 ....

심화유형 **1**

조건을 만족시키는 수의 배열 찾기

수 배열표를 보고 조건을 만족시키는 규칙적인 수의 배열을 찾아 색칠해 보세요.

> **조건**
>
> • 가장 큰 수는 82672입니다.
> • 다음 수는 앞의 수보다 1010씩 작아집니다.

78632	78642	78652	78662	78672
79632	79642	79652	79662	79672
80632	80642	80652	80662	80672
81632	81642	81652	81662	81672
82632	82642	82652	82662	82672

● **핵심 NOTE**   • 수 배열표를 보고 가로, 세로, ＼ 방향 등에 놓인 수의 배열에서 규칙을 찾아봅니다.

1-1   수 배열표를 보고 조건을 만족시키는 규칙적인 수의 배열을 찾아 색칠해 보세요.

> **조건**
>
> • 가장 작은 수는 24221입니다.
> • 다음 수는 앞의 수보다 9900씩 커집니다.

23821	33821	43821	53821	63821
23921	33921	43921	53921	63921
24021	34021	44021	54021	64021
24121	34121	44121	54121	64121
24221	34221	44221	54221	64221

1-2   1-1의 수 배열의 규칙에 맞게 ●에 알맞은 수를 구해 보세요.

(   )

심화유형 2

순서에 알맞은 모양의 수 구하기

규칙에 따라 모형 을 놓고 있습니다. 여섯째에 알맞은 모양에서 은 몇 개인지 구해 보세요.

첫째   둘째   셋째   넷째

(   )

● **핵심 NOTE**   • 모형의 수를 세어 보며 모형이 늘어나는 규칙을 찾아봅니다.

2-1 규칙에 따라 모형 을 놓고 있습니다. 여섯째에 알맞은 모양에서 은 몇 개인지 구해 보세요.

첫째   둘째   셋째   넷째

(   )

2-2 규칙에 따라 사각형 ■을 놓고 있습니다. 일곱째에 알맞은 모양에서 ■은 몇 개인지 구해 보세요.

첫째   둘째   셋째   넷째

 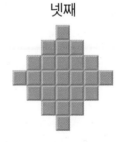

(   )

3 계산식의 배열에서 규칙을 찾아 값 구하기

심화유형

보기 의 곱셈식의 배열에서 규칙을 찾아 123456789×45의 값을 구해 보세요.

보기

$$123456789 \times 9 = 1111111101$$
$$123456789 \times 18 = 2222222202$$
$$123456789 \times 27 = 3333333303$$

(   )

● 핵심 NOTE   • 반복되는 수, 증가하는 수, 개수 등을 살펴보며 계산 결과의 규칙을 찾아봅니다.

3-1   보기 의 덧셈식의 배열에서 규칙을 찾아 $1234567 + 7654321$의 값을 구해 보세요.

보기

$$12 + 21 = 33$$
$$123 + 321 = 444$$
$$1234 + 4321 = 5555$$

(   )

3-2   보기 의 나눗셈식의 배열에서 규칙을 찾아 54로 나누었을 때 몫이 1234567이 되는 수를 구해 보세요.

보기

$$11111103 \div 9 = 1234567$$
$$22222206 \div 18 = 1234567$$
$$33333309 \div 27 = 1234567$$
$$44444412 \div 36 = 1234567$$

(   )

통합 교과유형 4
수학 ✚ 과학

비행기 좌석 번호 구하기

비행기는 날개와 그에 의해 발생하는 힘을 이용해 인공적으로 하늘을
나는 항공기를 말합니다. 최초의 비행기는 1903년 12월 27일에 미
국의 라이트 형제가 발명한 것으로 12초 동안 36.3 m를 비행했고,
현대와 같이 사람을 수송하는 비행기는 1914년에 처음으로 운항이
시작되었습니다. 희서는 비행기를 타고 여행을 가려고 합니다. 희서가 지금 서 있는 곳의 좌석
번호가 12C일 때 두 줄 뒤가 희서의 좌석 번호입니다. 희서의 좌석 번호를 구해 보세요.

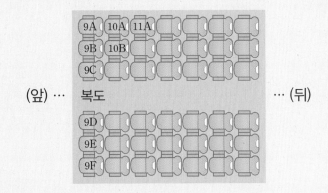

1단계 12C 좌석 위치 찾아보기

....

....

2단계 희서의 좌석 번호 구하기

....

....

(   )

● 핵심 NOTE **1단계** 좌석 번호의 규칙을 찾아 12C 좌석 위치를 찾습니다.
2단계 좌석 번호의 규칙에 따라 희서의 좌석 번호를 구합니다.

4-1 공연장의 의자 뒷면에는 좌석 번호가 붙여져 있습니다. 은규가 지금 서 있는 곳이 다열 6번일
때 한 줄 앞 좌석이 은규의 좌석입니다. 은규의 좌석 번호를 구해 보세요.

(   )

단원 평가 Level ❶

[1~3] 수 배열표를 보고 물음에 답하세요.

2003	2103	2203	2303	2403
3003	3103	3203		3403
4003	4103	4203	4303	4403
5003		5203	5303	5403
6003	6103	6203	6303	

1 수 배열표에서 규칙을 찾아 써 보세요.

규칙 ....

2 규칙에 따라 빈칸에 알맞은 수를 써넣으세요.

3 다음을 만족시키는 수의 배열을 찾아 색칠해 보세요.

> • 가장 작은 수는 2103입니다.
> • 다음 수는 앞의 수보다 1100씩 커집니다.

4 모양의 배열에서 규칙을 찾아 빈칸에 알맞은 식과 수를 써넣으세요.

순서	첫째	둘째	셋째	넷째
배열				
식	1	1+2		
수	1	3		

5 빈칸에 알맞은 수나 말을 써넣으세요.

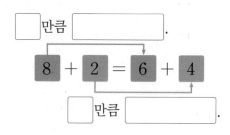

6 규칙에 따라 빈칸에 알맞은 수를 써넣으세요.

64	32	16		4

7 ☐ 안에 알맞은 수를 써넣어 옳은 식을 만들어 보세요.

(1) $51 - 0 = $ ☐

(2) $29 = 29 + $ ☐

(3) $18 + 14 = 14 + $ ☐

(4) $8 \times 19 = 19 \times $ ☐

8 계산식의 배열을 보고 설명에 맞는 계산식을 찾아 기호를 써 보세요.

⑦

$345 + 218 = 563$
$355 + 228 = 583$
$365 + 238 = 603$
$375 + 248 = 623$

⑭

$107 + 914 = 1021$
$127 + 914 = 1041$
$147 + 914 = 1061$
$167 + 914 = 1081$

> 십의 자리 수가 각각 1씩 커지는 두 수의 합은 20씩 커집니다.

(   )

9 규칙에 따라 모양을 배열하였습니다. 여섯째에 알맞은 모양을 그려 보세요.

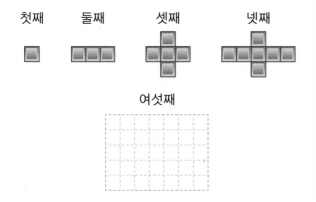

여섯째

12 보기 의 규칙을 이용하여 ☐ 안에 나누는 수가 4일 때의 계산식을 써넣으세요.

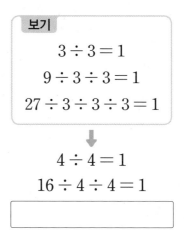

[10~11] 규칙적인 계산식을 보고 물음에 답하세요.

순서	계산식
첫째	$500 - 200 + 300 = 600$
둘째	$600 - 300 + 400 = 700$
셋째	$700 - 400 + 500 = 800$
넷째	$800 - 500 + 600 = 900$
다섯째	

10 빈칸에 알맞은 식을 써넣으세요.

11 규칙에 따라 계산 결과가 1200이 되는 계산식을 써 보세요.

계산식

13 주어진 카드 중에서 3장을 골라 식을 2개 완성해 보세요.

| 0 | 1 | 5 | + | − | × | ÷ |

$5 = $ ☐ ☐ ☐

$5 = $ ☐ ☐ ☐

14 수의 배열에서 규칙을 찾아 ■, ●에 알맞은 수를 구해 보세요.

1051	2052	■	4054	
		3153	4154	●

■ (   )

● (   )

6

[15~17] 곱셈식의 배열을 보고 물음에 답하세요.

$$12 \times 9 = 108$$
$$112 \times 9 = 1008$$
$$1112 \times 9 = 10008$$
$$11112 \times 9 = \boxed{}$$

15 곱셈식의 배열에서 규칙을 찾아 써 보세요.

> 규칙 곱해지는 수가 12, 112, $\boxed{}$,
> …와 같이 $\boxed{}$이 1개씩 늘어나고 곱하는
> 수가 $\boxed{}$로 같으면 곱은 1과 $\boxed{}$ 사이에
> $\boxed{}$이 그 순서만큼 들어갑니다.

16 ☐ 안에 알맞은 수를 써넣으세요.

17 규칙에 따라 계산 결과가 10000008이 되는
곱셈식을 써 보세요.

곱셈식 _____

18 우편함에 표시된 수의 배열에서 보기와 같이
규칙적인 계산식을 찾아 써 보세요.

| 201 | 203 | 205 | 207 | 209 | 211 |
| 202 | 204 | 206 | 208 | 210 | 212 |

> 보기
> $$201 + 204 = 202 + 203$$

계산식 _____

서술형 문제

19 덧셈식의 배열에서 규칙을 찾아 다섯째 덧셈
식을 구하려고 합니다. 풀이 과정을 쓰고 답
을 구해 보세요.

순서	덧셈식
첫째	$78 + 23 = 101$
둘째	$778 + 223 = 1001$
셋째	$7778 + 2223 = 10001$
넷째	$77778 + 22223 = 100001$

풀이 _____

_____

_____

답 _____

20 수의 배열에서 규칙을 찾아 빈칸에 알맞은 수
는 얼마인지 풀이 과정을 쓰고 답을 구해 보
세요.

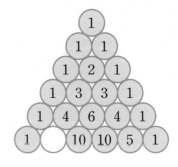

풀이 _____

_____

_____

답 _____

단원 평가 Level ❷

[1~2] 수 배열표를 보고 물음에 답하세요.

12	15	18	21	
112	115	118	121	124
312	315		321	324
612	615	618	621	624
	1015	1018	1021	1024

1 수 배열표에서 규칙을 찾아 써 보세요.

규칙 ....

2 규칙에 따라 빈칸에 알맞은 수를 써넣으세요.

3 규칙에 따라 신발장에 번호를 붙였습니다. ★ 모양으로 표시한 칸의 번호를 써 보세요.

라3	라4		
다3	다4		★
나3	나4	나5	
가3	가4	가5	

( )

4 등호(=)가 있는 식으로 바르게 나타낸 것을 모두 찾아 기호를 써 보세요.

┌─────────────────────────────┐
│ ㉠ $40 = 43 - 3$ ㉡ $20 \times 5 = 25 + 5$ │
│ ㉢ $23 + 0 = 23$ ㉣ $15 \times 6 = 6 \times 14$ │
└─────────────────────────────┘

( )

5 모양의 배열에서 규칙을 찾아 넷째에 알맞은 모양을 그리고, ☐ 안에 알맞은 수를 써넣으세요.

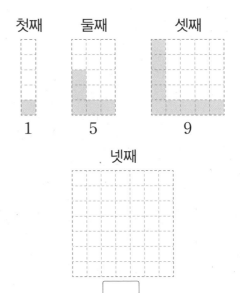

첫째 1 둘째 5 셋째 9

넷째

☐

[6~7] 수 배열표를 보고 물음에 답하세요.

	602	603	604	605	606
31	2	3	4	5	6
32	4	6	8	0	2
33	6	9	2	5	8
34	8	2	6		4
35	0		0	5	0

6 규칙에 따라 빈칸에 알맞은 수를 써넣으세요.

7 수 배열표의 규칙에 따라 708과 26이 만나는 칸에 알맞은 수는 얼마일까요?

( )

[8~9] 모양의 배열을 보고 물음에 답하세요.

첫째 둘째 셋째 넷째 다섯째

8 모양의 배열에서 규칙을 찾아 써 보세요.

██의 규칙 _____

_____

██의 규칙 _____

_____

9 다섯째에 알맞은 모양을 그려 보세요.

10 뺄셈식의 배열에서 규칙을 찾아 ☐ 안에 알맞은 수를 써넣으세요.

$$523 - 418 = 105$$
$$533 - \boxed{} = 105$$
$$\boxed{} - 438 = 105$$
$$553 - 448 = \boxed{}$$

11 옳은 식이 되도록 ▲에 알맞은 식을 모두 찾아 ○표 하세요.

$$4 \times 20 = ▲$$

$120 \div 3$ $95 - 15$

2×40 $30 + 30 + 30$

[12~13] 덧셈식의 배열을 보고 물음에 답하세요.

순서	덧셈식
첫째	$4 + 6 + 8 + 10 + 12 = 40$
둘째	$6 + 8 + 10 + 12 + 14 = 50$
셋째	$8 + 10 + 12 + 14 + 16 = 60$
넷째	$10 + 12 + 14 + 16 + 18 = 70$
다섯째	

12 덧셈식의 배열에서 규칙을 찾아 빈칸에 알맞은 식을 써넣으세요.

13 계산 결과가 100이 되는 덧셈식은 몇째일까요?

(   )

14 달력에서 보기 와 같은 규칙을 갖는 계산식을 찾아 써 보세요.

9월

일	월	화	수	목	금	토
	1	2	3	4	5	6
7	8	9	10	11	12	13
14	15	16	17	18	19	20
21	22	23	24	25	26	27
28	29	30				

보기
$$15 + 16 + 17 + 18 + 19 = 17 \times 5$$

계산식 _____

15 등호(=)가 있는 식을 완성하려고 합니다. ■와 ▲에 알맞은 수의 합을 구해 보세요.

> ⊙ $42 \div 6 = 84 \div$ ■
> ⊙ $14 \times 36 = 28 \times$ ▲

(   )

[16~18] 나눗셈식의 배열을 보고 물음에 답하세요.

순서	나눗셈식
첫째	$11 \div 1 = 11$
둘째	$121 \div 11 = 11$
셋째	$1221 \div 111 = 11$
넷째	$12221 \div 1111 = 11$
다섯째	

16 나눗셈식의 배열에서 규칙을 찾아 써 보세요.

규칙 _____

17 빈칸에 알맞은 나눗셈식을 써넣으세요.

18 1111111로 나누었을 때 몫이 11이 되는 수를 구해 보세요.

(   )

19 규칙에 따라 모형 🔳을 놓고 있습니다. 일곱째에 알맞은 모양에서 🔳은 몇 개인지 풀이 과정을 쓰고 답을 구해 보세요.

첫째   둘째   셋째   넷째

풀이 _____

답 _____

20 곱셈식의 배열에서 규칙을 찾아 37037×15의 값은 얼마인지 풀이 과정을 쓰고 답을 구해 보세요.

> $37037 \times 3 = 111111$
> $37037 \times 6 = 222222$
> $37037 \times 9 = 333333$

풀이 _____

답 _____

사고력이 반짝

※ 수아와 하영이가 말하는 것은 항상 옳은 정보입니다.
동균이가 말하는 것은 항상 거짓 정보입니다.

● 누가 과자를 먹었을까요?

나는 먹지 않았어.

수아

동균이는 먹지 않았어.

하영

수아가 먹었어.

동균

● 누구의 키가 가장 큽니까?

동균이가 가장 큰 건 아니야.

수아

내가 가장 큰 건 아니야.

하영

내가 가장 커.

동균

계산이 아닌

개념을 깨우치는

수학을 품은 연산

디딤돌
연산은
수학이다.

1~6학년(학기용)

수학 공부의 새로운 패러다임

수능까지 연결되는 독해 로드맵

디딤돌 독해력은 수능까지 연결되는 체계적인 라인업을 통하여
수능에서 요구하는 핵심 독해 원리에 대한 이해는 물론,
단계 별로 심화되며 연결되는 학습의 과정을 통해
깊이 있고 종합적인 독해 사고의 능력까지 기를 수 있도록 도와줍니다.

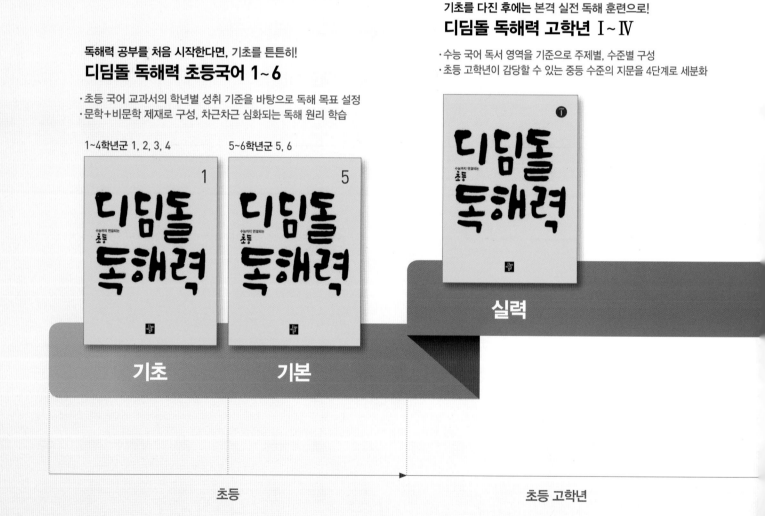

기초를 다진 후에는 본격 실전 독해 훈련으로!
디딤돌 독해력 고학년 I ~ IV

· 수능 국어 독서 영역을 기준으로 주제별, 수준별 구성
· 초등 고학년이 감당할 수 있는 중등 수준의 지문을 4단계로 세분화

독해력 공부를 처음 시작한다면, 기초를 튼튼히!
디딤돌 독해력 초등국어 1~6

· 초등 국어 교과서의 학년별 성취 기준을 바탕으로 독해 목표 설정
· 문학+비문학 제재로 구성, 차근차근 심화되는 독해 원리 학습

1~4학년군 1, 2, 3, 4   5~6학년군 5, 6

실력

기초   기본

초등   초등 고학년

응용탄탄북

4-1

차례

수학 좀 한다면

디딤돌

초등수학

응용탄탄북

$\dfrac{4}{1}$

- **서술형 문제** | 서술형 문제를 집중 연습해 보세요.

- **다시 점검하는 단원 평가** | 시험에 잘 나오는 문제를 한 번 더 풀어 단원을 확실하게 마무리해요.

서술형 문제

1 큰 수부터 차례로 기호를 쓰려고 합니다. 풀이 과정을 쓰고 답을 구해 보세요.

> ㉠ 7687505204500
> ㉡ 76억 6000만
> ㉢ 7조 8900억

풀이 ....

....

....

....

....

답 ....

> ▶ 자리 수가 많을수록 큰 수입니다. 자리 수가 같으면 높은 자리의 수부터 비교합니다.

2 뛰어 세는 규칙을 찾아 ㉠에 알맞은 수는 얼마인지 풀이 과정을 쓰고 답을 구해 보세요.

| 8500억 | | 1조 500억 |

| | ㉠ |

풀이 ....

....

....

....

....

답 ....

> ▶ 2번 뛰어 센 수의 천억의 자리 수가 변했습니다.

3 우정이는 만 원짜리 지폐 7장, 천 원짜리 지폐 12장, 백 원짜리 동전 12개, 십 원짜리 동전 26개를 가지고 있습니다. 우정이가 가지고 있는 돈은 모두 얼마인지 풀이 과정을 쓰고 답을 구해 보세요.

▶ 천 원짜리 지폐 10장은 10000원입니다.

풀이

답

4 ㉠이 나타내는 값은 ㉡이 나타내는 값의 몇 배인지 풀이 과정을 쓰고 답을 구해 보세요.

▶ 54억 342만 6180입니다.

$$5403426180$$
㉠ ㉡

풀이

답

5 수 카드를 모두 한 번씩만 사용하여 다섯 자리 수를 만들려고 합니다. 만의 자리 숫자가 5인 가장 작은 수는 얼마인지 풀이 과정을 쓰고 답을 구해 보세요.

▶ 가장 작은 수를 만들려면 높은 자리부터 작은 수를 차례로 놓아야 합니다.

[6] [2] [8] [5] [3]

풀이 ....

....

....

....

....

답 ....

6 어느 시에서 음식물 쓰레기 종량제를 시행하면 음식물 쓰레기를 처리하는 비용이 첫해에 1600억 원 절약되고, 다음 해부터 매년 250억 원씩 절약된다고 합니다. 첫해부터 5년 동안 절약되는 금액은 얼마인지 풀이 과정을 쓰고 답을 구해 보세요.

▶ 1600억 원에서 250억씩 4번 뛰어 세면 5년 동안 절약되는 금액을 구할 수 있습니다.

풀이 ....

....

....

....

답 ....

7 조건을 모두 만족시키는 수는 얼마인지 풀이 과정을 쓰고 답을 구해 보세요.

> • 59만보다 크고 60만보다 작은 여섯 자리 수입니다.
> • 십만의 자리 숫자와 백의 자리 숫자가 같습니다.
> • 숫자 0이 3개 있습니다.

풀이 ....

....

....

....

....

답 ....

▶ 먼저 십만의 자리 숫자와 만의 자리 숫자를 각각 구합니다.

1

8 어떤 수에서 20억씩 10번 뛰어 세면 5조 2400억이 됩니다. 어떤 수에서 1000억씩 10번 뛰어 세면 얼마가 될지 풀이 과정을 쓰고 답을 구해 보세요.

풀이 ....

....

....

....

....

답 ....

▶ 5조 2400억에서 20억씩 거꾸로 10번 뛰어 세면 어떤 수를 구할 수 있습니다.

다시 점검하는 **단원 평가** Level ❶

점수 | 확인

1 10000을 나타내는 설명으로 잘못된 것은 어느 것일까요? (   )

① 1000이 10개인 수
② 9000보다 1000만큼 더 큰 수
③ 9990보다 10만큼 더 큰 수
④ 1000의 100배인 수
⑤ 8000보다 2000만큼 더 큰 수

2 보기 와 같이 수로 나타낼 때 0이 가장 많은 것을 찾아 기호를 써 보세요.

보기
이십사만 삼천오백 ➡ 243500

㉠ 삼백육십칠만
㉡ 오십만 이천팔
㉢ 구백이십칠만 삼십사
㉣ 팔백만 구십

(   )

3 은행에서 42000000원을 만 원짜리 지폐로만 찾으려고 합니다. 만 원짜리 지폐 몇 장으로 찾을 수 있을까요?

(   )

4 숫자 9가 나타내는 값이 가장 큰 수는 어느 것일까요?

26945   89670   94823   135970

(   )

5 다음 수에서 숫자 6이 나타내는 값은 얼마일까요?

억이 3641개, 만이 8534개인 수

(   )

6 숫자 3이 나타내는 값이 다른 하나를 찾아 기호를 써 보세요.

㉠ 3178026951000
㉡ 64320001290000
㉢ 123579246009180

(   )

7 1000만이 100개, 10만이 70개, 10000이 60개, 1000이 5개인 수를 써 보세요.

(   )

8 억의 자리 숫자가 가장 큰 수를 찾아 기호를 써 보세요.

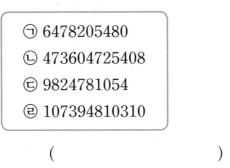

> ㉠ 6478205480
> ㉡ 473604725408
> ㉢ 9824781054
> ㉣ 107394810310

(   )

9 어떤 수에서 500만씩 6번 뛰어 센 수입니다. 어떤 수는 얼마일까요?

> 2억 6000만

(   )

10 빛이 1년 동안 갈 수 있는 거리를 1광년이라고 합니다. 1광년은 9조 4600억 km입니다. 10광년은 몇 km일까요?

(   )

11 빈칸에 알맞은 수를 써넣으세요.

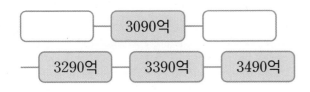

12 수직선에서 ㉠이 나타내는 수를 구해 보세요.

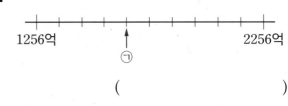

(   )

13 두 수의 크기를 비교하여 ○ 안에 >, =, < 중 알맞은 것을 써넣으세요.

24억 5734만 ◯ 245780000

14 더 큰 수의 기호를 써 보세요.

> ㉠ 3550조에서 100조씩 5번 뛰어 센 수
> ㉡ 450억에서 10배씩 5번 한 수

(   )

15 0부터 9까지의 수 중에서 □ 안에 들어갈 수 있는 가장 큰 수를 구해 보세요.

5048656070400 > 5048□68190075

(   )

16 지구과 행성 사이의 거리입니다. 목성과 수성 중 지구에 더 가까운 행성의 이름을 써 보세요.

목성	수성
6억 2832만 km	91700000 km

(   )

17 4장의 수 카드를 모두 2번씩 사용하여 만들 수 있는 8자리 수 중에서 셋째로 큰 수를 구해 보세요.

6 3 5 8

(   )

18 수민이네 가족은 여름 휴가를 위해 3월부터 한 달에 30만 원씩 저금하였습니다. 그해 8월까지 서금한 돈은 모두 얼마일까요?

(   )

19 0부터 9까지의 수 중에서 7개의 수를 골라 한 번씩 사용하여 7자리 수를 만들려고 합니다. 십만의 자리 숫자가 5인 가장 큰 수는 얼마인지 풀이 과정을 쓰고 답을 구해 보세요.

풀이 _____

_____

_____

_____

답 _____

20 어느 후원 단체의 기부금을 적은 종이가 찢어져 일부가 보이지 않습니다. 기부금은 얼마인지 풀이 과정을 쓰고 답을 구해 보세요.

7368450원

- 10자리 수입니다.
- 20억보다 크고 30억보다 작습니다.
- 억의 자리 숫자는 십만의 자리 숫자의 3배입니다.
- 각 자리의 숫자는 모두 다릅니다.

풀이 _____

_____

_____

_____

답 _____

다시 점검하는 단원 평가 Level ❷

점수 | 확인

1 천의 자리 숫자가 6인 수는 어느 것일까요?

( )

① 27936　② 30562　③ 40681
④ 56340　⑤ 68125

2 설명하는 수를 써 보세요.

> 1억을 10000배 한 수

( )

3 ㉠과 ㉡을 수로 쓸 때, 0은 모두 몇 개 쓰게 될까요?

> ㉠ 조가 8개, 억이 306개, 만이 11개인 수
> ㉡ 이십조 오십육억 사백오십일만 칠천

( )

4 십억의 자리 숫자가 가장 큰 수는 어느 것일 까요? ( )

① 35426704120　② 98745820407
③ 2148765047　④ 17924608420
⑤ 86974354868

5 억이 21개, 만이 560개인 수를 10배 한 수를 써 보세요.

( )

6 십조의 자리 숫자와 백만의 자리 숫자의 합을 구해 보세요.

> 157846559230206

( )

7 두 수의 크기를 비교하여 ◯ 안에 >, =, < 중 알맞은 것을 써넣으세요.

30억 259만 ◯ 삼십억 이백구만 삼천

8 태양에서 화성까지의 거리는 2억 2800만 km 입니다. 태양에서 화성까지의 거리는 길이가 1 m인 자를 몇 개 늘어놓은 것과 같을까요?

( )

9 큰 수부터 차례로 기호를 써 보세요.

> ㉠ 25941078645
> ㉡ 2964783500
> ㉢ 2조 500억 2000만
> ㉣ 2000억 600만

( )

10 ㉠이 나타내는 값은 ㉡이 나타내는 값의 몇 배일까요?

> 56823542000
> ㉠ ㉡

( )

11 경미네 가족은 동물 보호 단체에 현재까지 15만 원을 기부했고, 앞으로 매달 5만 원씩 기부하려고 합니다. 45만 원을 기부하려면 적어도 몇 개월이 더 걸리는지 구해 보세요.

( )

12 356억 490만에서 10배씩 뛰어 세기를 2번 한 수의 천억의 자리 숫자는 얼마일까요?

( )

13 빈칸에 알맞은 수를 써넣으세요.

14 1부터 9까지의 수 중에서 ☐ 안에 들어갈 수 있는 수를 모두 구해 보세요.

> 426640 > ☐89460

( )

15 서연이네 가족은 여행을 가기로 하였습니다. 여행 경비로 여행사에 1000000원짜리 수표 3장, 100000원짜리 수표 9장, 10000원짜리 지폐 12장을 냈습니다. 여행사에 낸 여행 경비는 모두 얼마일까요?

( )

16 어느 회사의 1년 매출액이 1조 280억 원이라고 합니다. 이 회사의 매출액이 매년 똑같았다면 10년 동안의 매출액은 모두 얼마일까요?

(   )

17 현수 아버지 자동차의 주행 거리는 오늘까지 모두 120000 km입니다. 1년에 20000 km 씩 달렸다면 80000 km를 달렸을 때는 오늘로부터 몇 년 전일까요?

(   )

18 은행에서 이천팔백오십만 원을 백만 원짜리 수표와 십만 원짜리 수표로만 바꾸려고 합니다. 수표의 수를 가장 적게 하려면 백만 원짜리와 십만 원짜리 수표를 각각 몇 장으로 바꿔야 할까요?

백만 원짜리 수표 (   )

십만 원짜리 수표 (   )

서술형 문제

19 5장의 수 카드를 모두 2번씩 사용하여 만들 수 있는 10자리 수 중에서 50억에 가장 가까운 수를 구하는 풀이 과정을 쓰고 답을 구해 보세요.

2   1   5   3   6

풀이

답

20 어느 해 우리나라에서 중국과 미국으로 수출한 금액을 수로 쓸 때 0의 개수는 중국이 미국보다 몇 개 더 많은지 풀이 과정을 쓰고 답을 구해 보세요.

우리나라에서 외국으로 수출한 금액은 중국이 1753조 원으로 가장 많았고, 다음으로 미국이 854조 7243억 원이었습니다.

풀이

답

서술형 문제

1 사각형에서 ㉠과 ㉡의 각도의 합은 몇 도 인지 풀이 과정을 쓰고 답을 구해 보세요.

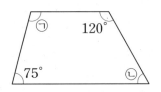

▶ 사각형의 네 각의 크기의 합 은 얼마인지 생각해 봅니다.

풀이 ....

....

답 ....

2 ㉠의 각도를 구하는 풀이 과정을 쓰고 답을 구해 보세요.

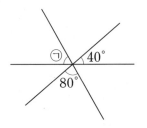

▶ 한 직선이 이루는 각도는 180°입니다.

풀이 ....

....

답 ....

3 180°를 그림과 같이 6등분 하였습니다. 각 ㄱㅇㅂ은 몇 도인지 풀이 과정을 쓰고 답을 구해 보세요.

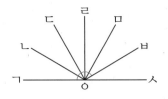

▶ 가장 작은 각들은 크기가 모두 같습니다.

풀이 ....

....

답 ....

4 사각형의 네 각의 크기의 합이 360°임을 이용하여 도형의 여섯 각의 크기의 합을 구하려고 합니다. 풀이 과정을 쓰고 답을 구해 보세요.

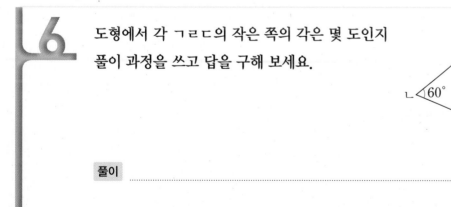

▶ 주어진 도형을 사각형으로 나누어 봅니다.

풀이 _____

_____

_____

답 _____

5 ㉠과 ㉡의 각도의 차는 몇 도인지 풀이 과정을 쓰고 답을 구해 보세요.

▶ 두 각도의 차는 큰 각도에서 작은 각도를 빼어 구합니다.

풀이 _____

_____

_____

답 _____

6 도형에서 각 ㄱㄹㄷ의 작은 쪽의 각은 몇 도인지 풀이 과정을 쓰고 답을 구해 보세요.

▶ 점 ㄱ과 점 ㄷ을 곧은 선으로 이으면 삼각형 ㄱㄴㄷ과 삼각형 ㄱㄹㄷ이 만들어집니다.

풀이 _____

_____

_____

답 _____

2. 각도 **13**

7 직사각형 ㄱㄴㄷㄹ에서 각 ㄹㅁㄷ의 크기는 몇 도인지 풀이 과정을 쓰고 답을 구해 보세요.

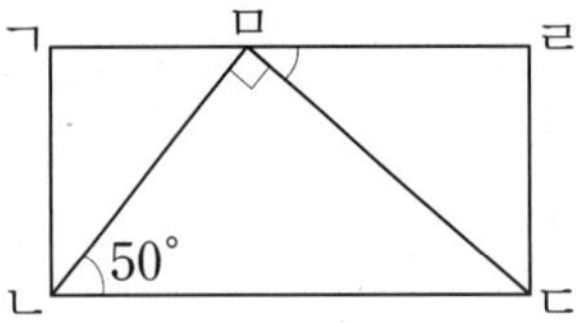

▶ 직사각형은 네 각이 모두 직각인 사각형입니다.

풀이 _____

_____

_____

_____

_____

답 _____

8 두 시계의 시곗바늘이 이루는 작은 쪽의 각도의 차는 몇 도인지 풀이 과정을 쓰고 답을 구해 보세요.

▶ 시곗바늘이 한 바퀴 돌면 360°입니다.

풀이 _____

_____

_____

_____

_____

답 _____

9 두 삼각자를 겹쳐서 만든 것입니다. ㉠의 각도는 몇 도인지 풀이 과정을 쓰고 답을 구해 보세요.

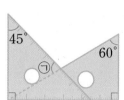

▶ 삼각자의 나머지 한 각의 크기를 먼저 구해 봅니다.

풀이

답

10 직사각형 모양의 종이를 다음과 같이 접었을 때 ㉠의 각도는 몇 도인지 풀이 과정을 쓰고 답을 구해 보세요.

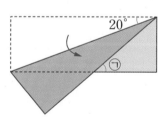

▶ 종이를 접은 부분의 각도는 서로 같습니다.

풀이

답

2

다시 점검하는 **단원 평가** Level **1**

점수 | 확인 |

1 가장 작은 각의 기호를 써 보세요.

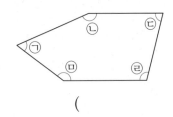

(   )

2 각도를 읽어 보세요.

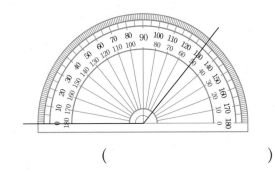

(   )

3 각도기를 사용하여 각도를 재어 보세요.

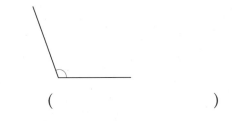

(   )

4 예각과 둔각은 가가 몇 개일까요?

30°	150°	55°	110°
180°	60°	90°	20°

예각 (   )

둔각 (   )

5 예각, 직각, 둔각으로 분류하여 알맞은 기호를 써 보세요.

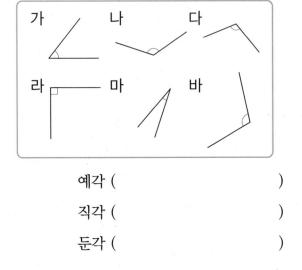

예각 (   )

직각 (   )

둔각 (   )

6 도형에는 예각이 모두 몇 개 있을까요?

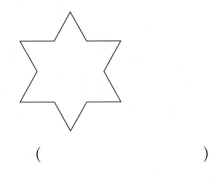

(   )

7 깃발의 각도를 어림해 보았습니다. 누가 더 가깝게 어림하였는지 각도기로 재어 확인해 보세요.

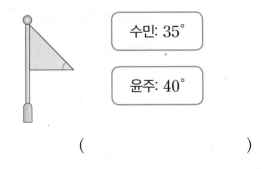

수민: 35°

윤주: 40°

(   )

8 시계의 긴바늘과 짧은바늘이 이루는 작은 쪽의 각이 예각, 둔각 중 어느 것인지 써 보세요.

| 2시 | 9시 30분 |

(   )   (   )

9 시계의 긴바늘과 짧은바늘이 이루는 작은 쪽의 각도는 몇 도일까요?

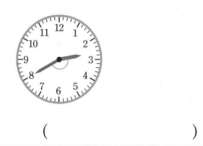

(   )

10 각도를 비교하여 ◯ 안에 >, =, < 중 알맞은 것을 써넣으세요.

$150° - 40°$ ◯ $70° + 55°$

11 각도가 가장 작은 것은 어느 것일까요?

(   )

① $125° - 35°$ ② $90° - 30°$
③ $140° - 95°$ ④ $25° + 40°$
⑤ $45° + 25°$

12 ☐ 안에 알맞은 수를 써넣으세요.

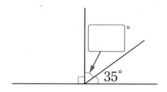

13 삼각형의 세 각의 크기로 알맞지 않은 것은 어느 것일까요? (   )

① $20°, 70°, 90°$ ② $30°, 70°, 80°$
③ $30°, 60°, 90°$ ④ $40°, 40°, 100°$
⑤ $30°, 50°, 110°$

14 ㉠의 각도는 몇 도일까요?

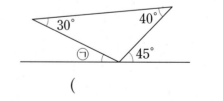

(   )

15 도형에서 ㉠, ㉡, ㉢의 각도의 합을 구해 보세요.

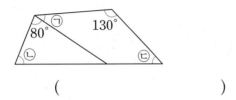

( )

16 ☐ 안에 알맞은 수를 써넣으세요.

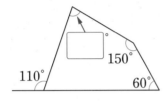

17 두 삼각자를 겹쳐 보았습니다. ㉠의 각도는 몇 도일까요?

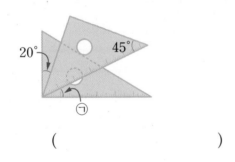

( )

18 도형의 다섯 각의 크기의 합을 이용하여 ㉠과 ㉡의 각도의 합을 구해 보세요.

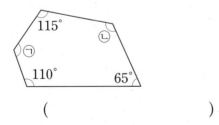

( )

19 연우는 오후 3시에 운동을 시작하여 시계의 긴바늘이 150°를 움직이는 동안 운동을 하였습니다. 연우가 운동을 끝낸 시각은 오후 몇 시 몇 분인지 풀이 과정을 쓰고 답을 구해 보세요.

풀이

답

20 ㉠의 각도는 몇 도인지 풀이 과정을 쓰고 답을 구해 보세요.

풀이

답

다시 점검하는 **단원 평가** Level ❷

점수 | 확인 |

1 각의 크기가 작은 것부터 차례로 기호를 써 보세요.

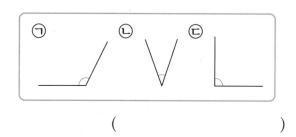

( )

2 각도기를 바르게 놓은 것에 ◯표 하세요.

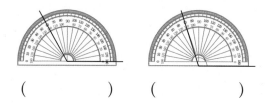

( ) ( )

3 주어진 선분을 한 변으로 하는 예각을 그리려고 합니다. 점 ㅇ과 이어야 할 점을 찾아 기호를 써 보세요.

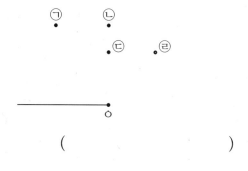

( )

4 각도기를 사용하여 삼각형에서 둔각의 크기를 재어 보세요.

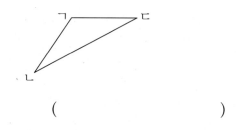

( )

5 시각에 맞게 시곗바늘을 그리고, 긴바늘과 짧은바늘이 이루는 작은 쪽의 각이 예각, 둔각 중 어느 것인지 ☐ 안에 써넣으세요.

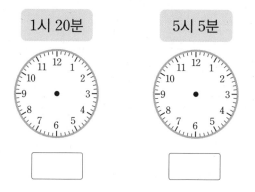

1시 20분 | 5시 5분

6 도형 안에 있는 예각, 직각, 둔각은 각각 몇 개일까요?

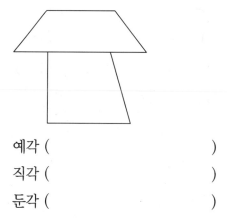

예각 ( )
직각 ( )
둔각 ( )

7 그림에서 찾을 수 있는 크고 작은 둔각은 모두 몇 개일까요?

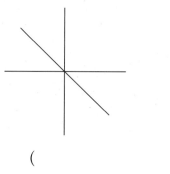

( )

8 부채의 부챗살이 이루는 각의 크기는 일정합니다. 부챗살 5개를 이용하여 부채를 만들면 부채를 완전히 펼쳤을 때 부채 갓대가 이루는 각도는 몇 도일까요?

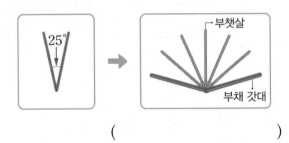

(   )

9 시계의 긴바늘과 짧은바늘이 이루는 작은 쪽의 각도는 몇 도일까요?

(   )

10 두 각도의 합과 차를 구해 보세요.

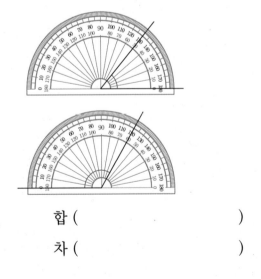

합 (   )

차 (   )

11 각도를 비교하여 ◯ 안에 >, =, < 중 알맞은 것을 써넣으세요.

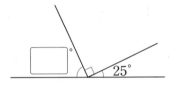

12 ☐ 안에 알맞은 수를 써넣으세요.

13 민정이가 잰 삼각형의 두 각의 크기는 각각 65°, 70°입니다. 이 삼각형의 나머지 한 각의 크기는 몇 도일까요?

(   )

14 도형에서 ㉠과 ㉡의 각도의 합이 70°일 때, ☐ 안에 알맞은 수를 써넣으세요.

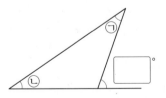

15 사각형을 잘라 네 꼭짓점이 한 점에 모이도록 겹치지 않게 이어 붙였습니다. ㉠의 각도를 구해 보세요.

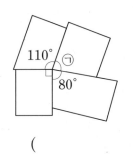

(   )

16 ☐ 안에 알맞은 수를 써넣으세요.

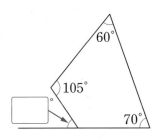

17 ㉠의 각도는 몇 도일까요?

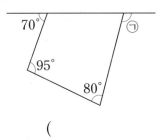

(   )

18 삼각형의 세 각의 크기의 합을 이용하여 도형의 여섯 각의 크기의 합을 구해 보세요.

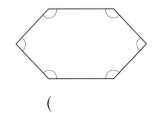

(   )

19 삼각자 2개를 이어 붙여 만든 것입니다. ㉠과 ㉡의 각도의 차는 몇 도인지 풀이 과정을 쓰고 답을 구해 보세요.

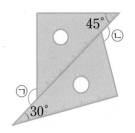

풀이

답

20 그림과 같이 직사각형 모양의 종이를 접었을 때, ㉠의 각도는 몇 도인지 풀이 과정을 쓰고 답을 구해 보세요.

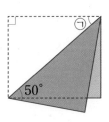

풀이

답

2

서술형 문제

1 돼지 저금통과 복주머니 중 어느 쪽에 돈이 더 많이 들어 있는지 풀이 과정을 쓰고 답을 구해 보세요.

돼지 저금통	복주머니
100원짜리 동전 90개	500원짜리 동전 60개

풀이 ....

....

답 ....

▶ (몇백)×(몇십)을 계산할 때 는 (몇)×(몇)의 값에 두 수 의 0의 개수만큼 0을 붙입니다.

2 유림이는 매일 아침, 저녁에 영어 단어를 5개씩 외웁니다. 유림이가 1년 동안 외우게 되는 영어 단어는 몇 개인지 풀이 과정을 쓰고 답을 구해 보세요. (단, 1년은 365일로 계산합니다.)

풀이 ....

....

답 ....

▶ 유림이는 하루에 영어 단어 를 5개씩 2번 외웁니다.

3 한 장에 900원인 도화지를 50장씩 묶음으로 사면 한 장을 650원 에 살 수 있습니다. 이 도화지를 묶음으로 50장 사면 낱장으로 살 때보다 얼마나 싸게 살 수 있는지 풀이 과정을 쓰고 답을 구해 보세요.

풀이 ....

....

답 ....

▶ 묶음으로 사면 한 장당 900원과 650원의 차만큼 싸게 살 수 있습니다.

4 5장의 수 카드를 한 번씩만 사용하여 만들 수 있는 가장 큰 세 자리 수와 가장 작은 몇십몇의 곱은 얼마인지 풀이 과정을 쓰고 답을 구해 보세요.

2 5 3 4 7

풀이

답

▶ 가장 큰 세 자리 수를 만들려면 백의 자리부터 큰 수를 차례로 놓아야 합니다.

3

5 나머지가 큰 나눗셈식부터 차례로 기호를 쓰려고 합니다. 풀이 과정을 쓰고 답을 구해 보세요.

㉠ $394 \div 17$ ㉡ $159 \div 20$ ㉢ $217 \div 26$

풀이

답

6 병우는 초콜릿 237개를 한 봉지에 25개씩 모두 담으려고 합니다. 초콜릿은 적어도 몇 개 더 필요한지 풀이 과정을 쓰고 답을 구해 보세요.

풀이 ....

....

....

답 ....

▶ 한 봉지에 25개씩 담고 남은 초콜릿도 봉지에 담으려면 초콜릿이 몇 개 더 필요한지 알아봅니다.

7 8□6÷46에서 몫이 18일 때 0부터 9까지의 수 중에서 □ 안에 들어갈 수 있는 가장 큰 수는 얼마인지 풀이 과정을 쓰고 답을 구해 보세요.

풀이 ....

....

....

답 ....

▶ 어떤 수를 46으로 나눈 몫이 18이면 어떤 수는 46×18 보다 크거나 같고 46×19 보다 작습니다.

8 어떤 자연수를 35로 나누었더니 몫이 14였습니다. 나머지가 있을 때 어떤 수가 될 수 있는 수 중 가장 큰 수는 얼마인지 풀이 과정을 쓰고 답을 구해 보세요.

풀이 ....

....

....

답 ....

▶ 나머지는 나누는 수보다 항상 작습니다.

9 길이가 980 m인 도로의 양쪽에 35 m 간격으로 가로수를 심으려고 합니다. 도로의 처음과 끝에 반드시 가로수를 심을 때, 필요한 가로수는 모두 몇 그루인지 풀이 과정을 쓰고 답을 구해 보세요.
(단, 가로수의 두께는 생각하지 않습니다.)

풀이

답

▶ (가로수 사이의 간격 수)
= (도로의 길이)
÷ (가로수 사이의 간격)
(도로의 한쪽에 심어야 할 가로수의 수)
= (가로수 사이의 간격 수)
+ 1

10 5장의 수 카드를 한 번씩만 사용하여 몫이 가장 큰 (세 자리 수) ÷ (몇십몇)의 나눗셈식을 만들었습니다. 만든 나눗셈식의 몫과 나머지는 각각 얼마인지 풀이 과정을 쓰고 답을 구해 보세요.

5 8 1 6 3

풀이

답 몫: , 나머지:

▶ 몫이 가장 크게 되려면 나누어지는 수는 가장 크게, 나누는 수는 가장 작아야 합니다.

점수   확인

1 빈칸에 두 수의 곱을 써넣으세요.

794	
50	

2 곱이 다른 하나를 찾아 기호를 써 보세요.

> ㉠ 100×30 ㉡ 200×15
>
> ㉢ 600×50 ㉣ 300×10

(   )

3 계산해 보세요.

(1) $12\overline{)3\ 5\ 2}$ (2) $46\overline{)6\ 2\ 4}$

4 둘째로 큰 수와 가장 작은 수의 곱을 구해 보세요.

547	84	63	586

(   )

5 몫의 크기를 비교하여 ◯ 안에 $>$, $=$, $<$ 중 알맞은 것을 써넣으세요.

$$504 \div 54 \bigcirc 315 \div 43$$

6 몫이 큰 것부터 차례로 기호를 써 보세요.

> ㉠ $347 \div 50$
>
> ㉡ $472 \div 60$
>
> ㉢ $586 \div 70$

(   )

7 $724 \div 58$과 나머지가 같은 식의 기호를 써 보세요.

> ㉠ $842 \div 36$
>
> ㉡ $597 \div 48$
>
> ㉢ $618 \div 59$

(   )

8 사과가 한 상자에 110개씩 들어 있습니다. 25상자에 들어 있는 사과는 모두 몇 개일까요?

(   )

9 500원짜리 동전 70개를 지폐로 바꾸려고 합니다. 지폐의 수가 가장 적게 되도록 바꾸면 만 원짜리 지폐와 오천 원짜리 지폐는 각각 몇 장이 될지 구해 보세요.

만 원짜리 지폐: ☐장

오천 원짜리 지폐: ☐장

10 ☐ 안에 들어갈 수 있는 가장 큰 자연수를 구해 보세요.

$$24 \times ☐ < 378$$

( )

11 ☐ 안에 알맞은 수를 써넣으세요.

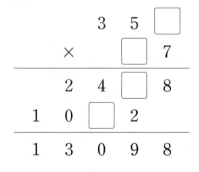

12 ◯ 안에는 0부터 9까지 어느 수를 넣어도 됩니다. ☐ 안에 들어갈 수 있는 수를 모두 구해 보세요.

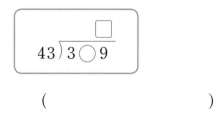

( )

13 수미는 심부름으로 가게에서 한 개에 850원인 아이스크림을 23개 사고 20000원을 냈습니다. 수미는 거스름돈으로 얼마를 받아야 할까요?

( )

14 가게에 머리끈이 한 봉지에 30개씩 16봉지와 낱개 8개 있습니다. 머리끈을 한 개에 90원씩 모두 팔았다면 머리끈을 판 돈은 모두 얼마일까요?

( )

15 장난감 378개를 한 상자에 24개씩 포장해서 진열하려고 합니다. 진열할 수 있는 장난감 상자는 몇 상자일까요?

( )

16 형주네 학교 4학년 학생 256명이 버스를 타고 현장 체험 학습을 가려고 합니다. 버스 한 대에 45명씩 탄다면 버스는 적어도 몇 대 필요할까요?

(   )

17 나눗셈식의 나머지가 가장 큰 수가 되도록 ☐ 안에 알맞은 자연수를 구해 보세요.

$$☐ \div 47 = 18 \cdots ●$$

(   )

18 5장의 수 카드를 한 번씩만 사용하여 몫이 가장 큰 (세 자리 수) ÷ (몇십몇)을 만들었을 때, 몫과 나머지를 구해 보세요.

5   9   2   7   4

몫 (   )
나머지 (   )

19 두 상자에 숫자가 적힌 공이 담겨 있습니다. 파란색 상자에서 공 3개를 꺼내 세 자리 수를 만들고, 노란색 상자에서 공 2개를 꺼내 몇십 몇을 만들어 곱이 가장 큰 곱셈식을 만들었습니다. 만든 곱은 얼마인지 풀이 과정을 쓰고 답을 구해 보세요.

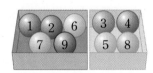

풀이

답

20 606에 어떤 수를 곱해야 할 것을 잘못하여 나누었더니 몫이 18이고 나머지가 12였습니다. 바르게 계산하면 얼마인지 풀이 과정을 쓰고 답을 구해 보세요.

풀이

답

다시 점검하는 **단원 평가 Level 2**

1 빈칸에 알맞은 곱을 써넣으세요.

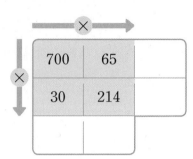

2 몫이 같은 것끼리 이어 보세요.

160 ÷ 40 •   • 360 ÷ 60

420 ÷ 70 •   • 720 ÷ 90

320 ÷ 40 •   • 200 ÷ 50

3 몫이 두 자리 수인 나눗셈을 모두 고르세요.

( )

① 732 ÷ 70   ② 532 ÷ 55
③ 416 ÷ 43   ④ 273 ÷ 29
⑤ 816 ÷ 79

4 나눗셈을 하여 ☐ 안에 몫을 쓰고 ◯ 안에 나머지를 써 보세요.

5 곱이 큰 것부터 차례로 ◯ 안에 1, 2, 3을 써넣으세요.

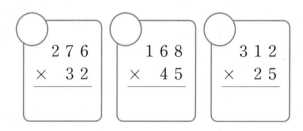

6 나머지가 가장 큰 것의 기호를 써 보세요.

㉠ 76 ÷ 27   ㉡ 85 ÷ 32   ㉢ 93 ÷ 41

( )

7 어느 공장에서 신발을 하루에 260켤레씩 만들고 있습니다. 이 공장에서 25일 동안 만드는 신발은 모두 몇 켤레일까요?

( )

8 민정이는 길이가 882 cm인 가죽끈으로 팔찌를 만들려고 합니다. 팔찌 한 개를 만드는 데 필요한 끈의 길이가 51 cm일 때, 만들 수 있는 팔찌는 몇 개일까요?

( )

9 계산을 하고 나눗셈을 바르게 했는지 확인해 보세요.

$$57 \overline{\smash{\big)}963}$$

확인 ....

10 잘못 계산한 부분을 찾아 바르게 계산해 보세요.

$$
\begin{array}{r}
7\,8\,0 \\
\times \quad 2\,4 \\
\hline
3\,1\,2\,0 \\
1\,5\,6\,0 \\
\hline
4\,6\,8\,0
\end{array}
$$

11 1000원짜리 지폐만 넣을 수 있는 음료 자판기가 있습니다. 이 자판기에서 750원짜리 음료수 19개를 사려고 합니다. 자판기에 1000원짜리 지폐를 몇 장 넣어야 할까요?

( )

12 880쪽인 책을 하루에 34쪽씩 읽으면 모두 읽는 데 며칠이 걸릴까요?

( )

13 999분은 몇 시간 몇 분일까요?

( )

14 어떤 자연수를 89로 나누었을 때 나올 수 있는 나머지 중에서 가장 큰 수를 26으로 나누면 몫과 나머지는 얼마일까요?

몫 ( )

나머지 ( )

15 어떤 수를 21로 나누면 348 ÷ 21보다 몫이 10만큼 더 크고 나머지는 같습니다. 어떤 수를 구해 보세요.

( )

16 509에 어떤 수를 곱해야 할 것을 잘못하여 나누었더니 몫이 16이고 나머지가 13이었습니다. 바르게 계산한 값을 구해 보세요.

(   )

17 0부터 9까지의 수 중에서 □ 안에 들어갈 수 있는 가장 큰 수를 구해 보세요.

$$50\overline{)4\square2}\ \ ^{8}$$

(   )

18 5장의 수 카드를 한 번씩만 사용하여 몫이 가장 작은 (세 자리 수) ÷ (몇십몇)을 만들었을 때, 몫과 나머지를 구해 보세요.

4   5   3   8   7

몫 (   )
나머지 (   )

서술형 문제

19 생활에서 180×30과 관련된 문제를 만들고 계산하려고 합니다. 풀이 과정을 쓰고 답을 구해 보세요.

문제

답

20 한 상자에 45개씩 들어 있는 쿠키가 19상자 있습니다. 이 쿠키를 한 봉지에 25개씩 담아 팔려고 합니다. 쿠키를 몇 개까지 팔 수 있는지 풀이 과정을 쓰고 답을 구해 보세요.

풀이

답

3

서술형 문제

1 네 점을 이었을 때 직사각형이 되도록 네 점 ㄱ, ㄴ, ㄷ, ㄹ 중 2개의 점을 이동하여 직사각형을 그리고, 이동한 방법을 설명해 보세요.

▶ 점의 위치는 모눈종이의 선을 따라서만 이동할 수 있습니다.

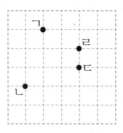

설명 ....

....

....

....

2 어떤 도형을 오른쪽으로 뒤집으려다가 잘못 움직여 아래쪽으로 뒤집었더니 다음과 같은 도형이 되었습니다. 처음 도형과 바르게 움직였을 때의 도형을 그리고 그린 방법을 설명해 보세요.

▶ 도형을 아래쪽으로 뒤집으면 위쪽과 아래쪽이 서로 바뀝니다.

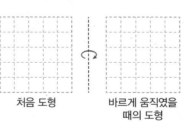

| 잘못 움직인 도형 | 처음 도형 | 바르게 움직였을 때의 도형 |

설명 ....

....

....

....

3 글자를 일정한 규칙으로 돌리기 한 것입니다. 글자를 움직인 규칙을 설명하고 빈칸에 알맞은 글자를 써 보세요.

| 온 | 궁 | 온 | 궁 | | 궁 |

설명 _____

_____

_____

_____

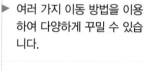 글자의 한 부분을 기준으로 어느 쪽으로 이동했는지 알아봅니다.

4 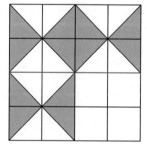 모양으로 규칙적인 무늬를 만들었습니다. 빈칸에 알맞은 모양을 그리고 만든 방법을 설명해 보세요.

설명 _____

_____

_____

_____

여러 가지 이동 방법을 이용하여 다양하게 꾸밀 수 있습니다.

4

4. 평면도형의 이동 **33**

5 주어진 한글 자음 중 오른쪽으로 뒤집어도 처음 글자와 같은 것은 모두 몇 개인지 풀이 과정을 쓰고 답을 구해 보세요.

▶ 오른쪽으로 뒤집으면 도형의 오른쪽과 왼쪽이 서로 바뀝니다.

ㄱ ㄴ ㄷ ㄹ ㅁ ㅂ ㅅ ㅇ

풀이 ....

....

....

....

답 ....

6 미라는 미술 시간에 자신의 이름을 비누에 새겨 도장을 만드는 활동을 하였습니다. 미라가 만든 도장을 종이에 찍었을 때의 글자가 오른쪽과 같을 때, 비누에 새긴 모양을 그리는 과정을 설명하고 왼쪽에 그려 보세요.

▶ 도장을 만들어 모양을 찍을 때는 오른쪽과 왼쪽이 반대로 찍힙니다.

미라

설명 ....

....

....

....

7 세 자리 수가 적힌 카드를 시계 방향으로 180°만큼 돌렸을 때 만들어지는 수와 처음 수의 차는 얼마인지 풀이 과정을 쓰고 답을 구해 보세요.

▶ 시계 방향으로 180°만큼 돌리면 위쪽이 아래쪽으로, 오른쪽이 왼쪽으로 이동합니다.

ᄅ09

풀이 _____

_____

_____

답 _____

8 보기 와 같은 방법으로 주어진 도형을 움직였을 때의 도형을 그리고 움직인 방법을 설명해 보세요.

▶ 도형을 움직였을 때 각 부분이 어느 쪽으로 바뀌고 이동했는지 살펴봅니다.

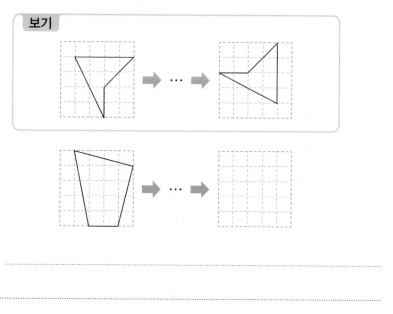

설명 _____

_____

_____

4. 평면도형의 이동 **35**

점수 | 　　확인 |

1 점을 오른쪽으로 2칸, 아래쪽으로 3칸 이동한 위치에 점을 그려 보세요.

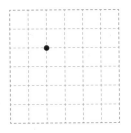

2 도형을 왼쪽으로 5 cm 밀었을 때의 도형을 그려 보세요.

3 왼쪽 도형을 아래쪽으로 밀고 오른쪽으로 밀었을 때의 도형을 그려 보세요.

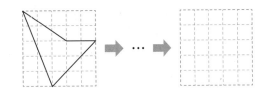

4 정사각형을 완성하려면 오른쪽 조각을 어떻게 밀어야 할지 써 보세요.

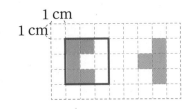

5 점 ㄱ을 점 ㄴ이 있는 위치로 이동하려고 합니다. □ 안에 알맞은 말이나 수를 써넣으세요.

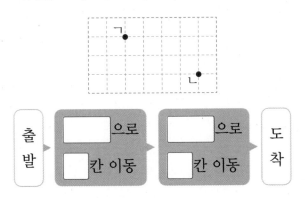

6 보기 의 도형을 아래쪽으로 뒤집었습니다. 알맞은 것에 ○표 하세요.

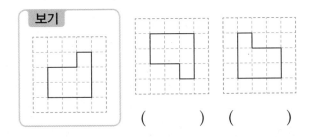

(　　) (　　)

7 주어진 도형을 오른쪽으로 뒤집고 위쪽으로 뒤집었을 때의 도형을 차례로 그려 보세요.

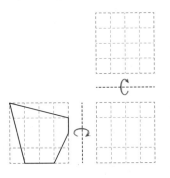

8 주어진 도형을 오른쪽으로 2번 뒤집었을 때의 도형을 그려 보세요.

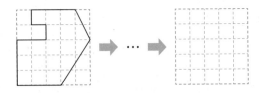

9 어느 방향으로 뒤집어도 처음 도형과 같은 도형을 모두 찾아 기호를 써 보세요.

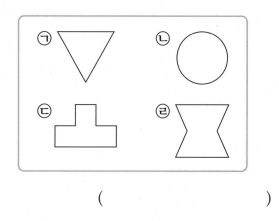

( )

13 오른쪽 그림과 같은 정사각형 모양의 퍼즐을 맞추려고 합니다. 돌렸을 때 퍼즐의 빈칸에 들어갈 수 없는 블록을 찾아 기호를 써 보세요.

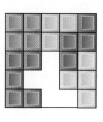

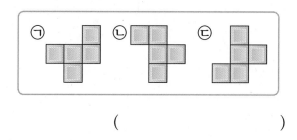

( )

10 두 자리 수가 적힌 카드를 아래쪽으로 뒤집었을 때 만들어지는 수와 처음 수의 합을 구해 보세요.

( )

14 오른쪽 도형을 여러 방향으로 돌렸을 때 생기는 도형이 아닌 것에 ○표 하세요.

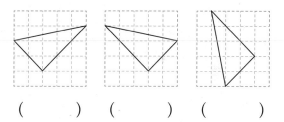

( ) ( ) ( )

11 주어진 도형을 시계 반대 방향으로 90°만큼 돌렸을 때의 도형을 그려 보세요.

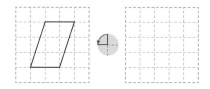

15 왼쪽 도형을 시계 반대 방향으로 90°만큼 10번 돌린 도형을 그려 보세요.

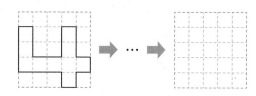

12 '넉 사(四)'자의 한자 카드가 오른쪽과 같이 되어 있습니다. 바르게 놓으려면 이 카드를 어느 방향으로 얼마만큼 돌려야 할까요? ( )

①   ②   ③

④   ⑤

16 왼쪽 글자를 오른쪽으로 뒤집고 시계 방향으로 270°만큼 돌린 글자를 그려 보세요.

17 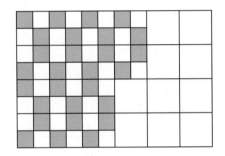 모양으로 규칙적인 무늬를 만들었습니다. 빈칸에 알맞은 모양을 그려 넣어 무늬를 완성해 보세요.

18 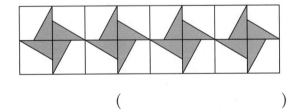 모양으로 만든 무늬입니다. 밀기, 뒤집기, 돌리기 중 이용하지 않은 방법은 무엇일까요?

( )

19 뒤집기나 돌리기만을 이용하여 도형을 움직였습니다. 움직인 방법을 각각 설명해 보세요.

처음 도형   움직인 도형

뒤집기

돌리기

20  모양으로 규칙적인 무늬를 만들고 만든 방법을 설명해 보세요.

설명

다시 점검하는 **단원 평가** Level **②**

점수 | 확인 |

1 점 ㄱ을 어떻게 이동하면 점 ㄴ이 있는 위치로 이동할 수 있는지 설명해 보세요.

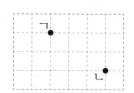

설명

2 도형을 오른쪽으로 7 cm 밀었을 때의 도형을 그려 보세요.

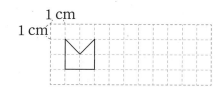

3 모양 조각을 아래쪽으로 밀었습니다. 알맞은 것을 찾아 기호를 써 보세요.

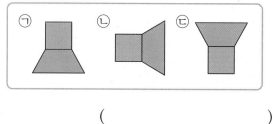

(   )

4 가운데 도형을 왼쪽으로 뒤집은 도형과 오른쪽으로 뒤집은 도형을 각각 그려 보세요.

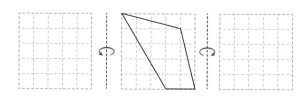

5 점 ㄱ을 다음과 같이 차례로 이동시켰을 때 도착하는 점을 찾아 기호를 써 보세요.

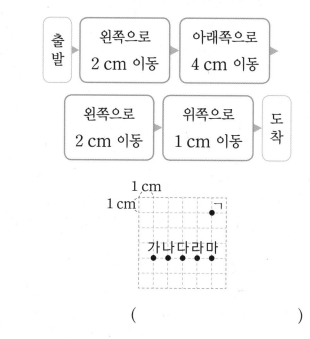

(   )

6 위쪽으로 뒤집었을 때 처음 도형과 같은 도형을 찾아 기호를 써 보세요.

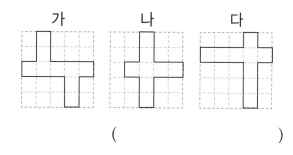

(   )

7 오른쪽 수 카드를 왼쪽으로 뒤집었을 때의 도형은 어느 것일까요?

(   )

①   ②   ③

④   ⑤

8 오른쪽은 어떤 도형을 아래쪽으로 뒤집었을 때의 도형입니다. 처음 도형을 위쪽에 그려 보세요.

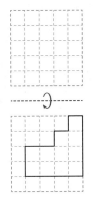

9 왼쪽 도형을 돌렸더니 오른쪽 도형이 되었습니다. 돌린 방향과 각도를 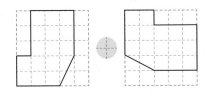 위에 표시해 보세요.

10 점을 아래와 같이 이동시켰더니 다음과 같았습니다. 처음에 점이 있던 곳에 점을 그려 보세요.

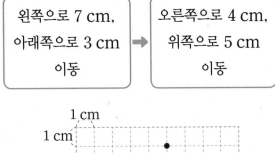

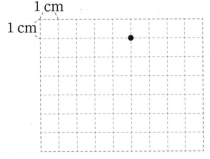

11 주어진 도형을 시계 방향으로 90°만큼 돌렸을 때의 도형을 그려 보세요.

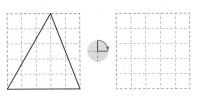

12 어떤 도형을 시계 반대 방향으로 270°만큼 돌렸더니 오른쪽 도형이 되었습니다. 처음 도형을 그려 보세요.

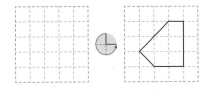

13 도형을 시계 방향으로 180°만큼 돌렸을 때 처음 도형과 다른 도형을 찾아 기호를 써 보세요.

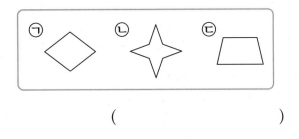

(   )

14 주어진 도형을 오른쪽으로 뒤집고 시계 반대 방향으로 180°만큼 돌렸을 때의 도형을 차례로 그려 보세요.

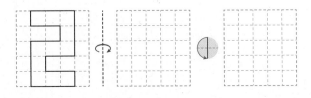

15 거울에 비친 시계의 모습이 오른쪽과 같았습니다. 시계는 몇 시를 가리키고 있나요?

(   )

16 오른쪽으로 뒤집고 시계 방향으로 $180°$만큼 돌렸을 때의 알파벳이 처음 모양과 같은 알파벳은 어느 것일까요? (   )

17 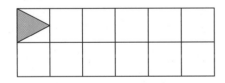 모양으로 뒤집기를 이용하여 규칙적인 무늬를 만들어 보세요.

18 돌리기와 밀기를 이용하여 아래와 같은 무늬를 만들 수 있는 모양을 모두 찾아 기호를 써 보세요.

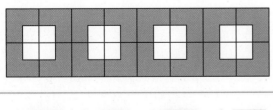

(   )

서술형 문제

19 수 카드를 왼쪽으로 뒤집었을 때 만들어지는 수와 처음 수의 차는 얼마인지 풀이 과정을 쓰고 답을 구해 보세요.

풀이 _____

_____

_____

_____

답 _____

20 '굴'이라는 글자가 '론'이 되도록 뒤집기만 하였습니다. 어떻게 뒤집기를 하였는지 설명해 보세요.

설명 _____

_____

_____

_____

서술형 문제

1 서연이네 미술 동아리 학생들이 좋아하는 색깔을 조사하여 나타낸 막대그래프입니다. 막대그래프를 세로 눈금 한 칸이 4명을 나타내는 막대그래프로 바꿔서 그린다면 노란색의 막대는 세로 눈금 몇 칸으로 그려야 하는지 풀이 과정을 쓰고 답을 구해 보세요.

▶ 막대그래프에서 세로 눈금 한 칸이 몇 명을 나타내는지 먼저 구합니다.

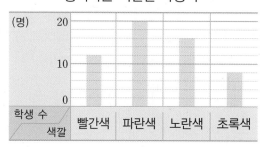

좋아하는 색깔별 학생 수

풀이 ....

....

....

답 ....

2 재호네 학교 4학년 학생들이 좋아하는 전통 놀이를 조사하여 나타낸 막대그래프입니다. 가장 많은 학생들이 좋아하는 전통 놀이와 가장 적은 학생들이 좋아하는 전통 놀이의 학생 수의 차는 몇 명인지 풀이 과정을 쓰고 답을 구해 보세요.

▶ 막대의 길이가 가장 긴 것과 가장 짧은 것의 학생 수의 차를 구합니다.

좋아하는 전통 놀이별 학생 수

전통 놀이 \ 학생 수	0	10	20	30 (명)
공기놀이				
제기차기				
딱지치기				
윷놀이				

풀이 ....

....

....

답 ....

[3~4] 마을별 포도 생산량을 조사하여 나타낸 막대그래프입니다. 물음에 답하세요.

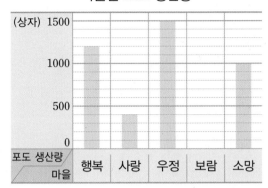

마을별 포도 생산량

보람 마을의 포도 생산량이 사랑 마을의 포도 생산량의 2배일 때, 보람 마을의 포도 생산량은 몇 상자인지 풀이 과정을 쓰고 답을 구해 보세요.

풀이 ....

....

....

답 ....

▶ (보람 마을의 포도 생산량)
= (사랑 마을의 포도 생산량)×2

행복 마을과 우정 마을의 포도 생산량의 차는 몇 상자인지 풀이 과정을 쓰고 답을 구해 보세요.

풀이 ....

....

....

답 ....

▶ 행복 마을과 우정 마을의 막대 길이의 차는 세로 눈금 3칸입니다.

[5~6] 재연이네 학교 4학년 학생들이 반별로 모은 책 수를 조사하여 나타낸 막대그래프의 일부분이 찢어졌습니다. 물음에 답하세요.

반별 모은 책 수

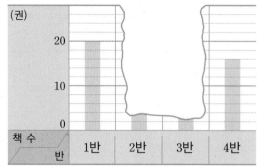

5 2반이 모은 책은 4반이 모은 책보다 4권 더 적고, 3반이 모은 책 수는 2반이 모은 책 수의 2배입니다. 3반이 모은 책은 몇 권인지 풀이 과정을 쓰고 답을 구해 보세요.

▶ (2반이 모은 책 수)
= (4반이 모은 책 수)−4
(3반이 모은 책 수)
= (2반이 모은 책 수)×2

풀이 ....

....

....

답 ....

6 1반부터 4반까지 중에서 2반의 학생 수가 가장 적다고 할 수 있을까요? '예' 또는 '아니요'로 답하고 까닭을 설명해 보세요.

▶ 무엇을 조사하여 나타낸 막대그래프인지 알아봅니다.

답 ....

까닭 ....

....

....

[7~8] 혜성이네 학교 4학년 학생들의 장래 희망을 조사하여 나타낸 막대그래프입니다. 물음에 답하세요.

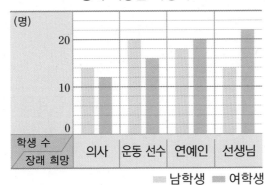

장래 희망별 학생 수

7 남녀 학생 수의 차가 가장 큰 장래 희망은 무엇인지 풀이 과정을 쓰고 답을 구해 보세요.

풀이 _____

_____

_____

답 _____

▶ 두 막대의 칸 수가 가장 많이 차이가 나는 장래 희망을 찾아봅니다.

8 혜성이네 학교 4학년 남학생은 몇 명인지 풀이 과정을 쓰고 답을 구해 보세요.

풀이 _____

_____

_____

답 _____

▶ 연두색 막대가 남학생 수를 나타내므로 연두색 막대를 살펴봅니다.

5

점수 | 확인 |

[1~4] 유진이네 반 학생들이 좋아하는 운동을 조사하여 나타낸 그래프입니다. 물음에 답하세요.

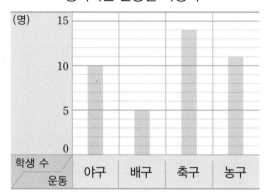

좋아하는 운동별 학생 수

1 위와 같이 조사한 자료의 수량을 막대 모양으로 나타낸 그래프를 무엇이라고 할까요?

(　　　　　　　)

2 축구를 좋아하는 학생은 몇 명일까요?

(　　　　　　　)

3 농구를 좋아하는 학생은 배구를 좋아하는 학생보다 몇 명 더 많을까요?

(　　　　　　　)

4 좋아하는 학생 수가 많은 운동부터 차례로 써 보세요.

(　　　　　　　)

[5~8] 재현이네 학교 도서관에서 새로 구입한 책의 종류를 조사하여 나타낸 표와 막대그래프입니다. 물음에 답하세요.

새로 구입한 종류별 책 수

종류	위인전	동화책	과학책	역사책	합계
책 수(권)	120	260	160	140	680

새로 구입한 종류별 책 수

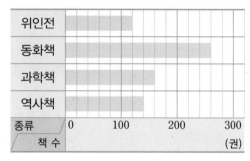

5 막대그래프에서 가로 눈금 한 칸은 몇 권을 나타낼까요?

(　　　　　　　)

6 둘째로 많이 구입한 책의 종류는 무엇일까요?

(　　　　　　　)

7 가장 많이 구입한 책의 종류부터 차례로 알아볼 때, 한눈에 쉽게 알아볼 수 있는 것은 표와 막대그래프 중 어느 것일까요?

(　　　　　　　)

8 조사한 전체 책 수를 알아보기 쉬운 것은 표와 막대그래프 중 어느 것일까요?

(　　　　　　　)

[9~12] 소연이네 반 학생들이 좋아하는 TV 프로그램을 조사하여 나타낸 표입니다. 표를 보고 막대그래프로 나타내려고 합니다. 물음에 답하세요.

좋아하는 TV 프로그램별 학생 수

프로그램	오락	드라마	스포츠	음악	합계
학생 수(명)	6	9	8		35

좋아하는 TV 프로그램별 학생 수

9 세로 눈금 한 칸은 몇 명으로 나타내는 것이 좋을까요?

( )

10 음악 프로그램을 좋아하는 학생은 몇 명일까요?

( )

11 위의 막대그래프를 완성해 보세요.

12 좋아하는 학생 수가 스포츠보다 더 많은 TV 프로그램을 모두 써 보세요.

( )

[13~15] 어느 학교 3~6학년 영어 말하기 대회에서 상을 받은 학생 수를 조사하여 나타낸 막대그래프입니다. 물음에 답하세요.

학년별 상을 받은 학생 수

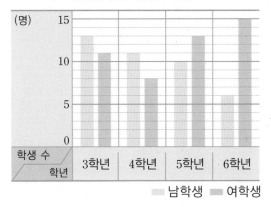

13 영어 말하기 대회에서 상을 받은 남학생 수와 여학생 수의 차가 가장 큰 학년은 몇 학년이고 그 차는 몇 명일까요?

( ), ( )

14 영어 말하기 대회에서 상을 받은 남학생과 여학생은 모두 몇 명일까요?

( )

15 영어 말하기 대회에서 상을 받은 학생이 가장 많은 학년은 몇 학년일까요?

( )

[16~18] 도진이네 학교 학생들이 기르는 반려동물을 조사하여 나타낸 막대그래프의 일부분이 찢어졌습니다. 고양이를 기르는 학생 수는 햄스터를 기르는 학생 수의 2배이고, 강아지를 기르는 학생은 고양이를 기르는 학생보다 8명 더 많습니다. 물음에 답하세요.

기르는 반려동물별 학생 수

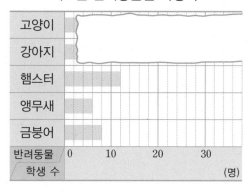

16 고양이와 강아지를 기르는 학생은 각각 몇 명일까요?

고양이 (   )

강아지 (   )

17 고양이를 기르는 학생 수는 앵무새를 기르는 학생 수의 몇 배일까요?

(   )

18 가장 많은 학생들이 기르는 반려동물과 가장 적은 학생들이 기르는 반려동물을 차례로 써 보세요.

(   ), (   )

19 존경하는 위인을 조사하여 나타낸 막대그래프입니다. 가장 많은 학생들이 존경하는 위인은 누구인지 풀이 과정을 쓰고 답을 구해 보세요.

존경하는 위인별 학생 수

풀이

답

20 유라네 반 학생들이 체험하고 싶은 장소를 조사하여 나타낸 막대그래프입니다. 유라네 반은 체험 학습을 어디로 가면 가장 좋을지 쓰고 그 까닭을 써 보세요.

체험하고 싶은 장소별 학생 수

답

까닭

다시 점검하는 **단원 평가** Level **2**

점수 | 확인 |

[1~4] 마을별 초등학생 수를 조사하여 나타낸 막대그래프입니다. 물음에 답하세요.

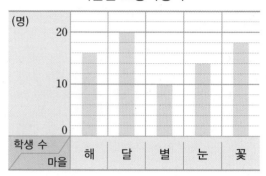

마을별 초등학생 수

1 꽃 마을의 초등학생은 몇 명일까요?

( )

2 해 마을과 눈 마을의 초등학생은 모두 몇 명일까요?

( )

3 초등학생 수가 가장 많은 마을은 어느 마을일까요?

( )

4 위 막대그래프에서 알 수 있는 내용을 2가지 써 보세요.

....

....

[5~8] 효린이네 반 학생들의 혈액형을 조사하여 나타낸 표입니다. 표를 보고 막대그래프로 나타내려고 합니다. 물음에 답하세요.

혈액형별 학생 수

혈액형	A형	B형	AB형	O형	합계
학생 수(명)	9	7	6	12	34

(명)

0

학생 수 / 혈액형 | A형 | B형 | AB형 | O형

5 위의 막대그래프를 완성해 보세요.

6 학생 수가 많은 혈액형부터 차례로 써 보세요.

( )

7 조사한 전체 학생 수를 알아보기 쉬운 것은 표와 막대그래프 중 어느 것일까요?

( )

8 가장 적은 학생들의 혈액형부터 차례로 알아볼 때, 한눈에 쉽게 알아볼 수 있는 것은 표와 막대그래프 중 어느 것일까요?

( )

[9~12] 정현이네 모둠 친구들의 오래매달리기 기록을 조사하여 나타낸 막대그래프입니다. 물음에 답하세요.

학생별 오래매달리기 기록

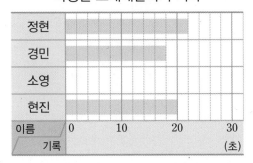

9 막대그래프에서 가로 눈금 한 칸은 몇 초를 나타낼까요?

( )

10 정현이는 몇 초를 매달렸을까요?

( )

11 소영이의 막대 길이는 현진이의 막대 길이보다 가로 눈금 4칸만큼 더 길다고 합니다. 소영이는 몇 초를 매달렸을까요?

( )

12 가장 오래 매달린 사람과 가장 짧게 매달린 사람의 기록의 차는 몇 초일까요?

( )

[13~15] 준수네 동네에서 일주일 동안 나온 쓰레기양을 조사하여 나타낸 막대그래프의 일부분이 찢어졌습니다. 물음에 답하세요.

종류별 쓰레기양

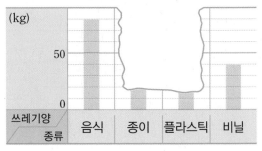

13 비닐 쓰레기양은 몇 kg일까요?

( )

14 전체 쓰레기양이 240 kg이고, 종이 쓰레기양과 플라스틱 쓰레기양이 같다고 합니다. 종이 쓰레기양과 플라스틱 쓰레기양은 각각 몇 kg일까요?

종이 ( )
플라스틱 ( )

15 막대그래프를 완성해 보세요.

종류별 쓰레기 양

[16~17] 어느 해 지역별 강우량을 조사하여 나타낸 표입니다. 이 표를 보고 눈금 한 칸의 크기를 10 cm로 하여 막대그래프로 나타내려고 합니다. 물음에 답하세요.

지역별 강우량

지역	서울	인천	대전	광주	부산	합계
강우량(mm)	800	400	300	600	900	3000

16 막대그래프에서 눈금은 적어도 몇 칸까지 있어야 할까요?

(   )

17 막대그래프에서 서울의 막대 길이와 대전의 막대 길이의 차는 눈금 몇 칸일까요?

(   )

18 예은이네 학교 학생들이 가고 싶어 하는 나라를 조사하여 나타낸 막대그래프입니다. 막대그래프를 보고 표를 완성해 보세요.

가고 싶어 하는 나라별 학생 수

가고 싶어 하는 나라별 학생 수

나라	미국	중국	영국	프랑스	일본	합계
학생 수 (명)						

---

19 인경이네 반 학생들이 좋아하는 꽃을 조사하여 나타낸 막대그래프입니다. 좋아하는 학생 수가 백합보다 많은 꽃은 무엇인지 풀이 과정을 쓰고 답을 모두 구해 보세요.

좋아하는 꽃별 학생 수

풀이 _____

_____

답 _____

20 논술 대회에 참가한 초등학교별 학생 수를 조사하여 나타낸 막대그래프입니다. 참가한 남학생 수와 여학생 수의 차가 가장 큰 학교는 어느 학교이고, 그 차는 몇 명인지 풀이 과정을 쓰고 답을 구해 보세요.

논술 대회에 참가한 초등학교별 학생 수

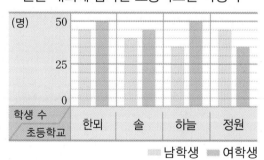

풀이 _____

_____

_____

답 _____

서술형 문제

1 영화관 좌석표에서 ⊙과 ⓒ에 알맞은 좌석 번호는 각각 무엇인지 풀이 과정을 쓰고 답을 구해 보세요.

▶ 아래쪽 또는 오른쪽으로 알파벳과 수가 어떻게 바뀌는지 알아봅니다.

영화관 좌석표

A11	A12	A13	A14	A15
B11	B12	B13	B14	B15
C11	C12	C13	C14	⊙
D11	D12	D13	D14	D15
E11	E12	E13	ⓒ	E15

풀이

답 ⊙:　　　　　　　, ⓒ:

2 수 배열표에서 빈칸에 알맞은 수는 무엇인지 풀이 과정을 쓰고 답을 구해 보세요.

▶ 8123부터 ╱ 방향으로 수의 배열 규칙을 찾아봅니다.

4123	4234	4345	4456	4567
5123	5234	5345	5456	5567
6123	6234	6345	6456	6567
7123	7234	7345	7456	7567
8123	8234	8345	8456	8567

풀이

답

3 모양의 배열을 보고 여섯째에 알맞은 모양에서 사각형은 몇 개인지 배열 규칙을 설명하고 답을 구해 보세요.

▶ 분홍색 사각형을 중심으로 사각형이 몇 개씩 늘어나는 지 알아봅니다.

첫째　둘째　셋째　넷째　다섯째

설명 ....

....

....

....

....

답 ....

4 바둑돌의 배열을 보고 여섯째 모양까지 놓는 바둑돌은 검은색과 흰색 중 어느 것이 몇 개 더 많은지 풀이 과정을 쓰고 답을 구해 보세요.

▶ 바둑돌이 몇 개씩 늘어나는 지, 색깔이 어떻게 바뀌는지 알아봅니다.

첫째　둘째　셋째　넷째

풀이 ....

....

....

....

답 ....

6

5 계산식의 규칙을 찾아 888 ÷ 37의 몫을 구하려고 합니다. 풀이 과정을 쓰고 답을 구해 보세요.

$$111 \div 37 = 3$$
$$222 \div 37 = 6$$
$$333 \div 37 = 9$$
$$444 \div 37 = 12$$

풀이 ....

....

....

....

답 ....

▶ 나누어지는 수는 111씩 커지고 나누는 수는 37로 같습니다.

6 규칙적인 계산식을 보고 이 규칙으로 계산 결과가 11111111 − 8이 나오는 계산식을 구하려고 합니다. 풀이 과정을 쓰고 답을 구해 보세요.

$$9 \times 1 = 11 - 2$$
$$9 \times 12 = 111 - 3$$
$$9 \times 123 = 1111 - 4$$
$$9 \times 1234 = 11111 - 5$$

풀이 ....

....

....

....

답 ....

▶ 계산 결과가 11, 111, 1111, 11111과 같이 자리 수가 하나씩 늘어나는 수에서 2, 3, 4, 5와 같이 1씩 커지는 수를 뺀 것과 같습니다.

7 수의 배열에서 규칙을 찾아 ○ 안에 알맞은 수를 차례로 구하려고 합니다. 풀이 과정을 쓰고 답을 구해 보세요.

► 양 끝의 수는 모두 1입니다.

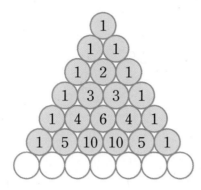

풀이 ....

....

....

....

답 ....

8 계산 결과가 24가 되는 식을 모두 찾아 ○표 하고, 등호(＝)를 사용하여 두 식을 하나의 식으로 나타내는 풀이 과정을 쓰고 답을 구해 보세요.

► 크기가 같은 두 양을 등호(＝)를 사용하여 하나의 식으로 나타냅니다.

| 24＋0 | 22－2 | 6＋6＋6 |
| 4×6 | 72÷3 | 18＋7 |

풀이 ....

....

....

....

답 ....

다시 점검하는 **단원 평가** Level **1**

점수   확인

[1~3] 수 배열표를 보고 물음에 답하세요.

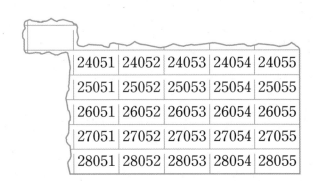

24051	24052	24053	24054	24055
25051	25052	25053	25054	25055
26051	26052	26053	26054	26055
27051	27052	27053	27054	27055
28051	28052	28053	28054	28055

1 수 배열의 규칙을 찾아 ☐ 안에 알맞은 수를 써넣으세요.

- 오른쪽으로 ☐ 씩 커집니다.
- 아래쪽으로 ☐ 씩 커집니다.

2 조건 을 만족시키는 규칙적인 수의 배열을 찾아 색칠해 보세요.

조건
- 가장 큰 수는 28055입니다.
- 다음 수는 앞의 수보다 1001씩 작습니다.

3 수 배열의 규칙에 따라 빈칸에 알맞은 수를 구해 보세요.

(   )

4 수 배열의 규칙에 맞게 빈칸에 알맞은 수를 써넣으세요.

| 4001 | 5201 | 6601 | 8201 | |

5 ☐ 안에 알맞은 수를 써넣어 등호(＝)가 있는 식을 완성해 보세요.

$83 + 42 = 73 + \boxed{}$

$83 + 42 = 63 + \boxed{}$

$83 + 42 = 53 + \boxed{}$

6 주어진 카드를 사용하여 등호(＝)를 사용한 식을 2가지 만들어 보세요. (단, 카드를 여러 번 사용할 수 있습니다.)

| 3 | 9 | 27 | ＝ | × | ÷ |

식1 ☐☐☐☐☐☐☐

식2 ☐☐☐☐☐☐

7 모양의 배열을 보고 다섯째에 알맞은 모양에서 사각형(■)은 몇 개인지 구해 보세요.

첫째   둘째   셋째   넷째

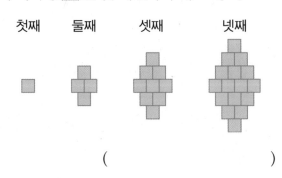

(   )

[8~10] 규칙에 따라 놓은 바둑돌의 배열을 보고 물음에 답하세요.

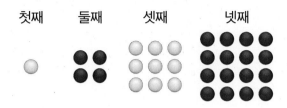

첫째   둘째   셋째   넷째

8 다섯째에 알맞은 모양을 그려 보세요.

다섯째

9 여섯째에 알맞은 모양에서 바둑돌은 무슨 색이고 몇 개일까요?

(   ), (   )

10 여섯째 모양까지 놓는 바둑돌은 검은색이 흰색보다 몇 개 더 많을까요?

(   )

11 규칙적인 수의 배열에서 ㉠, ㉡에 알맞은 수를 차례로 구해 보세요.

2400	1200	㉠	300	
	6400	3200	㉡	800

㉠ (   ), ㉡ (   )

[12~13] 덧셈식을 보고 물음에 답하세요.

순서	덧셈식
첫째	$1000 + 100 = 1100$
둘째	$1100 + 200 = 1300$
셋째	$1200 + 300 = 1500$
넷째	$1300 + 400 = 1700$
다섯째	

12 빈칸에 알맞은 식을 써넣으세요.

13 계산식을 보고 이 규칙으로 계산 결과가 2900이 나오는 계산식을 써 보세요.

(   )

[14~15] 계산식을 보고 물음에 답하세요.

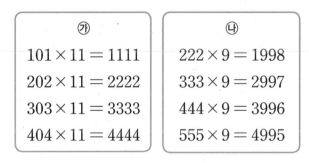

㉮	㉯
$101 \times 11 = 1111$	$222 \times 9 = 1998$
$202 \times 11 = 2222$	$333 \times 9 = 2997$
$303 \times 11 = 3333$	$444 \times 9 = 3996$
$404 \times 11 = 4444$	$555 \times 9 = 4995$

14 설명에 맞는 계산식을 찾아 기호를 써 보세요.

> 백의 자리와 일의 자리 수가 같은 세 자리 수에 11을 곱하면 계산 결과는 각 자리 수가 같은 네 자리 수가 됩니다.

(   )

15 ㉯에서 다음에 올 계산식을 써 보세요.

(   )

16 계산식 배열의 규칙에 맞게 빈칸에 알맞은 식을 써넣으세요.

$$81 \div 9 = 9$$
$$882 \div 9 = 98$$
$$8883 \div 9 = 987$$
$$88884 \div 9 = 9876$$

$$8888886 \div 9 = 987654$$

17 달력에서의 규칙 중 옳지 않은 것은 어느 것일까요? (　　　)

4월

일	월	화	수	목	금	토
					1	2
3	4	5	6	7	8	9
10	11	12	13	14	15	16
17	18	19	20	21	22	23
24	25	26	27	28	29	30

① 오른쪽으로 1씩 커집니다.
② 아래쪽으로 7씩 커집니다.
③ 위쪽으로 7씩 작아집니다.
④ ╱ 방향으로 8씩 커집니다.
⑤ ╲ 방향으로 8씩 커집니다.

18 등호(＝)가 있는 식을 완성하려고 합니다.
●와 ■에 알맞은 수의 합을 구해 보세요.

> ㉠ $36 \div 3 = 72 \div$ ●
> ㉡ $14 \times 18 = 28 \times$ ■

(　　　　　　　　　)

19 모양의 배열을 보고 노란색 사각형이 16개이면 초록색 사각형은 몇 개인지 풀이 과정을 쓰고 답을 구해 보세요.

첫째　　둘째　　셋째　　넷째

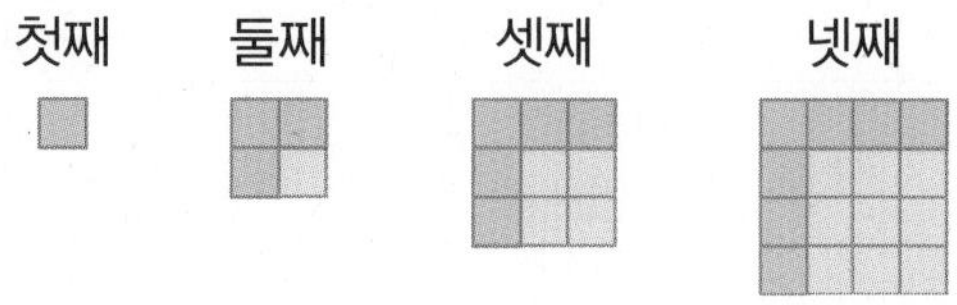

풀이

답

20 →, ↑, ╲, ╱ 방향으로 놓인 세 수의 합이 모두 같도록 빈칸에 1부터 9까지의 수를 모두 한 번씩 써넣으려고 합니다. ㉠과 ㉡에 알맞은 수는 각각 얼마인지 풀이 과정을 쓰고 답을 구해 보세요.

6		8
㉠	5	3
㉡	9	

풀이

답 ㉠:　　　　　　, ㉡:

다시 점검하는 **단원 평가** Level ❷

[1~2] 수 배열표를 보고 물음에 답하세요.

1050	1100	1150	1200	1250
2050	2100	2150	2200	2250
3050	3100	3150	3200	3250
4050	4100	4150	4200	
5050	5100	5150	5200	5250

1 색칠한 칸의 ＼ 방향에 있는 수 배열의 규칙을 써 보세요.

규칙 ....

2 빈칸에 알맞은 수를 구해 보세요.

( )

3 규칙에 따라 사물함에 번호를 붙였습니다. ♥ 에 알맞은 번호를 구해 보세요.

A5	A6	A7		
B5	B6	B7		
C5	C6			♥
D5				

( )

4 수 배열의 규칙에 맞게 빈칸에 알맞은 수를 써넣으세요.

15625		625	125	25	5

[5~6] 수 배열표의 일부가 찢어졌습니다. 물음에 답하세요.

33	37	41	45	49
133	137	141	145	149
333	337	341	345	
633	637		645	
1033			㉠	

5 색칠한 세로줄에 나타난 규칙을 써 보세요.

규칙 ....

....

6 ㉠에 알맞은 수를 구해 보세요.

( )

[7~8] 규칙적인 계산식을 보고 물음에 답하세요.

순서	계산식
첫째	$100 + 1000 - 500 = 600$
둘째	$200 + 1100 - 600 = 700$
셋째	$300 + 1200 - 700 = 800$
넷째	$400 + 1300 - 800 = 900$
다섯째	

7 빈칸에 알맞은 계산식을 써넣으세요.

8 계산식을 보고 이 규칙으로 계산 결과가 1500이 나오는 계산식을 구해 보세요.

( )

9 등호(=)가 있는 식으로 바르게 나타낸 것을 모두 찾아 기호를 써 보세요.

> ㉠ $30 = 27 + 3$
> ㉡ $25 \times 4 = 25 + 4$
> ㉢ $66 - 6 = 66 \div 6$
> ㉣ $47 = 47 + 0$

(   )

10 규칙적인 수의 배열에서 ㉠과 ㉡에 알맞은 수를 각각 구해 보세요.

	1001	1002	1003	1004	1005
15	5	0	5	0	5
16	6	2	8	4	0
17	7	㉠	1	8	5
18	8	6	4	㉡	0

㉠ (   ), ㉡ (   )

11 규칙에 따라 다섯째에 알맞은 모양을 그리고, ☐ 안에 알맞은 수를 써넣으세요.

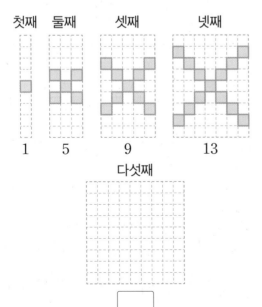

첫째   둘째   셋째   넷째
1   5   9   13

다섯째

☐

[12~14] 모양의 배열을 보고 물음에 답하세요.

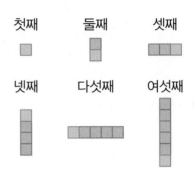

첫째   둘째   셋째
넷째   다섯째   여섯째

12 배열 규칙으로 알맞은 말이나 수에 ○표 하세요.

> 초록색 사각형은 중심으로 시계 반대 방향으로 (밀기 , 뒤집기 , 돌리기)를 하며 주황색 사각형이 (1 , 2 , 3)개씩 늘어나는 규칙입니다.

13 아홉째에 알맞은 모양에서 사각형은 몇 개일까요?

(   )

14 열째에 알맞은 모양에서 초록색 사각형은 어느 쪽에 있을까요? (   )

① 위쪽   ② 아래쪽   ③ 오른쪽
④ 왼쪽   ⑤ 가운데

15 규칙적인 수의 배열에서 ㉠과 ㉡에 알맞은 수를 각각 구해 보세요.

1104	2104	㉠	4104	
	3204	4204	㉡	6204

㉠ (   ), ㉡ (   )

16 곱셈식을 보고 빈칸에 알맞은 수를 써넣으세요.

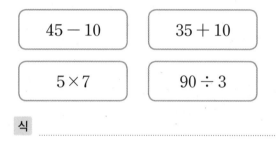

$$1 \times 1 = 1$$
$$11 \times 11 = 121$$
$$111 \times 111 = 12321$$
$$1111 \times 1111 = \boxed{}$$

17 계산 결과가 같은 식을 찾아 등호(＝)가 있는 식으로 나타내 보세요.

45 − 10	35 ＋ 10
5 × 7	90 ÷ 3

식 _____

18 어느 아파트 엘리베이터 버튼입니다. 버튼에 나타난 수의 배열을 보고 ☐ 안에 있는 수에서 보기 와 같이 규칙적인 계산식을 찾아 써 보세요.

보기
$$2 + 12 = 7 \times 2$$

계산식 _____

19 모양의 배열을 보고 여섯째에 알맞은 모양에서 보라색 삼각형은 몇 개인지 풀이 과정을 쓰고 답을 구해 보세요.

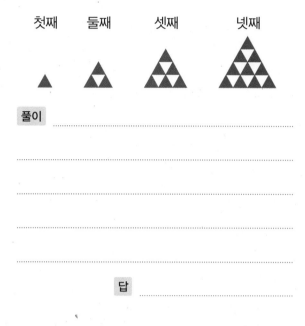

첫째　　둘째　　셋째　　넷째

풀이 _____

_____

_____

_____

답 _____

20 수의 배열에서 규칙을 찾아 ★에 알맞은 수를 구하려고 합니다. 풀이 과정을 쓰고 답을 구해 보세요.

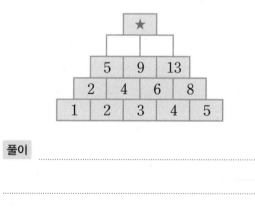

풀이 _____

_____

_____

_____

답 _____

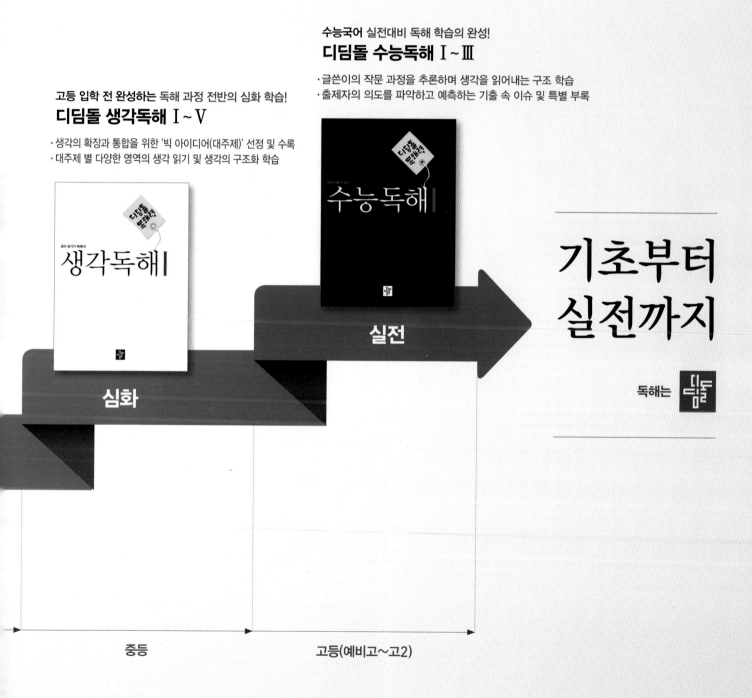

고등 입학 전 완성하는 독해 과정 전반의 심화 학습!
디딤돌 생각독해 Ⅰ~Ⅴ

· 생각의 확장과 통합을 위한 '빅 아이디어(대주제)' 선정 및 수록
· 대주제 별 다양한 영역의 생각 읽기 및 생각의 구조화 학습

수능국어 실전대비 독해 학습의 완성!
디딤돌 수능독해 Ⅰ~Ⅲ

· 글쓴이의 작문 과정을 추론하며 생각을 읽어내는 구조 학습
· 출제자의 의도를 파악하고 예측하는 기출 속 이슈 및 특별 부록

심화

실전

기초부터
실전까지

독해는 디딤돌

중등

고등(예비고~고2)

한 걸음 한 걸음 디딤돌을 걷다 보면
수학이 완성됩니다.

- **개념 다지기**

원리, 기본

- **문제해결력 강화**

문제유형, 응용

- **심화 완성**

최상위 수학S, 최상위 수학

- **연산 개념 다지기**

디딤돌 연산

- **개념+문제해결력 강화를 동시에**

기본+유형, 기본+응용

- **상위권의 힘, 사고력 강화**

최상위 사고력

개념 이해

개념 응용

개념 확장

학습 능력과 목표에 따라
맞춤형이 가능한 디딤돌 초등 수학

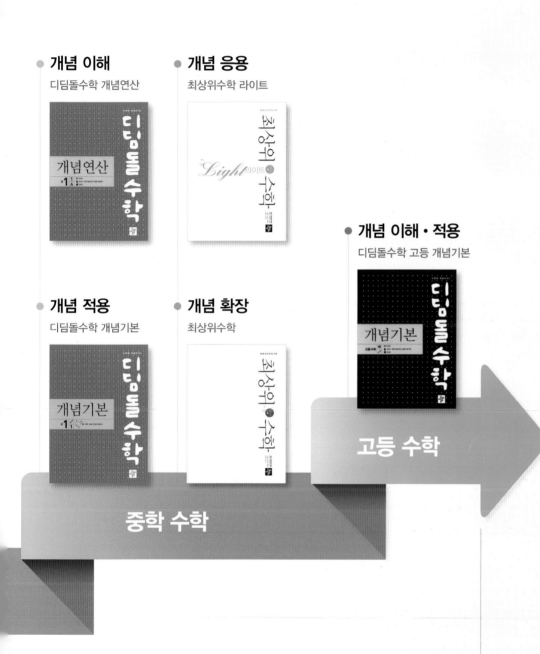

● 개념 이해
디딤돌수학 개념연산

● 개념 응용
최상위수학 라이트

● 개념 이해·적용
디딤돌수학 고등 개념기본

● 개념 적용
디딤돌수학 개념기본

● 개념 확장
최상위수학

고등 수학

중학 수학

초등부터
고등까지

수학 좀 한다면

개념을 이해하고, 깨우치고, 꺼내 쓰는
올바른 중고등 개념 학습서

상위권의 기준

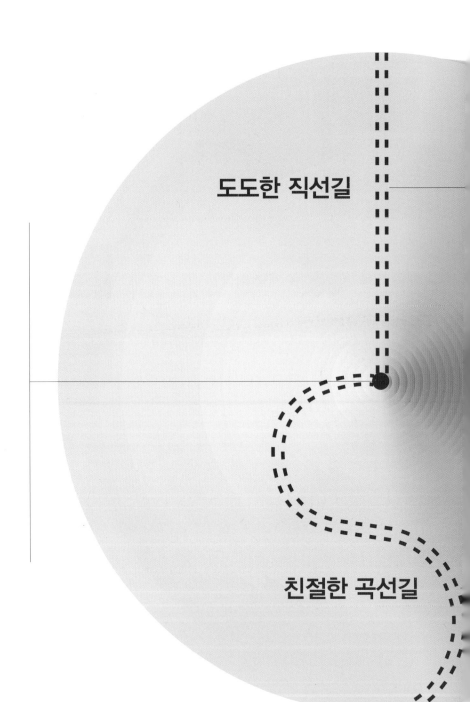

상위권의 기준

최상위 사고력

수학 좀 한다면

디딤돌

도도한 직선길

친절한 곡선길

응용 | 정답과 풀이

수학 좀 한다면

디딤돌

4
1

1 큰 수

과학, 산업, 정보 기술의 눈부신 발전은 시대를 거치며 인구의 증가와 함께 수많은 생산물과 정보를 만들어냈습니다. 이렇게 방대해진 인구와 생산물 및 정보를 표현하기 위해서는 큰 수의 사용이 필요합니다. 이제 초등학교에서도 큰 수를 다루어야 하는 일이 많고, 4학년 사회 교과에서 다루는 인구나 경제 및 지역 사회의 개념 이해 탐구를 위해 2학년 때 배운 네 자리 수 이상의 큰 수를 사용하게 됩니다. 이에 따라 이번 단원에서는 다섯 자리 이상의 수를 학습합니다. 10000 이상의 수를 구체물로 표현하는 것은 어렵지만, 십진법에 의한 자릿값의 원리는 네 자리 수와 똑같으므로 네 자리 수의 개념을 바탕으로 다섯 자리 이상의 수로 확장할 수 있도록 지도합니다.

1 만 알아보기
8쪽

❶ 10, 20

1 (1) 1000 (2) 3000 (3) 50000

2 (1) 100 (2) 9500

3 100개

1 (1) 10000은 1000이 10개인 수이므로 1000의 10배입니다.
(2) 10000은 1000이 10개인 수이므로 7000보다 3000만큼 더 큰 수입니다.
(3) 1000이 10개이면 10000이므로 1000이 50개이면 50000입니다.

2 수직선의 눈금 한 칸은 100을 나타냅니다.
(1) 10000은 9900보다 한 칸 오른쪽에 있으므로 9900보다 100만큼 더 큰 수입니다.
(2) 10000보다 500만큼 더 작은 수는 10000보다 5칸 왼쪽에 있는 9500입니다.

3 100이 10개이면 1000이 되고, 1000이 10개이면 10000이 됩니다.
따라서 100원짜리 동전을 10개씩 10묶음, 즉 100개 모아야 10000원이 됩니다.

2 다섯 자리 수 알아보기
9쪽

❶ 2, 3, 4, 5, 6

4 (위에서부터) 60120, 육만 백이십, 34027, 삼만 사천이십칠

5 (위에서부터) 6, 1, 2000, 40 / 2000, 40

6 예 7, 9, 9

4 · 10000이 6개, 100이 1개, 10이 2개인 수
➡ 60120 ➡ 육만 백이십
· 10000이 3개, 1000이 4개, 10이 2개, 1이 7개인 수 ➡ 34027 ➡ 삼만 사천이십칠

5 82641을 각 자리의 숫자가 나타내는 값의 합으로 나타내면 82641 = 80000 + 2000 + 600 + 40 + 1 입니다.

6 79900은 10000이 7개, 1000이 9개, 100이 9개인 수입니다. 따라서 10000원짜리 지폐 7장, 1000원짜리 지폐 9장, 100원짜리 동전 9개를 내야 합니다.

다른 풀이

10000원짜리 지폐 6장, 1000원짜리 지폐 19장, 100원짜리 동전 9개 또는 10000원짜리 지폐 7장, 1000원짜리 지폐 8장, 100원짜리 동전 19개 등 여러 가지 답이 가능합니다.

3 십만, 백만, 천만 알아보기
10쪽

7 10만, 100만

8 (1) 이천육백칠만 (2) 칠천이십만 사천

9 8, 80⋮0000 (또는 80만)

7 1만의 10배는 10만, 10만의 10배는 100만, 100만의 10배는 1000만입니다.

8 (1) 2607⋮0000
만
(2) 7020⋮4000
만

9 2783⋮0500
만
└→ 십만의 자리: 80⋮0000

4 억 알아보기
11쪽

10 10000

11 2, 0, 5, 7, 0, 0, 5, 6, 0, 0, 0, 0 /
이천오십칠억 오십육만

12 2, 5, 25

10 10만은 1만의 10배이고, 100만은 10만의 10배, 1000만은 100만의 10배, 1억은 1000만의 10배입니다. 따라서 1억은 1만의 10000배입니다.

11 일의 자리부터 네 자리씩 끊어서 왼쪽부터 차례로 억, 만을 사용하여 읽습니다.

12 1000만이 10개이면 1억이므로 2억 5000만은 1000만이 25개인 수입니다.

5 조 알아보기
12쪽

13 10억, 100억, 1000억, 1조

14 306조 72억 8016만 /
삼백육조 칠십이억 팔천십육만

15 십조, 70|0000|0000|0000 (또는 70조)

13 1억의 10배는 10억이고, 10억의 10배는 100억, 100억의 10배는 1000억, 1000억의 10배는 1조입니다.

14 306|0072|8016|0000
　 조　　 억　　 만

15 974|6580|1320|0000
　 조　　 억　　 만
　 └→ 십조의 자리: 70|0000|0000|0000

기본에서 응용으로
13 ~ 16쪽

1 ③　　　　　　　**2** 3000원

3 (위에서부터) 1000, 1000

4 40개　　　　　**5** 70000, 400, 50

6 73658　　　　　　　**7** 12240원

8 84321 / 팔만 사천삼백이십일

9

10 7925|0000 (또는 7925만)

11 ⓒ　　　　　　　**12** 20|5300원

13 30|0030　　　　　**14** ⓒ

15 　　　**16** ⓒ

17 10|0800|5700　　　**18** 10, 10000, 1억

19 12|5000|0000|0000 (또는 12조 5000억)

20 미진 / ⑩ 전 세계 인구수가 80억 명쯤이므로 우리나라 인구수가 100억 명쯤이 될 수 없습니다.

21 10000배　　　　**22** 1000배

23 100배　　　　　**24** 7900장

25 100장　　　　　**26** 408장

1 ③ 10000은 9900보다 100만큼 더 큰 수입니다.

2 이서와 지우가 가지고 있는 돈은 모두 7000원입니다. 10000은 7000보다 3000만큼 더 큰 수이므로 3000원을 더하면 10000원을 만들 수 있습니다.

3 100의 10배는 1000이고, 10000은 10의 1000배입니다.

4 1000이 10개이면 10000이므로 1000이 40개이면 40000입니다. 따라서 색종이 40000장을 한 상자에 1000장씩 담으려면 상자는 모두 40개 필요합니다.

5 70456 = 70000 + 400 + 50 + 6

서술형
6 ⑩ 각 수에서 숫자 7이 나타내는 값은 5608<u>7</u> ➡ 7, <u>7</u>3658 ➡ 70000, 62<u>7</u>84 ➡ 700, 8<u>7</u>465 ➡ 7000입니다.
따라서 숫자 7이 나타내는 값이 가장 큰 수는 73658입니다.

단계	문제 해결 과정
①	숫자 7이 나타내는 값을 각각 구했나요?
②	숫자 7이 나타내는 값이 가장 큰 수를 찾았나요?

7 5000원짜리 지폐 1장 ➡ 5000원
1000원짜리 지폐 7장 ➡ 7000원
100원짜리 동전 2개 ➡ 200원
10원짜리 동전 4개 ➡ 40원
　　　　　　　　　　　12240원

8 가장 큰 수를 만들려면 높은 자리부터 큰 수를 차례로 놓아야 합니다.
8＞4＞3＞2＞1이므로 만들 수 있는 가장 큰 수는 84321이고, 팔만 사천삼백이십일이라고 읽습니다.

9 10000이 1000개인 수 ➡ 1000만 ➡ 천만
90000보다 10000만큼 더 큰 수 ➡ 10만 ➡ 십만

10 100만이 78개 ➡ 7800만
10만이 12개 ➡ 120만
1만이 5개 ➡ 5만
　　　　　　　　7925만

11 ㉠ 703⎮0000 ➡ 5개　　㉡ 9635⎮0000 ➡ 4개
㉢ 3001⎮0400 ➡ 5개　　㉣ 5000⎮0080 ➡ 6개

12 10000원짜리 지폐 18장 ➡ 180000원
1000원짜리 지폐 25장 ➡ 25000원
100원짜리 동전 3개 ➡ 300원
　　　　　　　　　　　20⎮5300원

13 ㉠의 3은 십만의 자리 숫자이므로 30⎮0000을 나타내고 ㉡의 3은 십의 자리 숫자이므로 30을 나타냅니다.
따라서 ㉠과 ㉡이 나타내는 값의 합은
30⎮0000 ＋ 30 ＝ 30⎮0030입니다.

14 ㉠ 1000만의 10배는 1억입니다.
㉡ 10만의 10배는 100만, 10만의 100배는 1000만이므로 10만의 1000배는 1억입니다.
㉢ 계산기에서 1을 한 번 누르고 0을 9번 누른 수는 10억입니다.

15 5000만의 10배 ➡ 5억, 5억의 100배 ➡ 500억,
500만의 1000배 ➡ 50억

16 십억의 자리 숫자가 ㉠ 3, ㉡ 5, ㉢ 9, ㉣ 0이므로 ㉢이 가장 큽니다.

주의 ㉠은 11자리 수, ㉡은 10자리 수, ㉢과 ㉣은 12자리 수로 자리 수가 다른 것에 주의합니다.

서술형
17 (예) 1000만이 100개이면 10억, 10만이 80개이면 800만, 1000이 5개이면 5000, 100이 7개이면 700입니다. 따라서 수는 10⎮0800⎮5700입니다.

단계	문제 해결 과정
①	1000만이 100개인 수, 10만이 80개인 수, 1000이 5개인 수, 100이 7개인 수를 각각 구했나요?
②	수가 얼마인지 바르게 구했나요?

18 1조는 1000억이 10개인 수이고, 1억이 10000개인 수이므로 1억을 10000배 한 수이고, 9999억보다 1억만큼 더 큰 수입니다.

19 1000억이 120개인 수 ➡ 12조
1000억이 5개인 수 ➡ 5000억
1000억이 125개인 수 ➡ 12조 5000억

서술형
20

단계	문제 해결 과정
①	적절하지 않게 이야기한 사람의 이름을 썼나요?
②	까닭을 썼나요?

21 5812⎮6493에서 숫자 8은 백만의 자리 숫자이므로 800⎮0000을 나타냅니다.
따라서 800⎮0000은 800의 10000배입니다.

22 ㉠은 천만의 자리 숫자이므로 7000⎮0000을 나타내고, ㉡은 만의 자리 숫자이므로 70000을 나타냅니다.
따라서 7000⎮0000은 70000의 1000배이므로 ㉠이 나타내는 값은 ㉡이 나타내는 값의 1000배입니다.

23 ㉠의 숫자 3은 천만의 자리 숫자이므로 3000⎮0000을 나타내고, ㉡의 숫자 3은 십만의 자리 숫자이므로 30⎮0000을 나타냅니다.
따라서 3000⎮0000은 30⎮0000의 100배이므로 ㉠의 숫자 3이 나타내는 값은 ㉡의 숫자 3이 나타내는 값의 100배입니다.

24 7900⎮0000은 10000이 7900개인 수이므로 7900⎮0000원을 만 원짜리 지폐로만 찾으면 모두 7900장이 됩니다.

25 1000만이 10개이면 1억이고, 1억이 10개이면 10억이므로 10억 원을 1000만 원짜리 수표로 바꾸면 모두 100장이 됩니다.

26 4080만은 1만이 4080개인 수이므로 10만이 408개인 수입니다. 따라서 4080만 원을 10만 원짜리 수표로 찾으면 모두 408장이 됩니다.

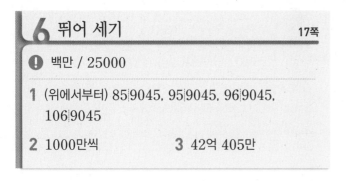

6 뛰어 세기 17쪽

❗ 백만 / 25000

1 (위에서부터) 85│9045, 95│9045, 96│9045, 106│9045

2 1000만씩   **3** 42억 405만

1 10000씩 뛰어 세면 만의 자리 수가 1씩 커집니다. 10│0000씩 뛰어 세면 십만의 자리 수가 1씩 커집니다.

2 천만의 자리 수가 1씩 커지므로 1000만씩 뛰어 센 것입니다.

3 100만씩 3번 뛰어 세면 42억 105만 ─ 42억 205만 ─ 42억 305만 ─ 42억 405만입니다.

　다른 풀이

42억 105만에서 100만씩 3번 뛰어 센 수는 42억 105만보다 300만만큼 더 큰 수이므로 42억 405만입니다.

7 수의 크기 비교하기 18쪽

❗ 높은에 ○표

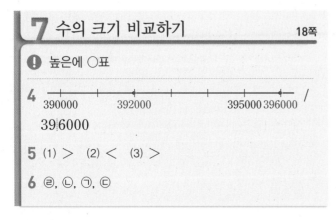

4
390000　392000　395000 396000 /
39│6000

5 (1) >　(2) <　(3) >

6 ㉣, ㉡, ㉠, ㉢

4 390000에서 눈금 5칸만큼 뛰어 세면 395000이므로 눈금 5칸은 5000을 나타내고 눈금 한 칸은 1000을 나타냅니다.
수직선에서는 오른쪽에 있을수록 큰 수이므로 39│6000>39│2000입니다.

5 (1) 418│5609 > 98│3674
　　　7자리 수　　6자리 수
(2) 3│9640│9215 < 3│9641│0785
　　　　　　0<1
(3) 43조 50억 > 43조 45억
　　　　　　5>4

6 자리 수를 비교하면 ㉠과 ㉢은 6자리 수이고 ㉡은 5자리 수, ㉣은 4자리 수이므로 ㉣이 가장 작고 ㉡이 둘째로 작습니다.
자리 수가 같은 ㉠ 73│0820과 ㉢ 73│8200을 높은 자리의 수부터 차례대로 비교하면 천의 자리 수가 0<8이므로 ㉠<㉢입니다.
따라서 작은 수부터 차례로 기호를 쓰면 ㉣, ㉡, ㉠, ㉢입니다.

기본에서 응용으로 19 ~ 21쪽

27 30│0000씩　　**28** 130억, 13조
29 5조 7500억　　**30** 5개월
31 435억　　　　**32** (1) >　(2) <
33 ㉢, ㉠, ㉡　　**34** 8, 9
35 ㉠　　　　　**36** 자전거
37 31억　　　　**38** 4880조
39 6조 3200억　　**40** 1억 8000만 개
41 9876│5432 / 1023│4567
42 92730
43 10│0133│5566│7799 /
십조 백삼십삼억 오천오백육십육만 칠천칠백구십구
44 59│9000　　　**45** 48│7965│3210

27 십만의 자리 수가 3씩 커지므로 30│0000씩 뛰어 세기 한 것입니다.

28 어떤 수를 10배 한 수는 어떤 수의 오른쪽 끝에 0을 한 개 붙인 수와 같습니다.

29 4조 5500억 ─ 4조 8500억 ─ 5조 1500억 ─ 5조 4500억 ─ 5조 7500억

30 10만이 넘을 때까지 0에서 21000씩 뛰어 센 수를 구합니다.
0 ─ 21000 ─ 42000 ─ 63000 ─ 84000
　　　1번　　　2번　　　3번　　　4번
─ 105000
　　5번
따라서 10만 원짜리 물건을 사려면 적어도 5개월 동안 모아야 합니다.

31 예 345억에서 눈금 4칸만큼 뛰어 세면 385억이므로 눈금 4칸은 40억을 나타내고 눈금 한 칸은 10억을 나타냅니다.
따라서 385억에서 10억씩 5번 뛰어 세면
385억 — 395억 — 405억 — 415억 — 425억
— 435억이므로 ㉠은 435억입니다.

단계	문제 해결 과정
①	눈금 한 칸의 크기를 구했나요?
②	㉠이 나타내는 수를 구했나요?

32 (1) 80억 1928만 > 8억 928만
(2) 145조 58만 < 145조 58억

33 ㉡ 6조 5243억 8000만, ㉢ 64조 72만
➡ ㉢ > ㉠ > ㉡

34 두 수의 자리 수가 같으므로 높은 자리부터 차례대로 비교합니다. 백만, 십만의 자리 수가 각각 같으므로 만의 자리 수를 비교하여 537|1450 < 53□1150이 되려면 7 < □이어야 합니다.
따라서 □ 안에 들어갈 수 있는 수는 8, 9입니다.

주의 □ 안에 7을 넣으면 537|1450 > 537|1150이므로 7은 들어갈 수 없습니다.

35 ㉠ 345|8000|0000을 100배 한 수는 3|4580|0000|0000입니다.
㉡ 3조 900억보다 100억만큼 더 작은 수는 3조 800억입니다.
따라서 3조 4580억 > 3조 800억이므로 더 큰 것은 ㉠입니다.

36 게임기는 35만 원, 자전거는 27만 원, 노트북은 120만 원입니다. 30만보다 작은 수는 27만이므로 시우가 모은 돈으로 살 수 있는 것은 자전거입니다.

37 35억에서 1억씩 거꾸로 4번 뛰어 센 수를 구합니다.
35억 — 34억 — 33억 — 32억 — 31억
따라서 어떤 수는 31억입니다.

38 5380조에서 100조씩 거꾸로 5번 뛰어 센 수를 구합니다.
5380조 — 5280조 — 5180조 — 5080조
— 4980조 — 4880조
따라서 어떤 수는 4880조입니다.

다른 풀이
5380조에서 100조씩 거꾸로 5번 뛰어 센 수는 5380조보다 500조만큼 더 작은 수이므로 어떤 수는 4880조입니다.

39 7조 3200억에서 2000억씩 거꾸로 5번 뛰어 센 수를 구합니다.
7조 3200억 — 7조 1200억 — 6조 9200억
— 6조 7200억 — 6조 5200억 — 6조 3200억
따라서 어떤 수는 6조 3200억입니다.

주의 7조 1200억에서 2000억만큼 거꾸로 뛰어 세면 조의 자리 수가 6이 되고, 천억의 자리 수가 9가 됩니다.

다른 풀이
7조 3200억에서 2000억씩 거꾸로 5번 뛰어 센 수는 7조 3200억보다 1조만큼 더 작은 수이므로 어떤 수는 6조 3200억입니다.

40 매년 2500만 개씩 늘어났으므로 올해 판매량에서 2500만 개씩 거꾸로 2번 뛰어 센 수를 구합니다.
2억 3000만 — 2억 500만 — 1억 8000만
따라서 2년 전 판매량은 1억 8000만 개입니다.

41 가장 큰 수는 높은 자리부터 큰 수를 차례로 놓습니다. 가장 작은 수는 맨 앞에 0이 아닌 가장 작은 수 1을 놓고, 그 다음 높은 자리부터 작은 수를 차례로 놓습니다.

42 천의 자리에 2를 놓고 높은 자리부터 큰 수를 차례로 놓으면 92730입니다.

43 가장 작은 수를 만들려면 높은 자리부터 작은 수를 차례로 놓습니다. 가장 높은 자리에는 0을 놓을 수 없으므로 0은 둘째로 높은 자리부터 놓을 수 있습니다.
따라서 가장 작은 14자리 수는 10|0133|5566|7799입니다.

44 59만보다 크고 60만보다 작으므로 십만의 자리 숫자는 5이고 만의 자리 숫자는 9입니다.
천의 자리 숫자와 만의 자리 숫자가 같으므로 천의 자리 숫자도 9이고, 0이 3개이므로 백, 십, 일의 자리 숫자는 각각 0입니다.
➡ 59|9000

45 0부터 9까지의 수를 모두 한 번씩 사용했으므로 10자리 수입니다.
천의 자리 숫자가 3이므로 백만의 자리 숫자는 9입니다. 십억의 자리 숫자는 5보다 작은 수 중에서 가장 큰 수이므로 4입니다. 나머지 자리에는 높은 자리부터 남은 수 중 큰 수를 차례로 놓습니다.
➡ 48|7965|3210

응용에서 최상위로

22 ~ 25쪽

1 2억 8000만, 4억 6000만

1-1 45억 5000만, 47억

1-2 1조 5000억

2 48732

2-1 37 5210   **2-2** 80 3569

3 4개

3-1 2개   **3-2** ©, ⊙, ©

4 1단계 예 10 0000은 100보다 0이 3개 더 많으므로 100의 1000배입니다. 따라서 10만 원을 100원짜리 동전으로만 쌓으려면 100원짜리 동전이 모두 1000개 필요합니다.
2단계 예 100원짜리 동전 100개를 쌓은 높이가 약 18 cm이므로 100원짜리 동전 1000개를 쌓은 높이는 약 180 cm입니다.
/ 약 180 cm

4-1 약 19 m   **4-2** 약 160 km

---

1 3억에서 눈금 5칸만큼 뛰어 세면 4억이므로 눈금 5칸은 1억을 나타냅니다. 1억은 2000만이 5개인 수이므로 눈금 한 칸의 크기는 2000만입니다.
따라서 ⊙은 3억보다 2000만만큼 더 작은 수이므로 2억 8000만이고, ©은 4억보다 2000만씩 3번 뛰어 센 수이므로 4억 — 4억 2000만 — 4억 4000만 — 4억 6000만입니다.

1-1 43억에서 눈금 4칸만큼 뛰어 세면 45억이므로 눈금 4칸은 2억을 나타냅니다. 눈금 4칸이 2억을 나타내므로 눈금 2칸은 1억을 나타내고, 1억은 5000만이 2개인 수이므로 눈금 한 칸의 크기는 5000만입니다.
따라서 ⊙은 45억보다 5000만만큼 더 큰 수이므로 45억 5000만이고, ©은 45억 5000만에서 5000만씩 3번 뛰어 센 수이므로 45억 5000만 — 46억 — 46억 5000만 — 47억입니다.

1-2 2조 5000억에서 눈금 2칸만큼 뛰어 세면 3조이므로 눈금 2칸은 5000억을 나타냅니다. 5000억은 2500억이 2개인 수이므로 눈금 한 칸의 크기는 2500억입니다.
따라서 ⊙은 2조 5000억에서 2500억씩 거꾸로 4번 뛰어 센 수이므로 2조 5000억 — 2조 2500억 — 2조 — 1조 7500억 — 1조 5000억입니다.

다른 풀이

눈금 2칸이 5000억을 나타내므로 눈금 4칸은 1조를 나타냅니다. ⊙은 2조 5000억보다 1조만큼 더 작은 수이므로 1조 5000억입니다.

2 수의 크기를 비교하면 8>7>4>3>2입니다. 60000보다 작은 수 중 60000에 가장 가까운 수를 구해야 하므로 만의 자리에는 6보다 작은 수 중 가장 큰 수인 4를 놓아야 합니다. 60000에 가장 가까운 4□□□□을 만들려면 천의 자리부터 큰 수를 차례로 놓아야 합니다. 따라서 60000보다 작은 수 중 60000에 가장 가까운 수는 48732입니다.

2-1 수의 크기를 비교하면 7>5>3>2>1>0입니다. 50만보다 작은 수 중 50만에 가장 가까운 수를 구해야 하므로 십만의 자리에는 5보다 작은 수 중 가장 큰 수인 3을 놓아야 합니다. 50만에 가장 가까운 3□□□□□을 만들려면 만의 자리부터 큰 수를 차례로 놓아야 합니다. 따라서 50만보다 작은 수 중 50만에 가장 가까운 수는 37 5210입니다.

2-2 수의 크기를 비교하면 0<3<5<6<8<9입니다. 70만보다 큰 수 중 70만에 가장 가까운 수를 구해야 하므로 십만의 자리에는 7보다 큰 수 중 가장 작은 수인 8을 놓아야 합니다. 70만에 가장 가까운 8□□□□□을 만들려면 만의 자리부터 작은 수를 차례로 놓아야 합니다. 따라서 70만보다 큰 수 중 70만에 가장 가까운 수는 80 3569입니다.

3 두 수의 자리 수가 8자리로 같으므로 높은 자리의 수부터 차례로 비교합니다. 천만, 백만의 자리 수는 각각 같으므로 십만의 자리 수를 비교하여 6931 5407>69□1 2150이 되려면 3>□이어야 합니다. 만약 □ 안에 3을 넣으면 6931 5407>6931 2150이므로 □ 안에 3도 들어갈 수 있습니다. 따라서 □ 안에 들어갈 수 있는 수는 0, 1, 2, 3으로 모두 4개입니다.

3-1 두 수의 자리 수가 9자리로 같으므로 높은 자리의 수부터 차례로 비교합니다. 억, 천만, 백만의 자리 수는 각각 같으므로 십만의 자리 수를 비교하여 9 04□5 0331>9 0485 0230이 되려면 □>8이어야 합니다. 만약 □ 안에 8을 넣으면 9 0485 0331>9 0485 0230이므로 □ 안에 8도 들어갈 수 있습니다. 따라서 □ 안에 들어갈 수 있는 수는 8, 9로 모두 2개입니다.

3-2 자리 수를 비교하면 ㉠과 ㉡은 6자리 수이고 ㉢은 7자리 수이므로 ㉢이 가장 큽니다. 자리 수가 같은 ㉠ 28■073과 ㉡ 28004■를 높은 자리의 수부터 차례로 비교하기 위해 ㉠의 ■에 0부터 9까지의 수를 각각 넣어 봅니다. ㉠의 ■에 1부터 9까지의 수를 넣으면 ㉠>㉡이고, ㉠의 ■에 0을 넣어도 28 0073>28 004■이므로 ㉠>㉡이 됩니다. 따라서 큰 수부터 차례로 기호를 쓰면 ㉢, ㉠, ㉡입니다.

4-1 500 0000은 500보다 0이 4개 더 많으므로 500의 10000배입니다. 즉, 500만 원을 500원짜리 동전으로만 쌓으려면 500원짜리 동전이 모두 10000개 필요합니다. 500원짜리 동전 100개를 쌓은 높이가 약 19 cm이므로 500원짜리 동전 10000개를 쌓은 높이는 약 1900 cm = 약 19 m입니다.

4-2 10억은 10의 1억배이므로 10억 원을 10원짜리 동전으로만 쌓으려면 10원짜리 동전이 모두 1억 개 필요합니다. 10원짜리 동전 100개를 쌓은 높이가 약 16 cm이므로 10원짜리 동전 1억 개를 쌓은 높이는 약 1600 0000 cm = 약 16 0000 m = 약 160 km입니다.

단원 평가 Level ❶
26 ~ 28쪽

1 37049

2 6 0000 0000+3000 0000+7000+300

3 73200 **4** 7개

5 ③ **6** 90000 (또는 9만)

7 1000배 **8** ㉣, ㉢, ㉡, ㉠

9 10배 **10** 640억

11 9000 0000장 **12** 4에 ○표

13 520만 **14** 금성, 지구, 화성

15 ㉡ **16** 9810 0000

17 4002 2477 **18** <

19 8675 4310 **20** 247곳

1 49279 ➡ 70, 71648 ➡ 70000, 37049 ➡ 7000, 29743 ➡ 700
따라서 7이 7000을 나타내는 수는 천의 자리 숫자가 7인 수이므로 37049입니다.

3 10000이 6개 ➡ 60000
　　1000이 13개 ➡ 13000
　　　100이 2개 ➡　　200
　　　　　　　　　　　73200

4 읽지 않은 자리에는 0을 씁니다.
팔조 구천삼백억 삼천만 구십팔
➡ 8조 9300억 3000만 98 ➡ 8 9300 3000 0098
따라서 수로 나타내면 0은 모두 7개입니다.

5 억의 자리 숫자는 ① 5, ② 5, ③ 8, ④ 5, ⑤ 5이므로 억의 자리 숫자가 다른 하나는 ③입니다.

6 38 9000의 10배는 389 0000입니다. 389 0000에서 숫자 9는 만의 자리 숫자이므로 90000을 나타냅니다.
다른 풀이
389000에서 숫자 9는 9000을 나타냅니다.
따라서 9000을 10배 하면 90000이 됩니다.

7 ㉠은 십조의 자리 숫자이므로 30조를 나타내고, ㉡은 백억의 자리 숫자이므로 300억을 나타냅니다.
따라서 30조는 300억의 1000배이므로 ㉠이 나타내는 값은 ㉡이 나타내는 값의 1000배입니다.

8 ㉠ 534 0360 7040 ➡ 534억 360만 7040
㉡ 715 4300 0000 ➡ 715억 4300만
㉢ 10조 2506억 7300만
㉣ 700조 9200억
따라서 큰 수부터 차례로 기호를 쓰면 ㉣, ㉢, ㉡, ㉠입니다.

9 10억은 1000만의 100배 ➡ ㉠ = 100
1조는 1000억의 10배 ➡ ㉡ = 10
따라서 ㉠은 ㉡의 10배입니다.

10 600억에서 작은 눈금 5칸만큼 뛰어 세면 700억이므로 작은 눈금 5칸은 100억을 나타냅니다. 작은 눈금 5칸이 100억을 나타내므로 작은 눈금 한 칸은 20억을 나타냅니다. 따라서 ㉠은 600억에서 20억씩 2번 뛰어 센 수이므로 640억입니다.

11 천억은 만의 1000 0000배이므로 9천억은 만의 9000 0000배입니다. 따라서 9천억 원은 만 원짜리 지폐로 9000 0000장입니다.

12 두 수의 자리 수가 8자리로 같으므로 높은 자리의 수부터 차례로 비교합니다. 천만, 백만의 자리 수가 같고 만의 자리 수가 6<7이므로 □<4이어야 합니다.
따라서 □ 안에 들어갈 수 없는 수는 4입니다.

13 600만에서 20만씩 거꾸로 4번 뛰어 세어 봅니다.
<u>600만</u> ─ <u>580만</u> ─ <u>560만</u> ─ <u>540만</u> ─ <u>520만</u>
　　5월　　4월　　3월　　2월　　1월
따라서 1월에는 통장에 520만 원이 있었습니다.

14 금성: 1̇0820̇0000 ➡ 1억 820만
화성: 2̇2800̇0000 ➡ 2억 2800만
토성: 14̇2700̇0000 ➡ 14억 2700만
해왕성: 44̇9700̇0000 ➡ 44억 9700만
따라서 태양과의 거리가 1억 km보다 멀고 5억 km보다 가까운 행성은 금성, 지구, 화성입니다.

15 ㉠ 1560조 ─ 1660조 ─ 1760조 ─ 1860조 ─ 1960조 ─ 2060조 ─ [2160조]
㉡ 726억 ─ 7260억 ─ 7조 2600억 ─ 72조 6000억 ─ 726조 ─ [7260조]
따라서 2160조<7260조이므로 더 큰 수는 ㉡입니다.

16 여덟 자리 수이고 0이 5개인 가장 큰 수는 □□□0̇0000입니다.
천만의 자리 숫자는 9이고, 나머지 자리 숫자를 더하여 9이면서 가장 큰 수가 되려면 백만의 자리 숫자는 8, 십만의 자리 숫자는 1이어야 합니다.
➡ 9810̇0000

17 수의 크기를 비교하면 0<2<4<7입니다.
3000̇0000보다 큰 수 중 3000̇0000에 가장 가까운 수를 구해야 하므로 천만의 자리에는 3보다 큰 수 중 가장 작은 수인 4를 놓아야 합니다. 3000̇0000에 가장 가까운 4□□□□□□□을 만들려면 백만의 자리부터 작은 수를 차례로 놓아야 합니다.
따라서 3000̇0000보다 크면서 가장 가까운 수는 4002̇2477입니다.

18 □38□579와 939□43□의 크기를 비교합니다.
□38□579의 백만의 자리에 9를 넣고 939□43□의 천의 자리에 0을 넣어도 □38□579<939□43□입니다.

서술형
19 예 백만의 자리 수가 6인 여덟 자리 수는 □6□□□□□□입니다.
가장 큰 수는 높은 자리부터 큰 수를 차례로 놓습니다.
따라서 백만의 자리 수가 6인 가장 큰 수는 8675̇4310입니다.

평가 기준	배점(5점)
백만의 자리 수가 6인 여덟 자리 수를 만들었나요?	2점
백만의 자리 수가 6인 가장 큰 수를 구했나요?	3점

서술형
20 예 24̇7000̇0000은 24억 7천만입니다.
7천만은 천만의 7배이고, 24억은 천만의 240배이므로 24억 7천만은 천만의 247배입니다.
따라서 모두 247곳의 단체에 전달할 수 있습니다.

평가 기준	배점(5점)
2470000000은 천만의 몇 배인지 알고 있나요?	3점
기부금을 모두 몇 곳의 단체에 전달할 수 있는지 구했나요?	2점

단원 평가 Level ❷　29~31쪽

1 4, 8 / 70000, 800

2 505̇2000 / 오백오만 이천

3 70000개　　　　　**4** ㉡

5 (위에서부터) 965억 3000만, 1265억 3000만, 1365억 3000만

6 >　　　　　　　**7** 11

8 ③　　　　　　　**9** ㉢

10 ㉢, ㉡, ㉠　　　　**11** (1) ㉢ (2) ㉡

12 500̇0000 (또는 500만)

13 700장　　　　　**14** 946조 800억 km

15 6월　　　　　　**16** 13452

17 0, 1　　　　　　**18** 6억 1300만

19 4500̇0000 (또는 4500만)

20 140̇3568

2 만이 505개 ➡ 505̇0000
　일이 2000개 ➡ 　　 2000
　　　　　　　　　 505̇2000

3 1000이 10개이면 10000이고 10000이 7개이면 70000입니다.
따라서 70봉지에 담은 사탕은 모두 70000개입니다.

4 백만의 자리 숫자를 각각 알아봅니다.
㉠ 283̇4514̇5793 ➡ 5

ⓛ 83|4792|5629 ➡ 7

ⓒ 47|8549|2156 ➡ 5

5 1065억 3000만에서 1165억 3000만으로 백억의 자리 수가 1만큼 커졌으므로 100억씩 뛰어 세기 한 것입니다.

6 십오억 육천팔만 ➡ 15|6008|0000

15|6723|9087 > 15|6008|0000
           7>0

7 억이 900개, 만이 39개인 수
➡ 900억 39만 ➡ 900|0039|0000 ➡ 11자리 수

다른 풀이

가장 높은 자리가 백억의 자리이므로 11자리 수입니다.

8 1000만은 999만 9999 다음 수이므로 1000만보다 1만큼 더 작은 수는 999만 9999입니다.

9 ⓐ 100만이 100개인 수 ➡ 1억
ⓑ 8000만보다 2000만만큼 더 큰 수 ➡ 1억
ⓒ 1만의 1000배 ➡ 1000만

10 자리 수를 비교하면 ⓐ은 7자리 수, ⓑ과 ⓒ은 6자리 수이므로 ⓐ이 가장 큽니다. ⓑ과 ⓒ의 십만의 자리 수를 비교하면 8>6이므로 ⓑ>ⓒ입니다.
따라서 가격이 낮은 제품부터 차례로 기호를 쓰면 ⓒ, ⓑ, ⓐ입니다.

11 (1) 1조는 1000억이 10개인 수이므로 9000억보다 1000억만큼 더 큽니다.
(2) 1조는 1억이 10000개인 수이므로 9999억보다 1억만큼 더 큽니다.

12 23억 1052만 ➡ 23|1052|0000을 10배 하면 231|0520|0000이 됩니다. 231|0520|0000에서 숫자 5는 백만의 자리 숫자이므로 500|0000을 나타냅니다.

13 100만이 10개이면 1000만이고, 1000만이 10개이면 1억이므로 1억 원을 100만 원짜리 수표로 찾으면 모두 100장이 됩니다. 따라서 7억 원을 100만 원짜리 수표로 찾으면 모두 700장이 됩니다.

14 100광년은 9조 4608억 km의 100배이므로 946조 800억 km입니다.

15 60000에서부터 12000씩 뛰어 세어 봅니다.
60000 − 72000 − 84000 − 96000 − 108000
2월   3월   4월   5월   6월
따라서 모은 돈이 처음으로 10만 원을 넘는 때는 6월입니다.

16 13400보다 크고 13600보다 작은 다섯 자리 수는 134□□ 또는 135□□입니다.
백의 자리 수가 짝수이므로 134□□이고, 1부터 5까지의 수를 한 번씩 사용하였으므로 13425 또는 13452입니다.
이 중 일의 자리 수가 짝수인 수는 13452입니다.

17 두 수의 자리 수가 같으므로 높은 자리의 수부터 차례로 비교합니다.
천만, 백만, 십만의 자리 수가 각각 같으므로 만의 자리 수를 비교하여 170□5020 < 1702|2904가 되려면 □<2이어야 합니다.
만약 □ 안에 2를 넣으면 1702|5020 > 1702|2904이므로 □ 안에 2는 들어갈 수 없습니다.
따라서 □ 안에 들어갈 수 있는 수는 0, 1입니다.

18 6억 300만에서 눈금 2칸만큼 뛰어 세면 6억 700만이므로 눈금 2칸은 400만을 나타냅니다.
400만은 200만이 2개인 수이므로 눈금 한 칸의 크기는 200만입니다.
따라서 ⓐ은 6억 700만에서 200만씩 3번 뛰어 센 수이므로 6억 700만 − 6억 900만 − 6억 1100만 − 6억 1300만입니다.

다른 풀이

눈금 2칸이 400만을 나타내므로 눈금 1칸은 200만을 나타내고, 눈금 5칸은 1000만을 나타냅니다.
따라서 ⓐ은 6억 300만보다 1000만만큼 더 큰 수인 6억 1300만입니다.

서술형
19 예 ⓐ은 천만의 자리 숫자이므로 5000만을 나타내고, ⓑ은 백만의 자리 숫자이므로 500만을 나타냅니다.
따라서 ⓐ과 ⓑ이 나타내는 값의 차는 5000만보다 500만만큼 더 작은 수인 4500만입니다.

평가 기준	배점(5점)
ⓐ과 ⓑ이 나타내는 값을 각각 구했나요?	3점
ⓐ과 ⓑ이 나타내는 값의 차를 구했나요?	2점

서술형
20 예 십만의 자리 숫자가 4인 일곱 자리 수는 □4□□□□□이고, 가장 높은 자리에는 0이 올 수 없으므로 둘째로 작은 1을 놓고 작은 수를 차례로 놓습니다. 따라서 십만의 자리 숫자가 4인 가장 작은 수는 140|3568입니다.

평가 기준	배점(5점)
십만의 자리 숫자가 4인 일곱 자리 수를 만들었나요?	2점
십만의 자리 숫자가 4인 가장 작은 수를 구했나요?	3점

2 각도

각은 다각형을 정의하는 데 필요한 요소로서 도형 영역에서 기초가 되는 개념이며, 사회나 과학 등 타 교과뿐만 아니라 일상생활에서도 폭넓게 사용됩니다. 3학년 1학기에서는 구체적인 생활 속의 사례나 활동을 통해 각과 직각을 학습하였습니다. 이 단원에서는 각의 크기, 즉 각도에 대해 배우게 됩니다. 각의 크기를 비교하는 활동을 통하여 표준 단위인 도(°)를 알아보고 각도기를 사용하여 각도를 측정할 수 있게 합니다. 각도는 4학년 2학기에 배우는 여러 가지 삼각형, 여러 가지 사각형 등 후속 학습의 중요한 기초가 되므로 다양한 조작 활동과 의사소통을 통해 체계적으로 지도해야 합니다.

1 각의 크기 비교하기   34쪽

❶ 큽니다에 ○표

1 (1) (   ) (○) (2) (○) (   )

2 1, 3, 2   3 ㉡

1 각의 두 변이 더 많이 벌어져 있는 쪽이 더 큰 각입니다.

2 세 각을 겹쳐 보면 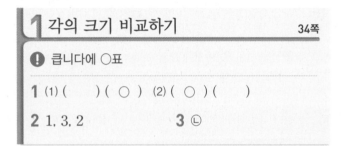 이므로 이 가장 크고 이 가장 작습니다.

3 부챗살이 이루는 각이 각각 몇 번 들어갔는지 비교해 봅니다.
㉠에 4번, ㉡에 3번, ㉢에 5번 들어갔으므로 부채 갓대가 이루는 각의 크기가 가장 작은 것은 ㉡입니다.

2 각의 크기 재기   35쪽

4 ㉢   5 40

6 (1) 100   (2) 75

4 각도기의 중심을 각의 꼭짓점에 맞추고 각도기의 밑금을 각의 한 변에 맞춘 것을 찾습니다.

5 각의 한 변이 바깥쪽 눈금 0에 맞춰져 있으므로 바깥쪽 눈금을 읽으면 40°입니다.

6 각도기의 중심을 각의 꼭짓점에 맞추고 각도기의 밑금을 각의 한 변에 맞춘 다음 각의 다른 변이 가리키는 눈금을 읽습니다.

3 직각보다 작은 각과 직각보다 큰 각   36쪽

❶ 작고에 ○표, 큽니다에 ○표

7 (1) 예각   (2) 둔각

8 가, 라, 사 / 다, 바 / 나, 마, 아

7 (1) 0°보다 크고 직각보다 작으므로 예각입니다.
   (2) 직각보다 크고 180°보다 작으므로 둔각입니다.

8 예각: 0°보다 크고 직각보다 작은 각 ➡ 가, 라, 사
직각: 90° ➡ 다, 바
둔각: 직각보다 크고 180°보다 작은 각 ➡ 나, 마, 아

기본에서 응용으로   37~40쪽

1 (   ) (△) (○)   2 ㉡

3 ㉢   4 ㉠, ㉡, ㉢

5 135°   6 65°

7 ⑩ 각의 한 변이 안쪽 눈금 0에 맞춰져 있으므로 안쪽 눈금을 읽어야 하는데 바깥쪽 눈금을 읽었습니다.
/ 70°

8 140°, 85°   9 110°, 30°

10 ㉠, ㉣

11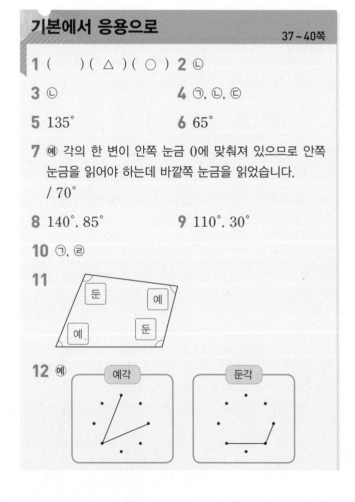

12 ⑩

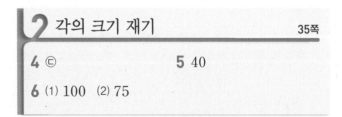

13 2개

14

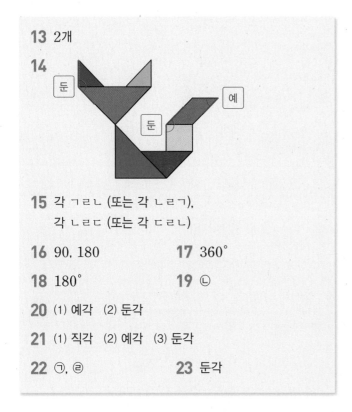

15 각 ㄱㄹㄴ (또는 각 ㄴㄹㄱ),
각 ㄴㄹㄷ (또는 각 ㄷㄹㄴ)

16 90, 180　　　　**17** 360°

18 180°　　　　**19** ⓒ

20 (1) 예각　(2) 둔각

21 (1) 직각　(2) 예각　(3) 둔각

22 ㉠, ㉣　　　　**23** 둔각

---

1 각의 두 변이 가장 많이 벌어진 각이 가장 큰 각이고, 가장 적게 벌어진 각이 가장 작은 각입니다.

2 90°를 기준으로 ㉠은 같은 각도만큼 두 번 젖혀졌고, ㉡은 같은 각도만큼 세 번 젖혀졌으므로 표시한 각의 크기가 더 큰 것은 ㉡입니다.

3 각의 크기는 두 변이 많이 벌어질수록 큰 각입니다. 따라서 각의 크기가 가장 큰 것은 두 변이 가장 많이 벌어진 ㉡입니다.

4 각의 크기는 두 변이 많이 벌어질수록 큰 각입니다. 따라서 각의 크기가 큰 것부터 차례로 쓰면 ㉠, ㉡, ㉢입니다.

5 각의 한 변이 바깥쪽 눈금 0에 맞춰져 있으므로 바깥쪽 눈금을 읽으면 135°입니다.

6 각에 맞춰 각도기를 돌려서 각도를 재어 봅니다.

7

단계	문제 해결 과정
①	잘못 구한 까닭을 썼나요?
②	각도를 바르게 구했나요?

8 각의 크기를 잴 때 구하는 각의 안쪽에 있는 선분은 생각하지 않습니다.

9 가장 큰 각은 각 ㄱㄴㄷ으로 각의 크기가 110°이고, 가장 작은 각은 각 ㄱㄷㄴ으로 각의 크기가 30°입니다.

---

10 둔각은 90°보다 크고 180°보다 작은 각이므로 가위의 날이 이루는 각도가 둔각인 것은 ㉠, ㉣입니다.

11 예각은 0°보다 크고 90°보다 작은 각이고, 둔각은 90°보다 크고 180°보다 작은 각입니다.

12 0°보다 크고 90°보다 작은 각이 되도록 세 점을 연결하면 예각이 됩니다. 90°보다 크고 180°보다 작은 각이 되도록 세 점을 연결하면 둔각이 됩니다.

13 예 예각은 0°보다 크고 90°보다 작은 각입니다.
따라서 예각은 25°, 85°로 모두 2개입니다.

단계	문제 해결 과정
①	예각은 0°보다 크고 90°보다 작은 각이라는 것을 알고 있나요?
②	예각은 모두 몇 개인지 구했나요?

15 0°보다 크고 90°보다 작은 각을 찾으면 각 ㄱㄹㄴ, 각 ㄴㄹㄷ입니다.

> **참고** 각 ㄱㄹㄷ은 둔각입니다.

17 한 바퀴는 360°입니다.

18 각을 이루는 두 변이 일직선이므로 표시한 각의 크기는 180°입니다.

19 주어진 각은 한 바퀴이므로 360°입니다.
㉡ 180°의 2배입니다.

20 (1) 0°보다 크고 90°보다 작으므로 예각입니다.
(2) 90°보다 크고 180°보다 작으므로 둔각입니다.

21 (1)　　(2)　　(3)

　　직각　　예각　　둔각

22

따라서 시계의 긴바늘과 짧은바늘이 이루는 작은 쪽의 각이 예각인 시각은 ㉠, ㉣입니다.

23 시계가 나타내는 시각은 4시 30분이므로 20분 후의 시각은 4시 50분입니다.

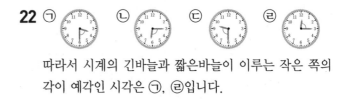

따라서 4시 50분은 긴바늘과 짧은바늘이 이루는 작은 쪽의 각이 90°보다 크고 180°보다 작으므로 둔각입니다.

4 각도 어림하기 41쪽

1 예 80, 85 **2** 주희

3 예 45, 45

1 주어진 각도가 삼각자의 $90°$보다 약간 작아 보이므로 약 $80°$로 어림할 수 있습니다.
주어진 각도를 각도기로 재어 보면 $85°$입니다.

2 주어진 각도를 각도기로 재어 보면 $120°$입니다.
$135°$, $110°$ 중에서 $120°$에 더 가까운 것은 $110°$이므로 더 가깝게 어림한 사람은 주희입니다.

3 주어진 각도가 삼각자의 $45°$와 비슷해 보이므로 약 $45°$로 어림할 수 있습니다.
주어진 각도를 각도기로 재어 보면 $45°$입니다.

5 각도의 합과 차 구하기 42쪽

! 130 / 70

4 (1) 40, 110 (2) 130, 50, 80

5 (1) 125 (2) 60

6 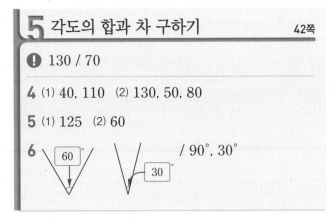 / 90°, 30°

4 (1) 두 각도의 합이므로 $70° + 40° = 110°$입니다.
(2) 두 각도의 차이므로 $130° - 50° = 80°$입니다.

5 각도의 합과 차는 자연수의 덧셈, 뺄셈과 같은 방법으로 계산합니다.

6 두 각도를 각각 재어 보면 $60°$, $30°$입니다.
합: $60° + 30° = 90°$, 차: $60° - 30° = 30°$

6 삼각형의 세 각의 크기의 합 43쪽

! 180

7 40°, 115°, 25° / 180 **8** (1) 80 (2) 95

9 (1) 110 (2) 150

7 $\bigcirc + \bigcirc + \bigcirc = 40° + 115° + 25° = 180°$

8 (1) $\square° + 25° + 75° = 180°$
$\Rightarrow \square° = 180° - 25° - 75° = 80°$
(2) $\square° + 40° + 45° = 180°$
$\Rightarrow \square° = 180° - 40° - 45° = 95°$

9 (1) $\bigcirc + \bigcirc + 70° = 180°$
$\Rightarrow \bigcirc + \bigcirc = 180° - 70° = 110°$
(2) $30° + \bigcirc + \bigcirc = 180°$
$\Rightarrow \bigcirc + \bigcirc = 180° - 30° = 150°$

7 사각형의 네 각의 크기의 합 44쪽

! 360

10 100°, 70°, 75°, 115° / 360

11 (1) 80 (2) 50 **12** (1) 245 (2) 140

10 $\bigcirc + \bigcirc + \bigcirc + \bigcirc = 100° + 70° + 75° + 115°$
$= 360°$

11 (1) $120° + 90° + 70° + \square° = 360°$
$\Rightarrow \square° = 360° - 120° - 90° - 70° = 80°$
(2) $140° + 60° + 110° + \square° = 360°$
$\Rightarrow \square° = 360° - 140° - 60° - 110° = 50°$

12 (1) $\bigcirc + \bigcirc + 70° + 45° = 360°$
$\Rightarrow \bigcirc + \bigcirc = 360° - 70° - 45° = 245°$
(2) $\bigcirc + \bigcirc + 120° + 100° = 360°$
$\Rightarrow \bigcirc + \bigcirc = 360° - 120° - 100° = 140°$

기본에서 응용으로 45~49쪽

24 예 100° **25** 예 65, 70

26 ㉡ **27** 민기

28 (1) 120 (2) 48 **29** (1) 45 (2) 250

30 (1) 90 (2) 180 (3) 180, 270 (4) 270, 360

31 55° **32** 245°

33 95° **34** 210°

35 220 **36** 65

37 105°, 75° **38** 35°

39 35, 180 **40** ㉡

41 50 **42** 100°

43 110° **44** 2, 2, 360

45 80, 360

46 잘못에 ○표 / ⑩ 유미가 잰 사각형의 네 각의 크기의 합은 $135°+50°+125°+60°=370°$이므로 잘못 재었습니다.

47 145 **48** 60°

49 150° **50** 15°

51 75° **52** 100°

53 240° **54** 80°

24 가운데 있는 각의 크기는 왼쪽에 있는 $110°$보다 작고 오른쪽에 있는 $90°$보다 크므로 약 $100°$로 어림할 수 있습니다.

25 주어진 각도가 삼각자의 $60°$보다 약간 커 보이므로 약 $65°$로 어림할 수 있습니다.
주어진 각도를 각도기로 재어 보면 $70°$입니다.

26 각도기로 재어 보면 ㉠ $80°$, ㉡ $115°$이므로 더 가깝게 어림한 것은 ㉡입니다.

27 주어진 각은 $90°$의 반보다 조금 작으므로 $45°$보다 작은 각으로 어림해야 합니다.
주어진 각은 $90°$를 3등분 한 것 중 하나쯤이므로 $30°$로 어림하는 것이 실제와 더 가깝습니다.

28 (1) $50°+70°=120°$
(2) $117°-69°=48°$

29 (1) $70°+\square°=115°$, $\square°=115°-70°=45°$
(2) $\square°-160°=90°$, $\square°=90°+160°=250°$

31 $85°-㉠=30°$, $㉠=85°-30°=55°$

32
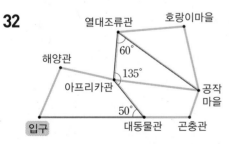
선들이 이루는 각 중 작은 쪽의 각도는 $50°$, $135°$, $60°$입니다. ➡ $50°+135°+60°=245°$

33 민하가 벌린 다리의 각도는 $88°+36°=124°$이므로 서후가 벌린 다리의 각도는 $124°-29°=95°$입니다.

34 한 직선이 이루는 각도는 $180°$이므로
$㉠=180°+30°=210°$입니다.

35 한 바퀴는 $360°$이므로
$\square=360°-140°=220°$입니다.

36 한 직선이 이루는 각도는 $180°$이므로
$\square°=180°-25°-90°=65°$입니다.

37 한 직선이 이루는 각도는 $180°$이므로
$㉠=180°-75°=105°$이고
$㉡=180°-105°=75°$입니다.

참고 두 직선이 만났을 때 마주 보는 두 각의 크기는 서로 같습니다.

서술형
38
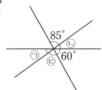

한 직선이 이루는 각도는 $180°$이므로
$㉡=180°-85°-60°=35°$,
$㉢=180°-㉡-60°=180°-35°-60°=85°$입니다.
따라서 $㉠=180°-60°-㉢$
$=180°-60°-85°=35°$입니다.

단계	문제 해결 과정
①	㉡과 ㉢의 각도를 각각 구했나요?
②	㉠의 각도를 구했나요?

39 삼각형의 세 각의 크기의 합은 $180°$입니다.
$90°+55°+\square=180°$,
$\square=180°-90°-55°=35°$

40 삼각형의 세 각의 크기의 합은 항상 $180°$이므로 더해서 $180°$가 되지 않으면 삼각형의 세 각의 크기가 될 수 없습니다. $50°+50°+90°=190°$이므로 ㉡은 삼각형의 세 각의 크기가 될 수 없습니다.

41
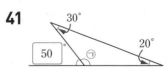
삼각형의 세 각의 크기의 합은 $180°$이므로
$30°+㉠+20°=180°$,
$㉠=180°-30°-20°=130°$입니다.

한 직선이 이루는 각도는 $180°$이므로
$\square° = 180° - \bigcirc = 180° - 130° = 50°$입니다.

42

삼각형의 세 각의 크기의 합은 $180°$이므로
$70° + \bigcirc + 50° = 180°$,
$\bigcirc = 180° - 70° - 50° = 60°$입니다.
한 직선이 이루는 각도는 $180°$이므로
$\bigcirc = 180° - \bigcirc - 20° = 180° - 60° - 20° = 100°$
입니다.

43 (각 ㄴㄱㄷ) $= 180° - 50° - 50° = 80°$이고 ●는
$80°$를 똑같이 4개로 나눈 것 중의 하나이므로
● $= 20°$입니다.
삼각형 ㄱㄴㄹ에서
(각 ㄴㄹㄱ) $= 180° - 20° - 50° = 110°$입니다.

44 사각형은 삼각형 2개로 나눌 수 있으므로 사각형의 네
각의 크기의 합은 삼각형의 세 각의 크기의 합의 2배와
같습니다. 따라서 사각형의 네 각의 크기의 합은
$180° \times 2 = 360°$입니다.

45 사각형의 네 각의 크기의 합은 $360°$입니다.
$75° + 60° + 145° + \square° = 360°$,
$\square° = 360° - 75° - 60° - 145° = 80°$

46 사각형의 네 각의 크기의 합은 $360°$가 되어야 합니다.

47

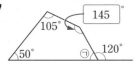

한 직선이 이루는 각도는 $180°$이므로
$\bigcirc = 180° - 120° = 60°$입니다.
사각형의 네 각의 크기의 합은 $360°$이므로
$\square° = 360° - 105° - 50° - 60° = 145°$입니다.

48

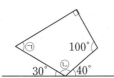

한 직선이 이루는 각도는 $180°$이므로
$\bigcirc = 180° - 30° - 40° = 110°$입니다.
사각형의 네 각의 크기의 합은 $360°$이므로
$\bigcirc = 360° - 110° - 100° - 90° = 60°$입니다.

49 $\bigcirc = 90° + 60° = 150°$

50 $\bigcirc = 60° - 45° = 15°$

51 두 삼각자의 가장 작은 각끼리 이어 붙이면 가장 작은
각을 만들 수 있습니다. 두 삼각자에서 가장 작은 각도
는 각각 $30°$, $45°$이므로 두 삼각자를 이어 붙여서 만
들 수 있는 가장 작은 각도는 $30° + 45° = 75°$입니다.

52 사각형의 네 각의 크기의 합은 $360°$이므로
사각형 ㄱㄴㄷㄹ에서
$\bigcirc = 360° - 40° - 60° - 90° - 70° = 100°$입
니다.

53 사각형의 네 각의 크기의 합은 $360°$이므로
사각형 ㄱㄴㄹㅁ에서
$\bigcirc + \bigcirc + 50° + \bigcirc + 70° = 360°$,
$\bigcirc + \bigcirc + \bigcirc = 360° - 50° - 70° = 240°$입니다.

서술형
54 예

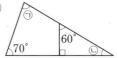

삼각형의 세 각의 크기의 합은 $180°$이므로
$\bigcirc = 180° - 90° - 60° = 30°$입니다.
따라서 $\bigcirc = 180° - 70° - 30° = 80°$입니다.

단계	문제 해결 과정
①	ⓛ의 각도를 구했나요?
②	㉠의 각도를 구했나요?

응용에서 최상위로
50~53쪽

1 5개

1-1 5개   **1-2** 9개, 2개

2 60°

2-1 75°   **2-2** 165°

3 25°

3-1 35°   **3-2** 60°

4 **1단계** 예 도형은 삼각형 3개로 나눌 수
있습니다.

2단계 예 삼각형의 세 각의 크기의 합은
$180°$이므로 도형의 다섯 각의 크기의 합은
$180°$의 3배입니다. ➡ $180° \times 3 = 540°$
/ 540°

4-1 720°   **4-2** 1080°

1 예각은 0°보다 크고 90°보다 작은 각이므로 각 ㄱㅇㄴ, 각 ㄴㅇㄷ, 각 ㄷㅇㄹ, 각 ㄹㅇㅁ, 각 ㄷㅇㅁ입니다.
따라서 예각은 모두 5개입니다.

1-1 둔각은 90°보다 크고 180°보다 작은 각이므로 각 ㄱㅇㄹ, 각 ㄱㅇㅁ, 각 ㄴㅇㄹ, 각 ㄴㅇㅁ, 각 ㄴㅇㅂ입니다.
따라서 둔각은 모두 5개입니다.

1-2 예각은 각 ㄴㄱㄹ, 각 ㄹㄱㅁ, 각 ㅁㄱㄷ, 각 ㄴㄱㅁ, 각 ㄹㄱㄷ, 각 ㄱㄴㄹ, 각 ㄱㄹㅁ, 각 ㄱㅁㄷ, 각 ㄱㄷㅁ 으로 모두 9개입니다.
둔각은 각 ㄱㄹㄴ, 각 ㄱㅁㄷ로 모두 2개입니다.

2
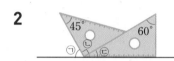

㉡ = 90°, ㉢ = 30°이고 한 직선이 이루는 각도는 180°이므로 ㉠ = 180° − 90° − 30° = 60°입니다.

2-1
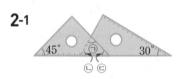

두 삼각자를 겹쳐서 만들어진 삼각형에서 각도를 알아 보면 ㉡ = 60°이고 ㉢ = 45°입니다.
삼각형의 세 각의 크기의 합은 180°이므로
㉠ = 180° − 60° − 45° = 75°입니다.

2-2
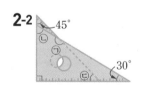

두 삼각자를 겹쳐서 만들어진 사각형에서 각도를 알아 보면 ㉡ = 60°이고 ㉢ = 45°입니다.
사각형의 네 각의 크기의 합은 360°이므로
㉠ = 360° − 60° − 90° − 45° = 165°입니다.

3
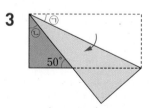

종이를 접어서 만들어진 작은 삼각형에서
㉡ = 180° − 90° − 50° = 40°입니다.
종이를 접은 부분의 각도는 ㉠으로 같고 직사각형의 한 각의 크기는 90°이므로
40° + ㉠ + ㉠ = 90°, ㉠ + ㉠ = 50°입니다.
따라서 25° + 25° = 50°이므로 ㉠ = 25°입니다.

3-1 삼각형 ㅁㅅㄹ에서 종이를 접은 부분의 각도는 같으므로 (각 ㅁㄹㅅ) = (각 ㄷㄹㅅ) = 55°입니다.
직사각형의 한 각의 크기는 90°이므로
㉠ = 180° − 90° − 55° = 35°입니다.

다른 풀이
삼각형 ㄹㅅㄷ에서 직사각형의 한 각의 크기는 90°이므로
(각 ㄹㅅㄷ) = 180° − 55° − 90° = 35°입니다.
따라서 종이를 접은 부분의 각도는 같으므로
㉠ = (각 ㄹㅅㄷ) = 35°입니다.

3-2 삼각형 ㄱㄴㄷ에서 직사각형의 한 각의 크기는 90°이므로 (각 ㄴㄷㄱ) = 180° − 90° − 75° = 15°이고, 종이를 접은 부분의 각도는 같으므로
(각 ㅁㄷㄱ) = (각 ㄴㄷㄱ) = 15°입니다.
따라서 ㉠ = 90° − 15° − 15° = 60°입니다.

4-1 도형은 사각형 2개로 나눌 수 있습니다. 사각형의 네 각의 크기의 합은 360°이므로 도형의 여섯 각의 크기의 합은 360°의 2배입니다.
→ 360° × 2 = 720°

4-2 도로 표지판은 삼각형 6개 또는 사각형 3개로 나눌 수 있습니다. 따라서 도로 표지판의 여덟 각의 크기의 합은 180° × 6 = 1080° 또는 360° × 3 = 1080°입니다.

 또는

단원 평가 Level ❶
54~56쪽

1 ④	**2** 70°, 40°
3 ㉠, ㉢ / ㉡	**4** 예 35, 35
5 360	**6** 210°, 60°
7 25°	**8** (1) 예각 (2) 둔각
9 ⑤	**10** 105°
11 ㉢	**12** 125°
13 140°	**14** 65
15 80	**16** 720°
17 75°	**18** 10개
19 예원	**20** 155°

1 각의 두 변이 많이 벌어질수록 큰 각입니다.

2 파란색 두 변으로 이루어진 각도는 각의 한 변이 각도기의 바깥쪽 눈금 0에 맞춰져 있으므로 바깥쪽 눈금을 읽습니다. ➡ 70°

빨간색 두 변으로 이루어진 각도는 각의 한 변이 각도기의 안쪽 눈금 0에 맞춰져 있으므로 안쪽 눈금을 읽습니다. ➡ 40°

3 0°보다 크고 90°보다 작은 각은 ㉠, ㉢이고, 90°보다 크고 180°보다 작은 각은 ㉡입니다.

4 주어진 각도가 삼각자의 30°보다 약간 커 보이므로 약 35°로 어림할 수 있습니다.

주어진 각도를 각도기로 재어 보면 35°입니다.

5 한 바퀴는 360°입니다.

다른 풀이

주어진 각도는 180°의 2배이므로 360°입니다.

6 합: 75° + 135° = 210°, 차: 135° − 75° = 60°

7 두 각도의 차는 두 각의 꼭짓점과 한 변이 맞닿게 포개었을 때 겹치지 않는 부분의 각도와 같습니다.

각도기를 사용하여 겹치지 않는 부분의 각도를 재어 보면 25°입니다.

8 (1)  ➡ 예각 (2) ➡ 둔각

9 ① 80° + 50° = 130° ② 110° + 20° = 130°
③ 180° − 30° = 150° ④ 270° − 180° = 90°
⑤ 120° + 45° = 165°

10 이어 붙인 두 각 중 왼쪽 삼각자의 각도는 60°이고 오른쪽 삼각자의 각도는 45°입니다.

따라서 ㉠ = 60° + 45° = 105°입니다.

11 주어진 피자 한 조각의 각도는 360°를 8개로 똑같이 나눈 것 중의 하나와 같으므로 360°를 8등분 한 각도입니다.

12 한 직선이 이루는 각도는 180°이므로
㉠ = 180° − 35° − 20° = 125°입니다.

13 삼각형의 세 각의 크기의 합은 180°이므로
㉠ + ㉡ = 180° − 40° = 140°입니다.

14 사각형의 네 각의 크기의 합은 360°입니다.
80° + 120° + 95° + □° = 360°
➡ □° = 360° − 80° − 120° − 95° = 65°

15

삼각형의 세 각의 크기의 합은 180°이므로
㉠ = 180° − 50° − 30° = 100°입니다.
한 직선이 이루는 각도는 180°이므로
□° = 180° − 100° = 80°입니다.

16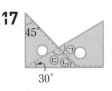

주어진 도형은 사각형 2개로 나눌 수 있습니다.
사각형의 네 각의 크기의 합은 360°이므로 도형에서 표시한 각의 크기의 합은 360° × 2 = 720°입니다.

17

㉡ = 45°이고 삼각형의 세 각의 크기의 합은 180°이므로 ㉢ = 180° − 30° − 45° = 105°입니다.
따라서 한 직선이 이루는 각도는 180°이므로
㉠ = 180° − 105° = 75°입니다.

18 예각은 0°보다 크고 90°보다 작은 각입니다.
예각은 각 ㄱㅈㄴ, 각 ㄴㅈㄷ, 각 ㄷㅈㄹ, 각 ㄹㅈㅁ, 각 ㅁㅈㅂ, 각 ㅂㅈㅅ, 각 ㅅㅈㅇ, 각 ㅇㅈㄱ, 각 ㄴㅈㄹ, 각 ㅂㅈㅇ으로 모두 10개입니다.

서술형
19 ㈀ 주어진 각도를 각도기로 재어 보면 80°입니다.
70°, 85° 중에서 80°에 더 가까운 각은 85°이므로 어림을 더 잘한 사람은 예원입니다.

평가 기준	배점(5점)
각도기로 주어진 각도를 재어 구했나요?	2점
어림을 더 잘한 사람은 누구인지 구했나요?	3점

서술형
20 ㈀ 한 직선이 이루는 각도는 180°이므로 사각형의 나머지 한 각의 크기는 180° − 55° = 125°입니다.
따라서 사각형의 네 각의 크기의 합은 360°이므로
㉠ + ㉡ = 360° − 125° − 80° = 155°입니다.

평가 기준	배점(5점)
사각형의 나머지 한 각의 크기를 구했나요?	2점
㉠과 ㉡의 각도의 합을 구했나요?	3점

1 ㉠, ㉢　　　**2** 나

3 ㉣　　　**4** 100°

5 (예) 100, 100　　　**6** 30°

7 45°　　　**8** ⑤

9 ㉠, ㉡, ㉣, ㉢　　　**10** 270°

11 4개　　　**12** 55°

13 145　　　**14** ㉡

15 85　　　**16** 75°

17 50°　　　**18** 140°

19 ㉠ / (예) 더 많이 기울어져 있는 운동 기구에서 운동하는 것이 더 힘듭니다. ㉡의 각도보다 ㉠의 각도가 더 크므로 운동하기 더 힘든 쪽은 ㉠입니다.

20 135°

1 투명 종이에 각을 그려 다른 각에 겹쳐서 비교해 보면 ㉠과 ㉢의 각의 크기가 같습니다. 이때 각의 크기는 변의 길이와 관계가 없습니다.

2 나는 각의 한 변이 바깥쪽 눈금 0에 맞춰져 있으므로 바깥쪽 눈금인 80°라고 읽어야 합니다.
따라서 각도를 잘못 읽은 것은 나입니다.

3 점 ㅇ과 ㉠, ㉡을 이으면 둔각, ㉢을 이으면 직각, ㉣을 이으면 예각이 됩니다.

4 각도기의 중심을 각의 꼭짓점에 맞추고 각도기의 밑금을 각의 한 변에 맞춘 후 다른 변이 가리키는 눈금을 읽습니다.

5 노트북이 열린 각도가 직각보다 약간 커 보이므로 약 100°로 어림할 수 있습니다.
주어진 각도를 각도기로 재어 보면 100°입니다.

6 휴식할 때는 책을 읽을 때보다 등받이를
125° − 95° = 30° 더 눕혔습니다.

7 한 직선이 이루는 각도는 180°이므로 180°인 각을 한 번 접으면 180°의 반인 90°가 되고, 다시 한 번 더 접으면 90°의 반인 45°가 됩니다.
따라서 색종이를 세 번 접어서 만들어진 각의 크기는 45°입니다.

8 시계의 숫자 눈금 한 칸의 각도는 30°이므로 긴바늘과 짧은바늘이 이루는 작은 쪽의 각이 숫자 눈금 3칸보다 작은 것을 찾습니다.
따라서 예각인 것은 ⑤ 11시입니다.

9 ㉠ 35° + 40° = 75°
㉡ 170° − 90° = 80°
㉢ 20° + 70° = 90°
㉣ 110° − 25° = 85°
따라서 각도가 작은 것부터 차례로 기호를 쓰면 ㉠, ㉡, ㉣, ㉢입니다.

10 부채를 펼친 각도는 90°의 3배이므로
90° × 3 = 270°입니다.
다른 풀이
부채를 펼친 각도는 180°보다 90°만큼 더 큰 각도이므로 180° + 90° = 270°입니다.

11

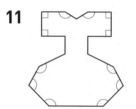

둔각은 8개, 직각은 4개이므로 둔각은 직각보다 4개 더 많습니다.

12 한 직선이 이루는 각도는 180°이므로
㉠ = 180° − 35° − 90° = 55°입니다.

13 사각형의 네 각의 크기의 합은 360°이므로
□° = 360° − 95° − 90° − 30° = 145°입니다.

14 삼각형의 세 각의 크기의 합은 180°입니다.
㉠ 20° + 100° + 60° = 180°
㉡ 55° + 15° + 120° = 190°
㉢ 35° + 80° + 65° = 180°
따라서 삼각형의 세 각의 크기가 될 수 없는 것은 ㉡입니다.

15

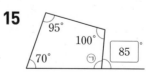

사각형의 네 각의 크기의 합은 360°이므로
㉠ = 360° − 100° − 95° − 70° = 95°입니다.
한 직선이 이루는 각도는 180°이므로
□° = 180° − 95° = 85°입니다.

16

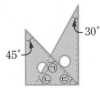

두 삼각자를 겹쳐서 만들어진 작은 삼각형의 각도를 알아보면 ㉡ = 60°이고 ㉢ = 45°입니다.
삼각형의 세 각의 크기의 합은 180°이므로
㉠ = 180° − 60° − 45° = 75°입니다.

17

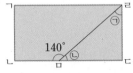

한 직선이 이루는 각도는 180°이므로
㉡ = 180° − 140° = 40°입니다.
삼각형의 세 각의 크기의 합은 180°이고 직사각형의 한 각의 크기는 90°이므로
㉠ = 180° − 40° − 90° = 50°입니다.

18

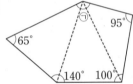

주어진 도형을 3개의 삼각형으로 나눌 수 있으므로 도형의 다섯 각의 크기의 합은 삼각형의 세 각의 크기의 합의 3배인 180° × 3 = 540°가 됩니다.
따라서
㉠ = 540° − 65° − 140° − 100° − 95° = 140°
입니다.

서술형
19

평가 기준	배점(5점)
운동하는 것이 더 힘이 드는 쪽의 기호를 썼나요?	2점
운동하기 더 힘든 까닭을 썼나요?	3점

서술형
20 예 두 삼각자를 이어 붙여서 만들 수 있는 가장 큰 각도는 90° + 90° = 180°이고,
둘째로 큰 각도는 90° + 60° = 150°,
셋째로 큰 각도는 90° + 45° = 135°입니다.

평가 기준	배점(5점)
두 삼각자를 이어 붙여서 만들 수 있는 가장 큰 각도와 둘째로 큰 각도를 알고 있나요?	2점
두 삼각자를 이어 붙여서 만들 수 있는 셋째로 큰 각도를 구했나요?	3점

참고 두 삼각자의 각도는 45°, 45°, 90°와 30°, 60°, 90°입니다.

3 곱셈과 나눗셈

생활에서 물건의 수를 세거나 물건을 나누어 가질 때 등 곱셈과 나눗셈이 필요한 상황을 많이 겪게 됩니다. 2학년 1학기에는 곱셈의 의미에 대하여 학습하였고, 3학년 1학기에 나눗셈의 의미와 곱셈과 나눗셈 사이의 관계에 대하여 학습하였습니다. 이 단원에서는 곱하는 수와 나누는 수가 두 자리 수인 곱셈과 나눗셈을 학습합니다. 이 단원은 자연수의 곱셈과 나눗셈의 계산을 학습하는 마지막 단계이므로 보다 큰 수의 곱셈과 나눗셈, 소수의 곱셈과 나눗셈에서도 계산 원리를 일반화하여 적용할 수 있도록 곱셈과 나눗셈의 계산 원리를 충실히 학습해야 합니다. 또한 곱셈과 나눗셈이 가진 연산의 성질을 경험하게 하여 중등 과정에서의 교환법칙, 결합법칙, 분배법칙 등의 개념과도 연결될 수 있도록 지도합니다.

1 (세 자리 수) × (몇십)   62쪽

1 (1) 3200, 32000   (2) 200, 20000

2 (1) 1092, 10920   (2) 3760, 37600

3
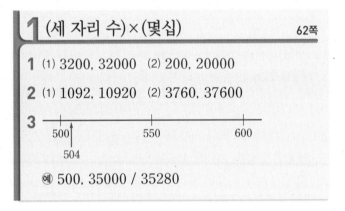

예 500, 35000 / 35280

3 504를 어림하면 500쯤이고, 504 × 70을 어림하여 구하면 약 500 × 70 = 35000입니다.
504 × 70은 504 × 7 = 3528의 10배이므로
504 × 70 = 35280입니다.

2 (세 자리 수) × (몇십몇)   63쪽

❶ 164, 10

4 (1) 864, 21600, 22464
   (2) 2534, 14480, 17014

5 (1) 42478   (2) 17578

6 예 300, 40, 12000 / 12012

5 (1)
```
      6 3 4
    ×   6 7
    ─────────
    4 4 3 8
    3 8 0 4
    ─────────
    4 2 4 7 8
```
(2)
```
      5 1 7
    ×   3 4
    ─────────
    2 0 6 8
    1 5 5 1
    ─────────
    1 7 5 7 8
```

6 286을 어림하면 300쯤이고, 42를
어림하면 40쯤이므로 286×42를
어림하여 구하면 약
300×40 = 12000입니다.
실제로 계산하면
286×42 = 12012입니다.
```
      2 8 6
    ×   4 2
    ─────────
      5 7 2
    1 1 4 4
    ─────────
    1 2 0 1 2
```

기본에서 응용으로

1 81, 810, 8100   **2** ②

3 (1) 14880 (2) 16140

4 12000, 12000, 12000

5 20700

6 (위에서부터) 9000 / 2, 2 / 18000

7 18000에 ○표   **8** 민정

9 (1) 20, 30, 100 (2) 50, 100, 1000

10 (위에서부터) 1 / 764, 1 / 40

11 (1) 9591 (2) 10080

12 41195

13 (위에서부터) 4500, 500

14 (1) < (2) >   **15** 10672

16 (위에서부터) 500 / 4, 4 / 2000

17 (1) 372 (2) 748

18 160×20=3200 (또는 160×20) / 3200 cm

19 12900원   **20** 6000 g

21 300×30=9000 (또는 300×30) / 9000회

22 5600원   **23** ( ) (○) ( )

24 예 유찬이네 가족이 매일 샤워 시간을 3분씩 줄이면
하루에 절약되는 물의 양은 144 L입니다. 99일 동
안 절약할 수 있는 물의 양은 모두 몇 L일까요? /
144×99=14256 (또는 144×99) / 14256 L

25 (1) 360 (2) 9000   **26** 4000

27 12480   **28** 18574

1 곱해지는 수와 곱하는 수에 따라 곱이 몇 배씩 커지는
지 살펴봅니다.

2
```
      7 0 0
    ×   5 0
    ─────────
    3 5 0 0 0
```
③, ④, ⑤에는 0을 쓰고, ①에 3
을, ②에 5를 써야 합니다.

3 (1) 496×3 = 1488 (2) 807×2 = 1614
  ↓10배   ↓10배   ↓10배   ↓10배
496×30 = 14880   807×20 = 16140

4 곱해지는 수와 곱하는 수의 0의 개수의 합이 같기 때문
에 곱이 같습니다.

5 가장 큰 수: 345, 가장 작은 수: 60
➡ 345×60 = 20700

6 곱하는 수가 2배가 되면 곱도 2배가 됩니다.

7 608을 어림하면 600쯤이고, 29를 어림하면 30쯤입
니다. 608×29를 어림하여 구하면
약 600×30 = 18000입니다.

8 (석현이가 모은 돈) = 100×70 = 7000(원)
(민정이가 모은 돈) = 500×20 = 10000(원)
따라서 7000<10000이므로 민정이가 더 많이 모았
습니다.

9 ★ 학부모 지도 가이드
수를 더 이상 나눌 수 없을 때까지 나누어 곱셈으로 나타
내는 것을 소인수분해라고 합니다.
소인수분해는 중등의 '자연수의 성질'에서 본격적인 학습
을 하게 되지만 5학년의 '최대공약수, 최소공배수'를 배울
때에도 사용되는 개념입니다.
곱셈하는 방법만을 학습하기보다는 수를 여러 가지 곱셈
식으로 나타내며 수의 성질도 함께 알아볼 수 있도록 지
도합니다.

11 (1)
```
      4 1 7
    ×   2 3
    ─────────
    1 2 5 1
    8 3 4
    ─────────
    9 5 9 1
```
(2)
```
      2 8 0
    ×   3 6
    ─────────
    1 6 8 0
    8 4 0
    ─────────
    1 0 0 8 0
```

12 749×55는 749×5와 749×50의 합입니다.

$749 \times 5 = 3745$이므로 $749 \times 50 = 37450$입니다.

따라서 749×55는 $3745 + 37450 = 41195$입니다.

13 $18 = 2 \times 9$이므로 $250 \times 18 = 250 \times 2 \times 9$로 계산할 수 있습니다.

$250 \times 2 = 500$, $500 \times 9 = 4500$이므로 수를 나누어 계산하면 암산으로도 계산할 수 있습니다.

14 (1) 곱해지는 수가 같을 때에는 곱하는 수가 클수록 곱도 커집니다.

$19 < 21$이므로 $318 \times 19 < 318 \times 21$입니다.

(2) 곱하는 수가 같을 때에는 곱해지는 수가 클수록 곱도 커집니다.

$206 > 197$이므로 $206 \times 52 > 197 \times 52$입니다.

서술형
15 예 ㉠ $145 \times 64 = 9280$, ㉡ $368 \times 29 = 10672$, ㉢ $407 \times 17 = 6919$이므로 계산 결과가 다섯 자리 수인 곱셈식은 ㉡입니다.

따라서 구하는 곱은 10672입니다.

단계	문제 해결 과정
①	㉠, ㉡, ㉢의 계산 결과를 각각 구했나요?
②	계산 결과가 다섯 자리 수인 곱셈식의 곱을 구했나요?

16 곱하는 수가 4배가 되면 곱도 4배가 됩니다.

17 (1) 372×31은 372를 31번 더한 것입니다.

따라서 372×31과 같아지려면 372×30에 372를 한 번 더 더해야 합니다.

(2) 748×25는 748을 25번 더한 것입니다.

따라서 748×25와 같아지려면 748×24에 748을 한 번 더 더해야 합니다.

18 160 cm씩 20명 ➡ $160 \times 20 = 3200 \text{ (cm)}$

19 $500 \times 23 = 11500$(원), $100 \times 14 = 1400$(원)

➡ $11500 + 1400 = 12900$(원)

20 $250 \times 12 = 3000 \text{ (g)}$

2배 ↓   ↓ 2배

$250 \times 24 = 6000 \text{ (g)}$

21 4월은 30일까지 있습니다.

(4월 한 달 동안 한 줄넘기 횟수)

$= 300 \times 30 = 9000$(회)

22 (사탕의 가격) = (사탕 하나의 가격) × (산 사탕의 수)

$= 320 \times 45$

$= 14400$(원)

(받아야 하는 거스름돈) $= 20000 - 14400$

$= 5600$(원)

23 크루아상: 12를 어림하면 10쯤이므로 900×12를 어림하여 구하면 약 $900 \times 10 = 9000$입니다.

즉, 크루아상은 9000원보다 비쌉니다.

마들렌: 390을 어림하면 400쯤이고, 18을 어림하면 20쯤이므로 390×18을 어림하여 구하면 약 $400 \times 20 = 8000$입니다.

즉, 마들렌은 8000원보다 쌉니다.

머핀: 510을 어림하면 500쯤이고, 22를 어림하면 20쯤이므로 510×22를 어림하여 구하면 약 $500 \times 20 = 10000$입니다.

즉, 머핀은 10000원보다 비쌉니다.

따라서 8000원으로 살 수 있는 빵 묶음은 마들렌입니다.

24 (99일 동안 절약할 수 있는 물의 양)

$= 144 \times 99 = 14256 \text{ (L)}$

25 (1) 어떤 수를 □라고 하면

$□ + 25 = 385$이므로 $385 - 25 = □$,

$□ = 360$입니다.

(2) 어떤 수가 360이므로 바르게 계산한 값은

$360 \times 25 = 9000$입니다.

26 어떤 수를 □라고 하면

$□ \times 4 = 400$이므로 $□ = 100$입니다.

따라서 바르게 계산한 값은 $100 \times 40 = 4000$입니다.

27 어떤 수를 □라고 하면

$□ + 32 = 422$이므로 $422 - 32 = □$,

$□ = 390$입니다.

390을 32번 더하는 것은 390×32이므로 바르게 계산한 값은 $390 \times 32 = 12480$입니다.

서술형
28 예 어떤 수를 □라고 하면

$□ - 73 = 429$이므로 $429 + 73 = □$,

$□ = 502$입니다.

따라서 바르게 계산한 값은 $502 \times 37 = 18574$입니다.

단계	문제 해결 과정
①	어떤 수를 구했나요?
②	바르게 계산한 값을 구했나요?

3 (세 자리 수)÷(몇십) 68쪽

❶ 같습니다에 ○표

1 (1) 9 (2) 5 (3) 8 (4) 8

2 3, 20

3 (1) 30×4=120에 ○표 / 4⋯27
   (2) 50×6=300에 ○표 / 6⋯16

---

1 (1) 180÷20=9 (2) 250÷50=5
   (3) 480÷60=8 (4) 720÷90=8

2 110에서 30씩 3번 빼면 20이 남으므로
   110÷30=3⋯20입니다.

3 (1) 곱이 147보다 크지 않으면서 가장
   가까운 경우는 30×4=120입니
   다.

$$\begin{array}{r} 4 \\ 30\overline{)147} \\ 120 \\ \hline 27 \end{array}$$

   (2) 곱이 316보다 크지 않으면서 가장
   가까운 경우는 50×6=300입니
   다.

$$\begin{array}{r} 6 \\ 50\overline{)316} \\ 300 \\ \hline 16 \end{array}$$

---

4 몇십몇으로 나누기(1) 69쪽

4 (왼쪽에서부터) (1) 76, 20 / 크게에 ○표 / 5, 95, 1
   (2) 336 / 작게에 ○표 / 7, 294, 32

5 (1) 예 3에 ○표 (2) 예 4에 ○표

6 (1) 4⋯8 (2) 8⋯12

---

4 (1) 나머지는 나누는 수보다 작아야 하므로 몫을 1만큼
   크게 합니다.
   (2) 빼는 수가 더 커서 뺄 수 없으면 몫을 1만큼 작게
   합니다.

5 (1) 89를 어림하면 90쯤이고, 31을 어림하면 30쯤이
   므로 89÷31을 어림하여 구하면 몫은
   약 90÷30=3입니다.
   (2) 322를 어림하면 320쯤이고, 78을 어림하면 80쯤
   이므로 322÷78을 어림하여 구하면 몫은
   약 320÷80=4입니다.

---

6 (1)
$$\begin{array}{r} 4 \\ 22\overline{)96} \\ 88 \\ \hline 8 \end{array}$$
   (2)
$$\begin{array}{r} 8 \\ 26\overline{)220} \\ 208 \\ \hline 12 \end{array}$$

---

5 몇십몇으로 나누기(2) 70쪽

7 20, 30

8 25×30=750에 ○표 / 33

9 ㉠

---

7 680<884<1020이므로 884÷34의 몫은 20보다
   크고 30보다 작습니다.

8 곱이 825보다 크지 않으면서 가장 가
   까운 경우는 25×30=750입니다.

$$\begin{array}{r} 33 \\ 25\overline{)825} \\ 75 \\ \hline 75 \\ 75 \\ \hline 0 \end{array}$$

9 나누는 수와 몫의 십의 자리 수를 곱한 값은
   ㉠ 32×20=640입니다.

---

6 몇십몇으로 나누기(3) 71쪽

10 38, 190, 380, 570, 760 / 17, 8

11
$$\begin{array}{r} 24 \\ 23\overline{)569} \\ 46 \\ \hline 109 \\ 92 \\ \hline 17 \end{array}$$
   확인 23×24=552,
   552+17=569

12
   700 ── 750 ──┃── 800
               790
   20 ──┃── 25 ── 30
       22

   / 예 800, 20, 40

---

10 654는 570보다 크고 760보다 작으므로 몫은 15보다
   크고 20보다 작은 수입니다.
   38×17=646이므로 654÷38=17⋯8입니다.

정답과 풀이 **21**

12 790을 어림하면 800쯤이고, 22를 어림하면 20쯤이 므로 790 ÷ 22를 어림하여 구하면 몫은 약 800 ÷ 20 = 40입니다.

기본에서 응용으로
72~77쪽

29 (1) 20 (2) 450   **30** (1) 3 (2) 8

31 630, 720, 810 / 8, 20

32 (위에서부터) (1) 4 / 3, 3 / 4 (2) 6 / 2, 2 / 3

33 (위에서부터) 8, 56

34 (1) 4, 3, 7 (2) 6, 3, 9

35 (1) 720 (2) 30   **36** ⓒ, ⓔ, ㉠

37 54 × 8 = 432에 ○표 / 8 … 35

38 480 ÷ 60에 ○표 / 480 ÷ 60 = 8 / 481 ÷ 58 = 8 … 17

39 (1)
$$\begin{array}{r} 2 \\ 26\overline{)7\ 3} \\ 5\ 2 \\ \hline 2\ 1 \end{array}$$
확인 26 × 2 = 52, 52 + 21 = 73

(2)
$$\begin{array}{r} 5 \\ 44\overline{)2\ 5\ 2} \\ 2\ 2\ 0 \\ \hline 3\ 2 \end{array}$$
확인 44 × 5 = 220, 220 + 32 = 252

40
$$\begin{array}{r} 7 \\ 31\overline{)2\ 1\ 9} \\ 2\ 1\ 7 \\ \hline 2 \end{array}$$
41 7번, 59

42 520, 780, 1040 / (　)
(○)
(　)

43 (1) 32 (2) 50   **44** ⓒ, ⓔ

45 (위에서부터) 20, 60   **46** 30, 60

47 2, 2, 41   **48** (1) 288 (2) 28

49
$$\begin{array}{r} 3\ 3 \ / \ 33,\ 1 \\ 26\overline{)8\ 5\ 9} \\ 7\ 8 \\ \hline 7\ 9 \\ 7\ 8 \\ \hline 1 \end{array}$$

50 (1) 13 … 13 (2) 20 … 7

51 2   **52** 55

53 (1) < (2) >

54 예 150, 5 / 충분합니다에 ○표

55 470 ÷ 94 = 5 (또는 470 ÷ 94) / 5개

56 15개   **57** 26개

58 11, 8, 8, 4   **59** ⓒ, ⓔ

60 10   **61** 4, 13

62 233   **63** 7412

64 730

65 크게에 ○표, 작게에 ○표 / 6, 5, 1, 3, 5

66 899   **67** 8, 5, 4, 1, 0 / 85, 4

29 (1) 14 ÷ 2 = 7이므로 140 ÷ 20 = 7입니다.
(2) 45 ÷ 5 = 9이므로 450 ÷ 50 = 9입니다.

30 (1) 30 × 3 = 90, 30 × 4 = 120이므로 98보다 크지 않으면서 가장 가까운 수는 30 × ③ = 90입니다.
(2) 70 × 8 = 560, 70 × 9 = 630이므로 612보다 크지 않으면서 가장 가까운 수는 70 × ⑧ = 560 입니다.

31 곱이 740보다 크지 않으면서 가장 가까운 수는 90 × 8 = 720이므로 740 ÷ 90 = 8 … 20입니다.

32 (1) 나누어지는 수가 3배가 되고 나누는 수도 3배가 되 면 몫은 같습니다.
(2) 나누어지는 수가 같고 나누는 수가 2배가 되면 몫 은 반으로 줄어듭니다.

33 70 = 10 × 7이므로 560을 70으로 나눈 몫은 560을 10으로 나눈 후 다시 7로 나눈 몫과 같습니다.

34 (1) 350 = 200 + 150이므로 350 ÷ 50의 몫은 200 ÷ 50과 150 ÷ 50의 몫의 합과 같습니다.
(2) 360 = 240 + 120이므로 360 ÷ 40의 몫은 240 ÷ 40과 120 ÷ 40의 몫의 합과 같습니다.

35 (1) $\square = 90 \times 8 = 720$
(2) $\square = 210 \div 7 = 30$

서술형
36 예 ㉠ $387 \div 40 = 9 \cdots 27$,
㉡ $225 \div 30 = 7 \cdots 15$,
㉢ $561 \div 60 = 9 \cdots 21$
$15 < 21 < 27$이므로 나머지가 작은 것부터 차례로 기호를 쓰면 ㉡, ㉢, ㉠입니다.

단계	문제 해결 과정
①	㉠, ㉡, ㉢의 나머지를 각각 구했나요?
②	나머지가 작은 것부터 차례로 기호를 썼나요?

37 곱이 467보다 크지 않으면서 가장 가까운 경우는 $54 \times 8 = 432$입니다.

$$\begin{array}{r} 8 \\ 54\overline{)467} \\ 432 \\ \hline 35 \end{array}$$

38 58을 어림하면 60쯤이고, 481을 어림하면 480쯤이므로 $481 \div 58$을 어림하여 구하면 몫은 약 $480 \div 60 = 8$입니다.

40 219에서 248을 뺄 수 없으므로 몫을 1만큼 작게 하여 계산합니다.

41 $493 - \underbrace{62 - 62 - \cdots - 62}_{7번} = 59$

➡ 62를 7번까지 뺄 수 있고 59가 남습니다.

$$\begin{array}{r} 7 \\ 62\overline{)493} \\ 434 \\ \hline 59 \end{array}$$

42 곱이 832보다 크지 않으면서 가장 가까운 수는 780이므로 $832 \div 26$의 몫의 십의 자리 수를 구할 때 필요한 식은 $26 \times 30 = 780$입니다.

43 (1)
$$\begin{array}{r} 32 \\ 27\overline{)864} \\ 81 \\ \hline 54 \\ 54 \\ \hline 0 \end{array}$$
(2)
$$\begin{array}{r} 50 \\ 19\overline{)950} \\ 95 \\ \hline 0 \end{array}$$

44 나누어지는 수의 왼쪽 두 자리 수가 나누는 수보다 크거나 같으면 몫이 두 자리 수입니다.
따라서 몫이 두 자리 수인 나눗셈은 ㉢, ㉣입니다.

45 $33 = 11 \times 3$이므로 660을 33으로 나눈 값은 660을 11로 나눈 후 다시 3으로 나눈 값과 같습니다.

46 나누어지는 수가 같고 나누는 수가 반씩 줄어들면 몫은 2배씩 늘어납니다.

47 나머지 28이 나누는 수 14보다 크므로 더 나눌 수 있고, $28 \div 14 = 2$이므로 $574 \div 14$의 몫은 $39 + 2 = 41$입니다.

48 (1) $\square = 18 \times 16 = 288$
(2) $\square = 476 \div 17 = 28$

50 (1)
$$\begin{array}{r} 13 \\ 24\overline{)325} \\ 24 \\ \hline 85 \\ 72 \\ \hline 13 \end{array}$$
(2)
$$\begin{array}{r} 20 \\ 38\overline{)767} \\ 76 \\ \hline 7 \end{array}$$

51 $23 \times 31 = 713$이고 $713 + 2 = 715$이므로 나머지는 2입니다.

52 $919 \div 19 = 48 \cdots 7$이므로 몫이 48, 나머지는 7입니다.
따라서 몫과 나머지의 합은 $48 + 7 = 55$입니다.

53 (1) $225 \div 14 = 16 \cdots 1$, $589 \div 32 = 18 \cdots 13$이므로 $225 \div 14 < 589 \div 32$입니다.
(2) $628 \div 24 = 26 \cdots 4$, $417 \div 18 = 23 \cdots 3$이므로 $628 \div 24 > 417 \div 18$입니다.

54 145를 어림하면 150쯤이므로 $145 \div 30$을 어림하여 구하면 몫은 약 $150 \div 3 = 5$입니다.
따라서 하루에 5 km씩 달리면 목표한 거리를 모두 달리는 데 충분합니다.

55 (한 사람에게 나누어 주어야 하는 구슬 수)
= (전체 구슬 수) ÷ (사람 수)
= $470 \div 94 = 5$(개)

56 $555 \div 45 = 12 \cdots 15$이므로 한 봉지에 씨앗을 45개씩 담으면 12봉지가 되고 남는 씨앗은 15개입니다.

57 $812 \div 32 = 25 \cdots 12$이므로 물탱크 하나에 32 L씩 담으면 25개의 물탱크에 물이 가득 차고 12 L의 물이 남습니다. 남은 12 L의 물도 담아야 하므로 물탱크는 적어도 $25 + 1 = 26$(개)가 필요합니다.

58 초콜릿: $250 \div 22 = 11 \cdots 8$이므로 11개씩 담고 8개가 남습니다.

사탕: $180 \div 22 = 8 \cdots 4$이므로 8개씩 담고 4개가 남습니다.

59 나머지는 나누는 수보다 작아야 합니다.

ⓒ $84 < 88$, ⓔ $56 < 62$이므로 잘못 계산한 것은 ⓒ, ⓔ입니다.

60 나머지는 나누는 수보다 작아야 합니다.

나누는 수 11보다 작은 수 중 가장 큰 수는 10이므로 나올 수 있는 나머지 중에서 가장 큰 수는 10입니다.

61 78로 나누었을 때 나머지가 될 수 있는 수 중에서 가장 큰 수는 77입니다.

➡ $77 \div 16 = 4 \cdots 13$

62 $24 \times 9 = 216$, $216 + 17 = 233$이므로 □ $= 233$입니다.

63 어떤 수를 □라고 하면 □ $\div 17 = 25 \cdots 11$입니다.

$17 \times 25 = 425$, $425 + 11 = 436$이므로 □ $= 436$입니다.

따라서 바르게 계산한 값은 $436 \times 17 = 7412$입니다.

서술형
64 예 43으로 나눌 때 나머지가 될 수 있는 수 중 가장 큰 수는 42이므로 ● $= 42$입니다.

$43 \times 16 = 688$, $688 + 42 = 730$이므로 □ 안에 알맞은 자연수는 730입니다.

단계	문제 해결 과정
①	●에 알맞은 수를 구했나요?
②	□ 안에 알맞은 자연수를 구했나요?

65 나누어지는 수가 클수록, 나누는 수가 작을수록 몫이 커집니다.

수 카드로 만들 수 있는 가장 큰 두 자리 수는 65이고 가장 작은 두 자리 수는 13이므로 몫이 가장 크게 되는 나눗셈식은 $65 \div 13 = 5$입니다.

66 가장 큰 몫: $900 \div 1 = 900$

가장 작은 몫: $900 \div 900 = 1$

➡ $900 - 1 = 899$

67 나누어지는 수가 클수록, 나누는 수가 작을수록 몫이 커집니다.

수 카드로 만들 수 있는 가장 큰 세 자리 수는 854이고 가장 작은 두 자리 수는 10이므로 몫이 가장 크게 되는 나눗셈식은 $854 \div 10 = 85 \cdots 4$입니다.

응용에서 최상위로

1 (위에서부터) (1) 8, 5, 6, 2, 3   (2) 4, 7, 6, 4, 2

1-1 (위에서부터) 7, 6, 7, 4, 7

1-2 (위에서부터) 2, 0, 6, 6, 9

2 8   **2-1** 7

2-2 4개   **2-3** 929

3 5, 7, 1 / 37772   **3-1** 6, 4, 9 / 58513

3-2 3, 4, 6, 8, 7 / 3, 85

4 1단계 예 (클립 한 개의 가격)
= (클립 한 상자의 가격) ÷ (클립의 수)입니다.
클립 한 개의 가격을 각각 알아보면
ⓐ $900 \div 20 = 45$(원),
ⓑ $450 \div 15 = 30$(원),
ⓒ $480 \div 12 = 40$(원)이므로 한 개의 가격이 가장 저렴한 클립은 ⓑ입니다.

2단계 예 ⓑ 클립은 한 상자에 450원이므로 25상자를 사려면 $450 \times 25 = 11250$(원)이 필요합니다.

/ 11250원

4-1 30800원

1 (1)
$$\begin{array}{r} 5\,2\,\text{ⓐ} \\ \times\quad \text{ⓑ}\,7 \\ \hline 3\,\text{ⓒ}\,9\,6 \\ \text{ⓔ}\,6\,4\,0 \\ \hline \text{ⓜ}\,0\,0\,9\,6 \end{array}$$

• ⓐ $\times 7$의 일의 자리 수가 6이므로 ⓐ $= 8$
• $528 \times 7 = 3696$이므로 ⓒ $= 6$
• $8 \times$ ⓑ의 일의 자리 수가 0이므로 ⓑ $= 5$
• $528 \times 5 = 2640$이므로 ⓔ $= 2$
• $3696 + 26400 = 30096$이므로 ⓜ $= 3$

(2)
$$\begin{array}{r} 2\,1 \\ 3\text{ⓐ}\,\overline{)\,\text{ⓑ}\,1\,\text{ⓒ}} \\ 6\,8 \\ \hline 3\,6 \\ 3\,\text{ⓔ} \\ \hline \text{ⓜ} \end{array}$$

• 3ⓐ $\times 2 = 68$이므로 ⓐ $= 4$
• ⓑ$1 - 68 = 3$에서 ⓑ$1 = 71$이므로 ⓑ $= 7$
• 일의 자리 수 6이 내려온 수이므로 ⓒ $= 6$
• $34 \times 1 = 34$이므로 ⓔ $= 4$
• $36 - 34 = 2$이므로 ⓜ $= 2$

1-1

$$\begin{array}{r} 4\ 5\ \textcircled{\tiny ㉠} \\ \times\quad \textcircled{\tiny ㉡}\ 3 \\ \hline 1\ 3\ \textcircled{\tiny ㉢}\ 1 \\ 2\ 7\ \textcircled{\tiny ㉣}\ 2 \\ \hline 2\ 8\ \textcircled{\tiny ㉤}\ 9\ 1 \end{array}$$

- $\textcircled{\tiny ㉠} \times 3$의 일의 자리 수가 1이므로 $\textcircled{\tiny ㉠} = 7$
- $457 \times 3 = 1371$이므로 $\textcircled{\tiny ㉢} = 7$
- $7 \times \textcircled{\tiny ㉡}$의 일의 자리 수가 2이므로 $\textcircled{\tiny ㉡} = 6$
- $457 \times 6 = 2742$이므로 $\textcircled{\tiny ㉣} = 4$
- $1371 + 27420 = 28791$이므로 $\textcircled{\tiny ㉤} = 7$

1-2

$$\begin{array}{r} 3\ \textcircled{\tiny ㉠} \\ 2\textcircled{\tiny ㉡}\overline{)\ \textcircled{\tiny ㉢}\ 4\ 9} \\ \textcircled{\tiny ㉣}\ 0 \\ \hline 4\ \textcircled{\tiny ㉤} \\ 4\ 0 \\ \hline 9 \end{array}$$

- $2\textcircled{\tiny ㉡} \times 3$의 일의 자리 수가 0이므로 $\textcircled{\tiny ㉡} = 0$
- $20 \times 3 = 60$이므로 $\textcircled{\tiny ㉣} = 6$
- $\textcircled{\tiny ㉢}4 - 60 = 4$이므로 $\textcircled{\tiny ㉢} = 6$
- $20 \times \textcircled{\tiny ㉠} = 40$이므로 $\textcircled{\tiny ㉠} = 2$
- 일의 자리 수 9가 내려온 수이므로 $\textcircled{\tiny ㉤} = 9$

2 $4\square3 \div 70$의 몫이 6이므로 $4\square3$은 $70 \times 6 = 420$보다 크거나 같고 $70 \times 7 = 490$보다 작아야 합니다.
따라서 □ 안에 들어갈 수 있는 수는 2부터 8까지이므로 가장 큰 수는 8입니다.

2-1 $7\square5 \div 43$의 몫이 18이므로 $7\square5$는 $43 \times 18 = 774$보다 크거나 같고 $43 \times 19 = 817$보다 작아야 합니다.
따라서 □ 안에 들어갈 수 있는 수는 7, 8, 9이므로 가장 작은 수는 7입니다.

2-2 $4\square2 \div 38$의 몫이 12이므로 $4\square2$는 $38 \times 12 = 456$보다 크거나 같고 $38 \times 13 = 494$보다 작아야 합니다.
따라서 □ 안에 들어갈 수 있는 수는 6, 7, 8, 9로 모두 4개입니다.

2-3 $900 \div 47 = 19 \cdots 7$이므로 어떤 수가 될 수 있는 가장 작은 수는 47로 나누었을 때 몫이 19이고 나머지가 36인 수입니다. $47 \times 19 = 893$, $893 + 36 = 929$이므로 어떤 수가 될 수 있는 수 중 가장 작은 수는 929입니다.

3 곱이 가장 크게 되려면 두 수의 높은 자리에 큰 수를 놓아야 합니다.
남은 세 수의 크기를 비교하면 $7 > 5 > 1$이므로 7과 5

를 가장 높은 자리에 놓고 1을 남은 자리에 놓습니다.
➡ $732 \times 51 = 37332$, $532 \times 71 = 37772$
따라서 곱이 가장 큰 곱셈식은 $532 \times 71 = 37772$입니다.

3-1 곱이 가장 크게 되려면 두 수의 높은 자리에 큰 수를 놓아야 합니다.
남은 세 수의 크기를 비교하면 $9 > 6 > 4$이므로 9와 6을 가장 높은 자리에 놓고 4를 남은 자리에 놓습니다.
➡ $943 \times 61 = 57523$, $643 \times 91 = 58513$
따라서 곱이 가장 큰 곱셈식은 $643 \times 91 = 58513$입니다.

3-2 몫이 가장 작게 되려면 나누어지는 수는 가장 작게, 나누는 수는 가장 크게 만들어야 합니다.
주어진 수의 크기를 비교하면 $3 < 4 < 6 < 7 < 8$이므로 수 카드로 만들 수 있는 가장 작은 세 자리 수는 346이고 가장 큰 두 자리 수는 87입니다.
따라서 몫이 가장 작게 되는 나눗셈식은
$346 \div 87 = 3 \cdots 85$입니다.

4-1 (고무줄 한 개의 가격)
= (고무줄 한 통의 가격) ÷ (고무줄의 수)입니다.
고무줄 한 개의 가격을 각각 알아보면
$\textcircled{\tiny ㉠}$ $800 \div 40 = 20$(원), $\textcircled{\tiny ㉡}$ $720 \div 45 = 16$(원),
$\textcircled{\tiny ㉢}$ $770 \div 55 = 14$(원)이므로 한 개의 가격이 가장 저렴한 고무줄은 $\textcircled{\tiny ㉢}$입니다.
$\textcircled{\tiny ㉢}$ 고무줄은 한 통에 770원이므로 40통을 사려면
$770 \times 40 = 30800$(원)이 필요합니다.

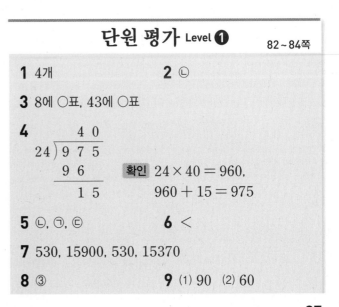

단원 평가 Level ❶　82~84쪽

1 4개　　　　　　　**2** $\textcircled{\tiny ㉡}$

3 8에 ○표, 43에 ○표

4
$$\begin{array}{r} 4\ 0 \\ 24\overline{)\ 9\ 7\ 5} \\ 9\ 6 \\ \hline 1\ 5 \end{array}$$
확인 $24 \times 40 = 960$,
$960 + 15 = 975$

5 $\textcircled{\tiny ㉡}$, $\textcircled{\tiny ㉠}$, $\textcircled{\tiny ㉢}$　　　**6** $<$

7 530, 15900, 530, 15370

8 ③　　　　　　**9** (1) 90　(2) 60

10
```
    1 7 6
  ×   4 3
    5 2 8
  7 0 4
  7 5 6 8
```

11 22265켤레

12 ⓔ 과일 가게에서 사과 248개를 한 상자에 36개씩 담아서 팔려고 합니다. 몇 상자까지 팔 수 있을까요? / 6상자

13 30, 4

14 24개

15 11

16 (위에서부터) 3, 2, 3, 8, 9, 9

17 5

18 5250 g

19 29750원

20 33

1
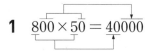
$800 \times 50 = 40000$

2 ⓒ 764×3입니다.

3 (1) 638을 어림하면 640쯤이므로 $638 \div 80$을 어림 하여 구하면 몫은 약 $640 \div 80 = 8$입니다.
(2) 861을 어림하면 860쯤이므로 $861 \div 20$을 어림 하여 구하면 몫은 약 $860 \div 20 = 43$입니다.

4 (나누는 수) × (몫)에 나머지를 더하면 나누어지는 수가 되는지 확인합니다.

5 큰 수를 곱할수록 곱이 더 커집니다.
ⓐ 265×40, ⓑ $44 \times 265 = 265 \times 44$,
ⓒ 265×38에서 $44 > 40 > 38$이므로 곱이 큰 것부 터 차례로 기호를 쓰면 ⓑ, ⓐ, ⓒ입니다.

6 $578 \times 87 = 50286$,
$875 \times 58 = 50750$
➡ $50286 < 50750$

7 530×29는 530을 29번 더한 것과 같으므로 530×30에서 530을 뺀 것과 같습니다.

8 나누어지는 수의 왼쪽 두 자리 수가 나누는 수보다 크 거나 같으면 몫이 두 자리 수입니다.
③ $357 \div 32$에서 $35 > 32$이므로 몫이 두 자리 수입 니다.

9 (1) $63 \div 7 = 9$이고 곱에 0이 3개이므로 □ $= 90$입 니다.
(2) $252 \div 42 = 6$이고 곱에 0이 2개이므로 □ $= 60$ 입니다.

10 704는 176×4가 아니라 176×40의 곱에서 일의 자 리 0을 생략한 것이므로 천의 자리부터 써야 합니다.

11 6월은 30일, 7월은 31일까지 있으므로 두 달은 $30 + 31 = 61$(일)입니다.
따라서 이 공장에서 6월과 7월 두 달 동안 만든 양말은 모두 $365 \times 61 = 22265$(켤레)입니다.

12 $248 \div 36 = 6 \cdots 32$
나머지 32개는 팔 수 없으므로 6상자까지 팔 수 있습 니다.

13 어떤 수를 □라고 하면 □ $\div 36 = 24 \cdots 10$입니다.
$36 \times 24 = 864$, $864 + 10 = 874$이므로 □ $= 874$ 입니다.
➡ $874 \div 29 = 30 \cdots 4$

14 $578 \div 25 = 23 \cdots 3$이므로 물통 23개에 25 L씩 담 고 남은 3 L도 담아야 합니다.
따라서 물통은 적어도 $23 + 1 = 24$(개)가 필요합니다.

15 지워진 부분에 알맞은 수를 □라고 하면
□ $\times 77 = 854 - 7$, □ $\times 77 = 847$에서
$847 \div 77 = 11$이므로 □ $= 11$입니다.

16
```
          ㉠ 8
  ㉤㉥) 8 ㉡ 2
        6 ㉢
        1 ㉣ 2
        1 8 4
              8
```
• ㉤㉥ $\times 8 = 184$에서 $184 \div 8 = 23$이므로
㉤ $= 2$, ㉥ $= 3$
• $184 + 8 = 192$이므로 ㉣ $= 9$
• $23 \times ㉠ = 6㉢$이므로 ㉠ $= 3$, ㉢ $= 9$
• $690 + 192 = 882$이므로 ㉡ $= 8$

17 9●3은 $53 \times 17 = 901$보다 크거나 같고
$53 \times 18 = 954$보다 작아야 합니다.
따라서 ● 안에는 0부터 5까지의 수가 들어갈 수 있으 므로 가장 큰 수는 5입니다.

18 초콜릿 12개의 무게가 180 g이므로

(초콜릿 1개의 무게) $= 180 \div 12 = 15$ (g)입니다.

따라서 초콜릿 350개의 무게는

$15 \times 350 = 350 \times 15 = 5250$ (g)입니다.

19 예 할인된 한 사람의 입장료는

$1000 - 150 = 850$(원)입니다.

따라서 35명의 입장료는 $850 \times 35 = 29750$(원)입니다.

평가 기준	배점(5점)
할인된 한 사람의 입장료를 구했나요?	2점
35명의 입장료를 구했나요?	3점

20 몫이 가장 크려면 나누어지는 수는 가장 크게, 나누는 수는 가장 작게 만들어야 합니다.

가장 큰 세 자리 수는 765, 가장 작은 두 자리 수는 23이므로 $765 \div 23 = 33 \cdots 6$입니다.

따라서 몫은 33입니다.

평가 기준	배점(5점)
몫이 가장 큰 나눗셈식을 만들었나요?	2점
몫을 바르게 구했나요?	3점

단원 평가 Level ❷

85~87쪽

1 ㉠	**2** (1) 60320 (2) 9324
3 ㉢	**4** 은하
5 ㉡	**6**
7 ③	**8** (1) < (2) =
9 ㉠	**10** (1) 9 (2) 123
11 8번	
12 $77 \times 670 = 51590$ (또는 77×670) / 51590원	
13 ㉢	**14** 12시간 5분
15 7개	
16 (위에서부터) 7 / 2, 9 / 2 / 9, 6 / 7	
17 33804	**18** 509
19 10965원	**20** 34일

6

```
      3 0
17 ) 5 1 7
     5 1
        7
```

1 ㉠ $50 \times 400 = 20000$입니다.

2 (1)
```
    7 5 4
  ×   8 0
  6 0 3 2 0
```
(2)
```
    2 5 9
  ×   3 6
  1 5 5 4
    7 7 7
  9 3 2 4
```

3 곱이 79보다 작으면서 가장 가까운 경우는 $23 \times 3 = 69$입니다.

4 677은 700보다 680에 더 가까우므로 677×70의 곱은 700×70의 곱보다 680×70의 곱에 더 가깝습니다. 따라서 실제 곱에 더 가깝게 어림한 사람은 은하입니다.

5 ㉠ $16 \div 4 = 4$, ㉡ $160 \div 4 = 40$, ㉢ $160 \div 40 = 4$

따라서 몫이 다른 하나는 ㉡입니다.

6 $17 \times 30 = 510$이므로 몫이 30인데 몫의 일의 자리에 0을 쓰지 않았습니다.

7 나누어지는 수의 왼쪽 두 자리 수가 나누는 수보다 작으면 몫이 한 자리 수입니다.

③ $492 \div 60$에서 $49 < 60$이므로 몫이 한 자리 수입니다.

8 (1) $583 \times 40 = 23320$, $892 \times 28 = 24976$이므로 $583 \times 40 < 892 \times 28$입니다.

(2) $780 \div 30 = 26$, $442 \div 17 = 26$이므로 $780 \div 30 = 442 \div 17$입니다.

9 ㉠ $197 \div 33 = 5 \cdots 32$, ㉡ $198 \div 33 = 6$, ㉢ $199 \div 33 = 6 \cdots 1$

따라서 나머지가 가장 큰 것은 ㉠입니다.

주의 나누는 수가 같을 때 나누어지는 수가 크다고 해서 나머지가 항상 더 큰 것은 아님에 주의합니다.

10 (1) $59 = 50 + 9$이므로 123×50에 123×9를 더합니다.

(2) $59 = 60 - 1$이므로 123×60에서 123을 뺍니다.

11 (감기약을 먹을 수 있는 횟수)

= (전체 감기약의 양)

÷ (한 번에 먹어야 하는 감기약의 양)

= $120 \div 15 = 8$(번)

12 (670가구에서 하루에 절약되는 금액)

= (한 가구당 하루에 절약되는 금액) × (가구 수)

= $77 \times 670 = 670 \times 77 = 51590$(원)

13 ㉠ $400 \times 24 = 9600$(원),

㉡ $620 \times 16 = 9920$(원),

㉢ $580 \times 18 = 10440$(원)

따라서 10000원으로 살 수 없는 음료수는 ㉢입니다.

14 1시간은 60분이므로 $725 \div 60 = 12 \cdots 5$입니다.

따라서 퍼즐을 완성하는 데 12시간 5분이 걸렸습니다.

15 $487 \div 12 = 40 \cdots 7$이므로 한 줄에 12개씩 심으면 40줄에 심고 7개가 남습니다.

따라서 마지막 줄에는 7개의 씨앗을 심어야 합니다.

16

$$
\begin{array}{r}
4\,㉠\,3 \\
\times\quad ㉡\,㉢ \\
\hline
4\,㉣\,5\,7 \\
㉤\,4\,㉥ \\
\hline
1\,3\,㉦\,1\,7
\end{array}
$$

· $3 \times ㉢$의 일의 자리 수가 7이므로 $㉢ = 9$

· $㉠ \times 9$의 일의 자리 수가 3이므로 $㉠ = 7$

· $473 \times 9 = 4257$이므로 $㉣ = 2$

· $5 + ㉥ = 11$이므로 $㉥ = 6$

· $1 + 2 + 4 = 7$이므로 $㉦ = 7$

· $4 + ㉤ = 13$이므로 $㉤ = 9$

· $473 \times ㉡ = 946$이므로 $㉡ = 2$

17 어떤 수를 □라고 하면 $626 \div □ = 11 \cdots 32$입니다.

$□ \times 11 = 626 - 32$, $□ \times 11 = 594$,

$594 \div 11 = 54$이므로 $□ = 54$입니다.

따라서 바르게 계산하면 $626 \times 54 = 33804$입니다.

18 나누어지는 수가 가장 큰 자연수가 되려면 나머지가 가장 커야 합니다. 나머지가 될 수 있는 수 중에서 가장 큰 수는 33이므로 ● $= 33$입니다.

$□ \div 34 = 14 \cdots 33$에서 $34 \times 14 = 476$,

$476 + 33 = 509$이므로 $□ = 509$입니다.

19 예 1크로나가 129원이므로 85크로나는

$129 \times 85 = 10965$(원)입니다.

평가 기준	배점(5점)
85크로나는 우리나라 돈으로 얼마인지 구하는 식을 세웠나요?	2점
85크로나는 우리나라 돈으로 얼마인지 구했나요?	3점

20 예 $336 \div 10 = 33 \cdots 6$이므로 하루에 책을 10쪽씩 읽으면 33일 동안 읽고 6쪽이 남습니다.

남은 6쪽도 읽어야 하므로 책을 다 읽는 데 모두 $33 + 1 = 34$(일)이 걸립니다.

평가 기준	배점(5점)
나눗셈식을 만들고 몫과 나머지를 구했나요?	2점
책을 다 읽는 데 모두 며칠이 걸리는지 구했나요?	3점

4 평면도형의 이동

이 단원은 평면에서 점 이동하기, 구체물이나 평면도형을 밀고 뒤집고 돌리는 다양한 활동을 경험하게 합니다. 위치와 방향을 이용하여 점의 이동을 설명하고 평면도형의 평행이동, 대칭이동, 회전이동과 같은 도형 변환의 기초 개념을 형성하는 데 목적이 있습니다. 초등학교에서는 수학적으로 정확한 평면도형의 변환을 학습하는 것이 아니라 다양한 경험을 통해 생기는 모양들을 관찰하고 직관적으로 평면도형의 변환을 이해하는 데 초점을 둡니다. 평면도형의 변환은 변환 방법을 외우는 것이 아니라 학생 스스로 이해하고 경험해 보도록 하는 데 주안점이 있기 때문에 반복 연습하는 과정을 거쳐야 합니다. 이를 통해 학생들이 점의 이동, 평면도형의 밀기, 뒤집기, 돌리기를 한 결과를 예상하고 추론해 볼 수 있는 공간 추론 능력을 기를 수 있습니다.

1 점을 이동하기

90쪽

1

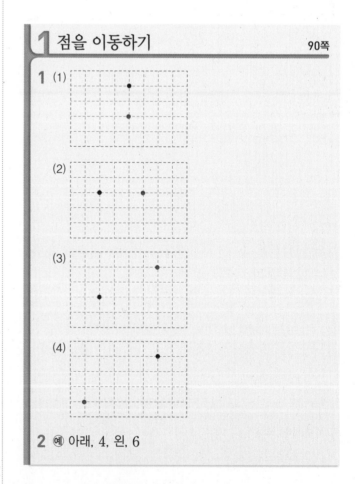

2 예 아래, 4, 왼, 6

2 점 ㄱ을 먼저 왼쪽으로 6 cm 이동한 다음 아래쪽으로 4 cm 이동한 것도 정답입니다.

2 평면도형을 밀기　91쪽

❶ 모양은에 ○표

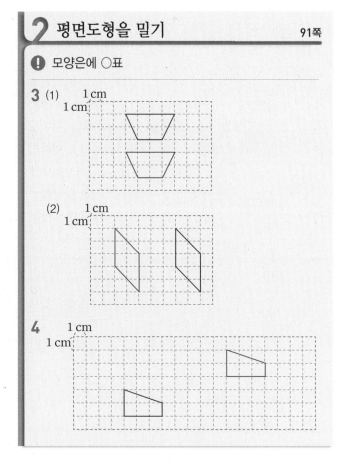

3 도형의 한 변을 기준으로 주어진 방향, 주어진 길이만큼 민 도형을 그립니다.
도형을 어느 방향으로 밀어도 모양은 변하지 않고 위치만 바뀝니다.

4 도형의 한 변을 기준으로 위쪽으로 3 cm, 오른쪽으로 8 cm 밀었을 때의 도형을 그립니다.

3 평면도형을 뒤집기　92쪽

❶ 같습니다에 ○표

5 (　) (○)

6

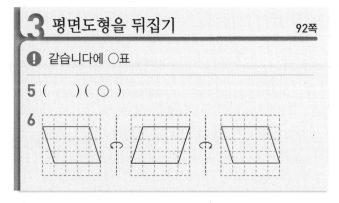

5 도형을 위쪽으로 뒤집으면 도형의 위쪽과 아래쪽이 서로 바뀝니다.

6 도형을 왼쪽이나 오른쪽으로 뒤집으면 도형의 왼쪽과 오른쪽이 서로 바뀝니다.

4 평면도형을 돌리기　93쪽

❶ 오른쪽에 ○표

7 (　) (○) (　)

8

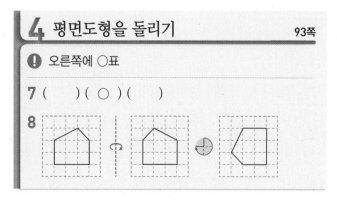

7 도형을 시계 방향으로 90°만큼 돌리면 도형의 위쪽이 오른쪽으로, 아래쪽이 왼쪽으로 이동합니다.

8 도형을 오른쪽으로 뒤집으면 도형의 왼쪽과 오른쪽이 서로 바뀝니다. 도형을 시계 방향으로 270°만큼 돌리면 도형의 위쪽이 왼쪽으로, 아래쪽이 오른쪽으로 이동합니다.

5 무늬 꾸미기　94쪽

9 서희

10 예

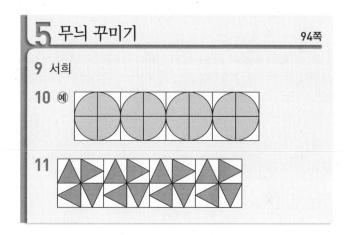

11

9 무늬가 반복됩니다.

10 여러 가지 규칙적인 무늬를 만들 수 있습니다.

11 모양을 시계 방향으로 90°만큼 돌리는 것을 반복하여 모양을 만들고, 그 모양을 오른쪽으로 밀어서 무늬를 만들었습니다.

기본에서 응용으로　95~99쪽

1

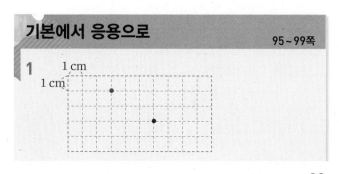

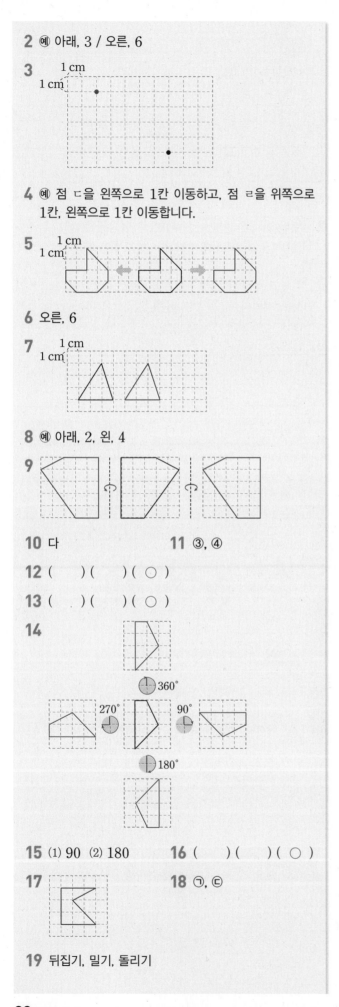

2 예 아래, 3 / 오른, 6

3

4 예 점 ㄷ을 왼쪽으로 1칸 이동하고, 점 ㄹ을 위쪽으로 1칸, 왼쪽으로 1칸 이동합니다.

5

6 오른, 6

7

8 예 아래, 2, 왼, 4

9

10 다

11 ③, ④

12 ( )( )(○)

13 ( )( )(○)

14

15 (1) 90 (2) 180

16 ( )( )(○)

17

18 ㉠, ㉢

19 뒤집기, 밀기, 돌리기

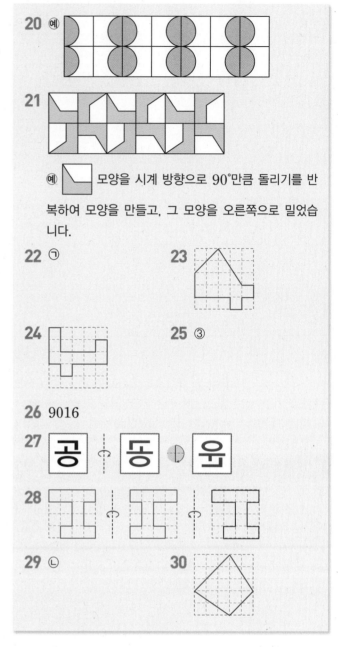

20 예

21

예 ⬜ 모양을 시계 방향으로 90°만큼 돌리기를 반복하여 모양을 만들고, 그 모양을 오른쪽으로 밀었습니다.

22 ㉠

23

24

25 ③

26 9016

27 공 ┊ 동 ┊ 유

28

29 ㉡

30

2 '오른쪽으로 6칸 이동 ➡ 아래쪽으로 3칸 이동'도 정답입니다.

3 점을 아래쪽으로 4 cm, 오른쪽으로 5 cm 이동하기 전이므로 점을 왼쪽으로 5 cm, 위쪽으로 4 cm 이동한 위치에 그립니다.

서술형
4

단계	문제 해결 과정
①	정사각형이 되려면 어떤 두 점을 움직여야 할지 정했나요?
②	두 점을 이동하는 방법을 설명했나요?

5 도형을 어느 방향으로 밀어도 모양은 변하지 않고 위치만 바뀝니다.

6 도형의 한 꼭짓점을 기준으로 하여 보면 ㉯ 도형은 ㉮ 도형을 오른쪽으로 6 cm 밀어서 이동한 도형입니다.

7 오른쪽으로 7 cm 민 다음 왼쪽으로 3 cm 민 도형은 오른쪽으로 4 cm 민 도형과 같습니다.

9 도형을 왼쪽으로 뒤집은 도형과 오른쪽으로 뒤집은 도형은 서로 같습니다.

10 도형의 위쪽과 아래쪽의 모양이 같으면 도형을 아래쪽으로 뒤집었을 때 처음 모양과 같아집니다.

11 뒤집었을 때 모양이 바뀌지 않으려면 도형의 왼쪽과 오른쪽, 위쪽과 아래쪽의 모양이 같아야 합니다.

12 첫째: 위쪽 또는 아래쪽으로 뒤집기
둘째: 위쪽 또는 아래쪽으로 뒤집은 다음 오른쪽 또는 왼쪽으로 뒤집기
셋째: 시계 방향으로 90°만큼 돌리기

13 셋째 도형을 위쪽 또는 아래쪽으로 뒤집으면 빈칸에 들어갈 수 있습니다.

16 첫째: 시계 방향으로 90°만큼 돌리기
둘째: 시계 방향으로 180°만큼 돌리기
셋째: 왼쪽 또는 오른쪽으로 뒤집기

17

18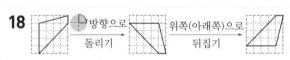

서술형
21

단계	문제 해결 과정
①	규칙을 찾아 빈칸에 알맞은 모양을 그렸나요?
②	규칙을 설명했나요?

22 방향을 거꾸로 생각하여 도형을 시계 방향으로 90°만큼 돌리면 처음 도형이 됩니다.

23 도형을 위쪽으로 뒤집으면 처음 도형이 됩니다.

24 도형을 시계 반대 방향으로 90°만큼 돌리면 처음 도형이 됩니다.

25 ① ㄱ ② ㄱ ③ ㅎ ④ ㅈ ⑤ ㄷ

26 9106 을 시계 반대 방향으로 180°만큼 돌리면 9016 이 됩니다.

27 공을 오른쪽으로 뒤집으면 동이 되고, 이것을 시계 방향으로 180°만큼 돌리면 움이 됩니다.

28 도형을 왼쪽으로 뒤집으면 오른쪽과 왼쪽이 서로 바뀝니다.
따라서 같은 방향으로 2번 뒤집은 도형은 처음 도형과 같습니다.

29 도형을 위쪽으로 7번 뒤집은 도형은 위쪽으로 한 번 뒤집은 도형과 같습니다.

30 도형을 시계 반대 방향으로 90°만큼 5번 돌린 도형은 시계 반대 방향으로 90°만큼 한 번 돌린 도형과 같습니다.

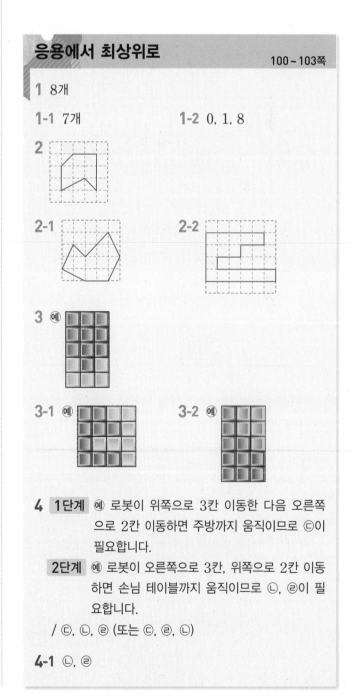

응용에서 최상위로 100~103쪽

1 8개

1-1 7개 **1-2** 0, 1, 8

2

2-1 **2-2**

3 예

3-1 예 **3-2** 예

4 1단계 예 로봇이 위쪽으로 3칸 이동한 다음 오른쪽으로 2칸 이동하면 주방까지 움직이므로 ⓒ이 필요합니다.
2단계 예 로봇이 오른쪽으로 3칸, 위쪽으로 2칸 이동하면 손님 테이블까지 움직이므로 ⓛ, ⓔ이 필요합니다.
/ ⓒ, ⓛ, ⓔ (또는 ⓒ, ⓔ, ⓛ)

4-1 ⓛ, ⓔ

1 도형을 왼쪽으로 뒤집으면 왼쪽과 오른쪽이 서로 바뀝니다. 즉, 왼쪽 모양과 오른쪽 모양이 같은 자음은 왼쪽으로 뒤집었을 때 처음 모양과 같습니다.
따라서 한글 자음 중 왼쪽 모양과 오른쪽 모양이 같은 것을 찾으면 **ㅁ, ㅂ, ㅅ, ㅇ, ㅈ, ㅊ, ㅍ, ㅎ**으로 모두 8개입니다.

> **참고** 한글 자음을 각각 왼쪽으로 뒤집은 모양은 다음과 같습니다.
> ㄱ → ┌, ㄴ → ┘, ㄷ → ⊐, ㄹ → 5, ㅁ → ㅁ,
> ㅂ → ㅂ, ㅅ → ㅅ, ㅇ → ㅇ, ㅈ → ㅈ, ㅊ → ㅊ,
> ㅋ → F, ㅌ → ヨ, ㅍ → ㅍ, ㅎ → ㅎ

1-1 도형을 위쪽으로 뒤집으면 위쪽과 아래쪽이 서로 바뀝니다. 즉, 위쪽 모양과 아래쪽 모양이 같은 알파벳 대문자는 위쪽으로 뒤집어도 처음 모양과 같습니다.
따라서 주어진 알파벳 대문자 중 위쪽 모양과 아래쪽 모양이 같은 것을 찾으면 B, C, D, E, H, I, K로 모두 7개입니다.

> **참고** 주어진 영어 알파벳 대문자를 각각 위쪽으로 뒤집은 모양은 다음과 같습니다.
> A → ∀, B → B, C → C, D → D, E → E, F → Ⅎ, G → ⅁,
> H → H, I → I, J → ſ, K → K, L → Γ, M → W, N → И

1-2 도형을 시계 방향으로 180°만큼 돌리면 위쪽은 아래쪽으로, 오른쪽은 왼쪽으로 이동합니다. 주어진 숫자를 시계 방향으로 각각 180°만큼 돌린 모양은 다음과 같습니다.
0 → 0, 1 → 1, 2 → Z, 3 → Ɛ, 4 → ᔭ, 5 → S, 6 → 9,
7 → L, 8 → 8, 9 → 6
따라서 시계 방향으로 180°만큼 돌려도 처음 모양과 같은 숫자는 0, 1, 8입니다.

2 도형을 이동한 순서와 방향을 거꾸로 생각하여 해결합니다.

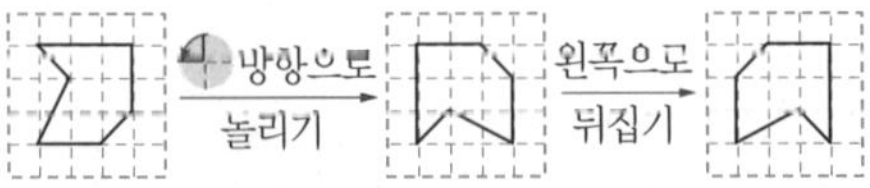

2-1 오른쪽 도형을 시계 방향으로 180°만큼 돌리고 위쪽으로 뒤집으면 처음 도형이 됩니다.

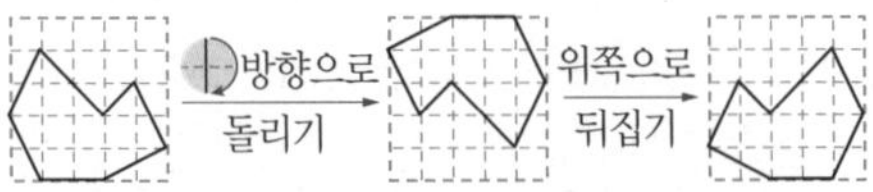

2-2 위쪽으로 6번 뒤집으면 처음 도형과 같고, 시계 반대 방향으로 90°만큼 9번 돌린 도형은 시계 반대 방향으로 90°만큼 한 번 돌린 도형과 같습니다.
따라서 오른쪽 도형을 시계 방향으로 90°만큼 돌리면 처음 도형이 됩니다.

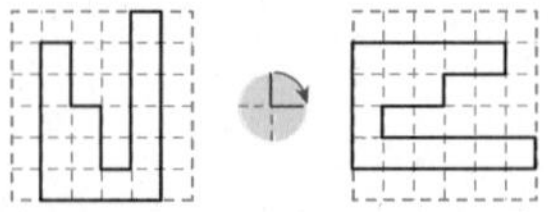

3 직사각형을 채울 수 있는 방법은 여러 가지가 있습니다.

3-1 예

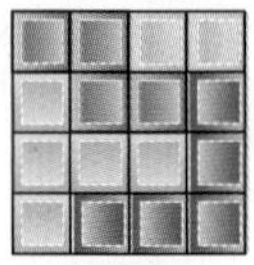

3-2 예

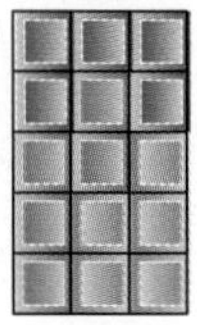

4 로봇이 위쪽으로 3칸 이동한 다음 ㉢, ㉡, ㉣ 또는 ㉢, ㉣, ㉡의 순서대로 이동하면 주방에 들러 음식을 가지고 손님 테이블까지 가져다 줄 수 있습니다.

4-1 로봇이 아래쪽으로 2칸 이동한 다음 ㉡, ㉣의 순서대로 이동하면 빨간색 점을 지나지 않고 손님 테이블까지 이동할 수 있습니다.

단원 평가 Level ❶

104~106쪽

1 위쪽에 ○표, 2 cm에 ○표

2 2, 4

3

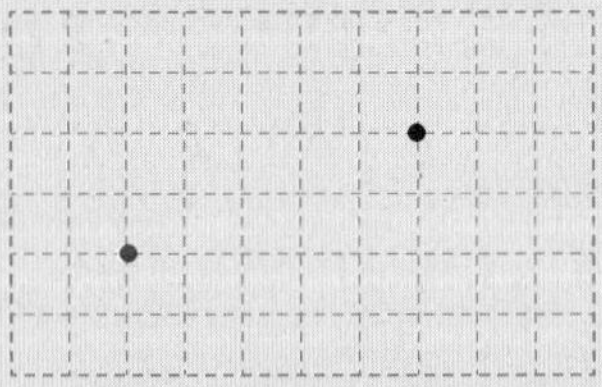

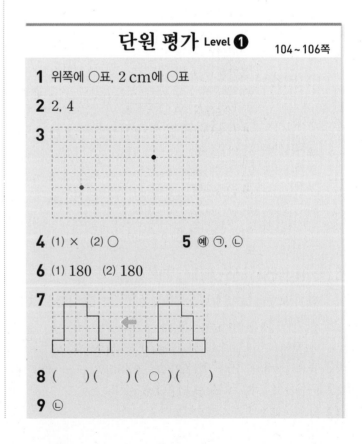

4 (1) × (2) ○

5 예 ㉠, ㉡

6 (1) 180 (2) 180

7

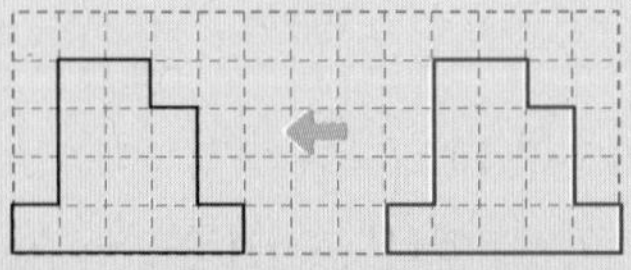

8 ( )( )(○)( )

9 ㉡

10 시계 반대 방향으로 90°만큼
(또는 시계 방향으로 270°만큼)

11
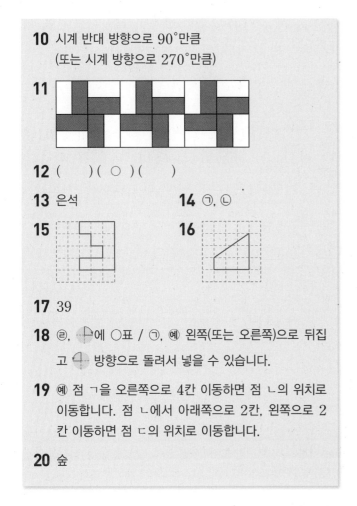

12 ( ) (○) ( )

13 은석

14 ㉠, ㉡

15

16

17 39

18 ㉣, 에 ○표 / ㉠, 예 왼쪽(또는 오른쪽)으로 뒤집고  방향으로 돌려서 넣을 수 있습니다.

19 예 점 ㄱ을 오른쪽으로 4칸 이동하면 점 ㄴ의 위치로 이동합니다. 점 ㄴ에서 아래쪽으로 2칸, 왼쪽으로 2칸 이동하면 점 ㄷ의 위치로 이동합니다.

20 숲

---

4 (1) 왼쪽으로 뒤집으면 왼쪽과 오른쪽이 서로 바뀝니다.

6 시계 방향으로 180°만큼 돌린 도형은 시계 반대 방향으로 180°만큼 돌린 도형과 같습니다.

7 도형을 왼쪽으로 8칸 밀기 전이므로 도형을 오른쪽으로 8칸 밀면 처음 도형이 됩니다.

8 첫째: 시계 반대 방향으로 90°만큼 돌리기
둘째: 시계 방향으로 90°만큼 돌리기
넷째: 시계 방향으로 180°만큼 돌리기

9 ㉠ ◆ ㉡ ▶

11 ▮ 모양을 시계 방향으로 90°만큼 돌리는 것을 반복하여 모양을 만들고, 그 모양을 오른쪽으로 밀어서 무늬를 만들었습니다.

12 첫째: 돌리기, 둘째: 밀기, 셋째: 돌리기

13 N을 아래쪽으로 뒤집으면 Ν이 됩니다.

---

14 ㉠ 어느 방향으로 밀어도 처음 도형과 같습니다.
㉡ 같은 방향으로 2번 뒤집은 도형은 처음 도형과 같습니다.

> 참고 시계 방향(또는 시계 반대 방향)으로 360°만큼 돌린 도형은 처음 도형과 같습니다.

15 도형을 시계 방향으로 90°만큼 10번 돌린 도형은 시계 방향으로 90°만큼 2번 돌린 도형과 같습니다.

16
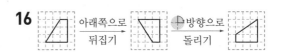

17 수 카드에 적힌 수 56을 시계 방향으로 180°만큼 돌렸을 때 만들어지는 수는 95입니다. ➡ 95 − 56 = 39

18 가:
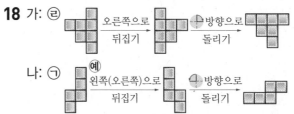
나:
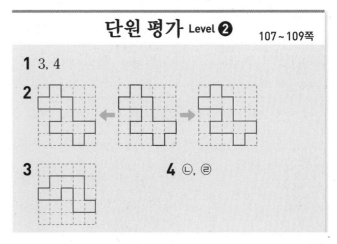

서술형
20 예 주어진 글자를 각각 시계 방향으로 180°만큼 돌리면
곰 → 문, 눈 → 곡, 숲 → 픞, 용 → 융, 롤 → 롤입니다.
따라서 시계 방향으로 180°만큼 돌린 모양이 글자가 되지 않는 것은 **숲**입니다.

단원 평가 Level ❷
107~109쪽

1 3, 4

2

3

4 ㉡, ㉣

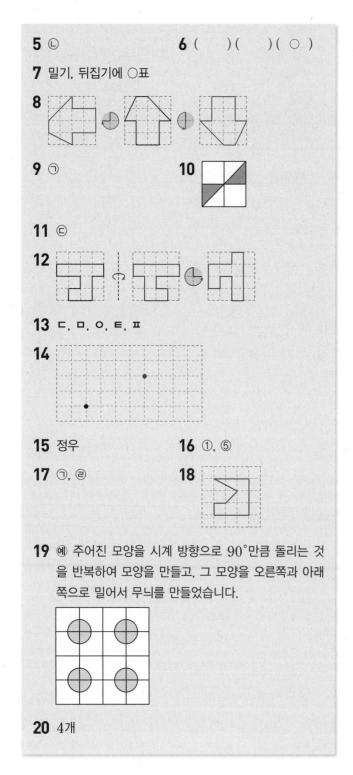

5 ㉡　　　　**6** (　)(　)(○)

7 밀기, 뒤집기에 ○표

8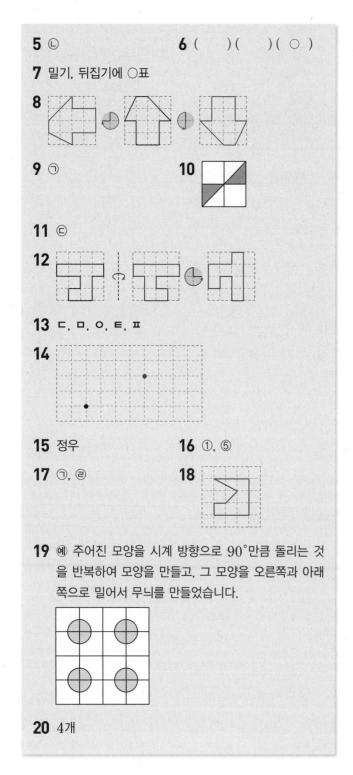

9 ㉠　　　　**10**

11 ㉢

12

13 ㄷ, ㅁ, ㅇ, ㅌ, ㅍ

14

15 정우　　　　**16** ①, ⑤

17 ㉠, ㉣　　　　**18**

19 예 주어진 모양을 시계 방향으로 90°만큼 돌리는 것을 반복하여 모양을 만들고, 그 모양을 오른쪽과 아래쪽으로 밀어서 무늬를 만들었습니다.

20 4개

2 도형을 어느 방향으로 밀어도 모양은 변하지 않습니다.

3 도형을 왼쪽으로 뒤집으면 도형의 오른쪽과 왼쪽이 서로 바뀝니다.

4 위쪽이나 아래쪽으로 뒤집으면 위쪽과 아래쪽이 서로 바뀝니다. 또한 위쪽으로 뒤집은 도형과 아래쪽으로 뒤집은 도형은 서로 같습니다.

5 주어진 도형을 오른쪽(또는 왼쪽)으로 뒤집으면 ㉠이 되고, 위쪽(또는 아래쪽)으로 뒤집으면 ㉢이 됩니다.

6 셋째 도형은 빈칸의 도형을 뒤집었을 때 나오는 도형이므로 돌리기 방법으로 빈칸에 들어갈 수 없습니다.

10 거울에 비춘 모습은 왼쪽과 오른쪽이 바뀌어 보입니다. 따라서 주어진 도형을 오른쪽(또는 왼쪽)으로 뒤집은 도형을 그립니다.

11 ㉠ 　㉡　　　㉢

12 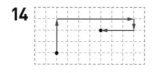 방향으로 돌린 도형은 방향으로 돌린 도형과 같습니다.

13 도형을 아래쪽으로 뒤집으면 위쪽과 아래쪽이 서로 바뀝니다. 따라서 한글 자음 중 위쪽 모양과 아래쪽 모양이 같은 것을 모두 찾으면 ㄷ, ㅁ, ㅇ, ㅌ, ㅍ입니다.

14

15 선아:

정우:

16 나는 가를 또는 방향으로 돌린 도형입니다.

17 왼쪽으로 5번 뒤집은 도형은 왼쪽으로 한 번 뒤집은 도형과 같습니다. 알파벳을 왼쪽으로 한 번 뒤집은 도형은 다음과 같습니다.

㉠H　㉡Я　㉢D　㉣A
이 중에서 처음 모양과 같은 것은 ㉠, ㉣입니다.

18 아래쪽으로 2번 뒤집은 도형은 처음 도형과 같으므로 처음 도형을 방향으로 돌린 도형을 그립니다.

19

평가 기준	배점(5점)
무늬를 만든 방법을 설명하였나요?	3점
무늬를 바르게 그려 넣었나요?	2점

20 예 주어진 디지털 숫자를 각각 시계 방향으로 180°만큼 돌려 보면 0, 1, 2, ㅌ, ㅏ, 5, 9입니다.
따라서 시계 방향으로 180°만큼 돌렸을 때 처음 모양과 같은 것은 0, 1, 2, 5로 모두 4개입니다.

평가 기준	배점(5점)
시계 방향으로 180°만큼 돌린 모양을 알고 있나요?	3점
처음 모양과 같은 것은 모두 몇 개인지 구했나요?	2점

5 막대그래프

우리는 일상생활에서 텔레비전이나 신문, 인터넷 자료를 볼 때마다 다양한 통계 정보를 접하게 됩니다. 이렇게 접하는 통계 자료는 상대방을 설득하는 근거 자료로 제시되는 경우가 많습니다. 그러므로 표와 그래프로 제시된 많은 자료를 읽고 해석하는 능력과 함께 판단하고 활용하는 통계 처리 능력도 함께 필수적으로 요구됩니다. 학생들은 3학년까지 표와 그림그래프에 대해 배웠으며 이번 단원에서는 막대그래프에 대해 학습하게 됩니다. 막대그래프는 직관적으로 비교하기에 유용한 그래프입니다. 막대그래프를 이해하고 나타내고 해석하는 과정에서 정보 처리 역량을 강화하고, 해석하고 선택하거나 결정하는 과정에서 정보를 통해 추론해 보는 능력을 신장할 수 있습니다.

1 막대그래프 알아보기 (1)   112쪽

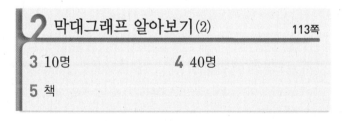

1 1회	2 효민, 미정

1 세로 눈금 5칸이 5회를 나타내므로 세로 눈금 한 칸은 $5 \div 5 = 1$(회)를 나타냅니다.

2 성공한 횟수가 가장 많은 학생은 막대의 길이가 가장 긴 효민입니다.
성공한 횟수가 가장 적은 학생은 막대의 길이가 가장 짧은 미정입니다.

2 막대그래프 알아보기 (2)   113쪽

3 10명	4 40명
5 책	

3 세로 눈금 5칸이 50명을 나타내므로 세로 눈금 한 칸은 $50 \div 5 = 10$(명)을 나타냅니다.

4 세로 눈금 한 칸이 10명을 나타내고, 컴퓨터의 막대가 4칸이므로 컴퓨터를 받고 싶은 학생은 $10 \times 4 = 40$(명)입니다.

5 막대의 길이가 컴퓨터보다 길고 휴대전화보다 짧은 것은 책입니다.

3 막대그래프로 나타내기   114쪽

6 예 전통 악기, 예 학생 수

7 예 1명

8 예

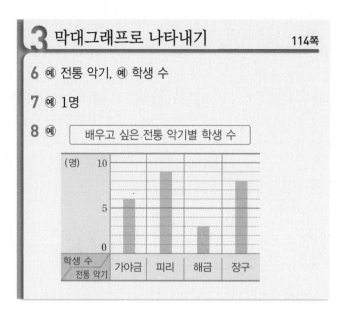

배우고 싶은 전통 악기별 학생 수

8 막대그래프의 가로에는 전통 악기, 세로에는 학생 수를 나타내고, 눈금 한 칸의 크기는 1명을 나타내도록 정합니다. 가야금은 6칸, 피리는 9칸, 해금은 3칸, 장구는 8칸인 막대를 그립니다.

4 막대그래프의 활용   115쪽

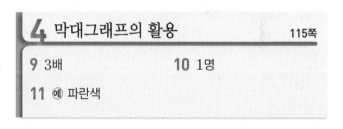

9 3배	10 1명
11 예 파란색	

9 세로 눈금 5칸이 5명을 나타내므로 세로 눈금 한 칸은 $5 \div 5 = 1$(명)을 나타냅니다.
파란색의 막대는 12칸, 노란색의 막대는 4칸이므로 파란색을 좋아하는 학생은 12명이고, 노란색을 좋아하는 학생은 4명입니다.
➡ $12 \div 4 = 3$(배)

10 빨간색의 막대는 8칸, 초록색의 막대는 7칸이므로 빨간색을 좋아하는 학생은 8명이고, 초록색을 좋아하는 학생은 7명입니다.
➡ $8 - 7 = 1$(명)

11 가장 많은 학생들이 좋아하는 색깔은 막대의 길이가 가장 긴 파란색입니다.
따라서 파란색 티셔츠를 주문하면 좋겠습니다.

기본에서 응용으로

116~123쪽

1 심고 싶은 채소별 학생 수에 ○표

2 7명

3 오이

4 병의 수, 주스

5 1병

6 9병

7 딸기주스, 바나나주스

8 3배

9 10명

10 60명

11 막대그래프

12 표

13 종이류

14 8 kg

15 예 배출한 양이 많은 재활용품부터 차례로 쓰면 종이류, 캔류, 플라스틱류, 병류입니다. / 예 재활용품을 종류별로 잘 분리합니다.

16 2반, 4반

17 1명, 2명

18 5학년 4반

19 5학년 1반

20 9명

21 예
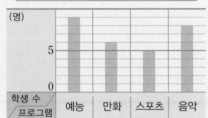
좋아하는 TV 프로그램별 학생 수

22 예능, 음악

23 18 kg

24 수거량

25 예
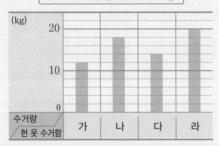
헌 옷 수거함별 헌 옷 수거량

26 예
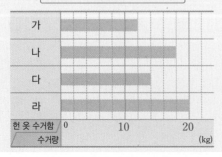
헌 옷 수거함별 헌 옷 수거량

27 6, 8, 9, 3, 26

28 예
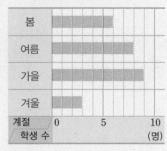
좋아하는 계절별 학생 수

29 예 좋아하는 과일별 학생 수 / 10, 12, 8, 4, 34

예
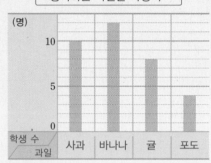
좋아하는 과일별 학생 수

30 바나나, 사과, 귤, 포도

31 4칸

32 120만 명

33 일본

34 예 일본어 / 예 일본 관광객 수가 가장 많으므로 일본어를 잘하는 것이 좋습니다.

35 1000명

36 예 2025년에 이 농촌의 인구수는 2020년보다 줄어들 것입니다.

37 예 농촌에 일자리를 마련해 줍니다.

38 예 바나나에서 얻는 열량은 귤에서 얻는 열량보다 높습니다. / 예 달리기는 걷기보다 열량이 많이 소모됩니다.

39 예 달리기 / 예 만두 100 g에서 얻은 열량 150 kcal를 1시간 동안 모두 소모시키려면 막대의 길이가 만두보다 더 길어야 하므로 달리기, 수영, 줄넘기를 하면 좋습니다.

40 10, 5 /
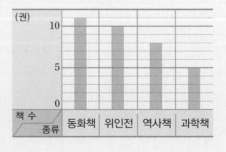
종류별 책 수

41 역사책　　　　　**42** 24개, 12개

43
종류별 빵의 수

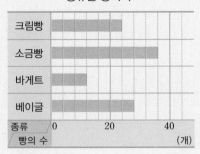

44 크림빵, 12개

45 예 • 소금빵을 가장 많이 만들었습니다.
　　• 바게트와 소금빵의 수의 차는 24개입니다.

46
A 가게에서 판매한 요일별 떡의 수

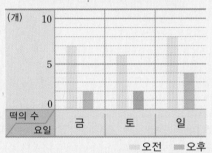

B 가게에서 판매한 요일별 떡의 수

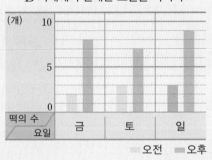

47 예 B 가게　　　　**48** 110회

49 한결

50 예 희원 / 예 줄넘기 기록이 꾸준히 늘고 있기 때문입니다.

2 세로 눈금 5칸이 5명을 나타내므로 세로 눈금 한 칸은 1명을 나타냅니다.
상추의 막대가 7칸이므로 상추를 심고 싶은 학생은 7명입니다.

3 막대의 길이가 가장 긴 채소를 찾으면 오이입니다.

5 가로 눈금 5칸이 5병을 나타내므로 가로 눈금 한 칸은 1병을 나타냅니다.

6 바나나의 막대가 9칸이므로 하루 동안 판매한 바나나주스는 9병입니다.

7 막대의 길이가 블루베리주스보다 더 긴 것을 찾으면 딸기주스와 바나나주스입니다.

8 판매한 바나나주스는 9병이고, 망고주스는 3병이므로 판매한 바나나주스 수는 망고주스 수의 $9 \div 3 = 3$(배)입니다.

9 세로 눈금 5칸이 50명을 나타내므로 세로 눈금 한 칸은 $50 \div 5 = 10$(명)을 나타냅니다.

10 B형의 막대가 6칸이므로 B형인 학생은 $10 \times 6 = 60$(명)입니다.
[다른 풀이]
(B형인 학생 수) $= 270 - 110 - 70 - 30$
　　　　　　　　 $= 60$(명)

11 막대그래프가 항목별 수량의 많고 적음을 한눈에 알기 쉽습니다.

12 표는 항목별 수량과 합계를 알기 쉽습니다.

13 막대의 길이가 가장 긴 재활용품을 찾으면 종이류입니다.

14 세로 눈금 1칸은 1 kg을 나타내므로 플라스틱류는 5 kg, 병류는 3 kg 배출했습니다.
따라서 일주일 동안 배출한 플라스틱류와 병류는 모두 $5 + 3 = 8 \text{ (kg)}$입니다.

16 각각의 막대그래프에서 막대의 길이가 가장 긴 반을 찾으면 4학년에서는 2반이고, 5학년에서는 4반입니다.

17 4학년 막대그래프는 세로 눈금 5칸이 5명을 나타내므로 세로 눈금 한 칸은 $5 \div 5 = 1$(명)을 나타냅니다.
5학년 막대그래프는 세로 눈금 5칸이 10명을 나타내므로 세로 눈금 한 칸은 $10 \div 5 = 2$(명)을 나타냅니다.

18 영어 캠프에 신청한 4학년 2반 학생 수는 7명이고, 영어 캠프에 신청한 5학년 4반 학생 수는 $2 \times 5 = 10$(명)입니다.
따라서 $7 < 10$이므로 영어 캠프에 신청한 학생이 더 많은 반은 5학년 4반입니다.

19 4학년 4반은 6명이므로 4학년 막대그래프에서 6칸, 5학년 막대그래프에서 3칸인 반을 찾습니다.

20 학생 수가 가장 많은 TV 프로그램의 학생 수가 9명이므로 적어도 9명까지 나타낼 수 있어야 합니다.

21 세로 눈금 한 칸이 1명을 나타내므로 예능은 9칸, 만화는 6칸, 스포츠는 5칸, 음악은 8칸인 막대를 그립니다.

22 만화보다 막대의 길이가 더 긴 것을 찾으면 예능, 음악입니다.

23 (나 헌 옷 수거함의 수거량) $= 64 - 12 - 14 - 20$
$= 18\,(kg)$

25 세로 눈금 한 칸의 크기는 2명을 나타내도록 정합니다.
가는 6칸, 나는 9칸, 다는 7칸, 라는 10칸인 막대를 그립니다.

26 가로 눈금 한 칸의 크기는 2명을 나타내도록 정합니다.

27 좋아하는 계절별 학생 수를 각각 세어 봅니다.
좋아하는 계절별 학생 수의 합계가 조사한 전체 학생 수와 같은지 확인합니다.

28 세로에 계절을 나타냅니다.

29 좋아하는 과일별 학생 수를 세어 봅니다.
각 학생 수의 합계가 조사한 전체 학생 수와 같은지 확인합니다.
막대그래프의 가로에는 과일을, 세로에는 학생 수를 나타내고, 눈금 한 칸의 크기는 1명을 나타내도록 정하여 막대를 그립니다.

30 막대의 길이가 긴 과일부터 차례로 쓰면 바나나, 사과, 귤, 포도입니다.

31 세로 눈금 한 칸이 2명을 나타낸다면 귤은
$8 \div 2 = 4$(칸)으로 그려야 합니다.

32 세로 눈금 5칸이 100만 명을 나타내므로 세로 눈금 한 칸은 $100 \div 5 = 20$(만 명)을 나타냅니다.
미국은 세로 눈금 6칸이므로 $20 \times 6 = 120$(만 명)입니다.

33 막대의 길이가 가장 긴 나라를 찾으면 일본입니다.

34 서술형

단계	문제 해결 과정
①	가게 점원은 어느 나라 말을 잘하는 것이 좋을지 썼나요?
②	까닭을 썼나요?

35 세로 눈금 5칸이 500명을 나타내므로 세로 눈금 한 칸은 $500 \div 5 = 100$(명)을 나타냅니다.
2020년 인구수는 800명이고, 2005년 인구수는 1800명이므로 인구수는 $1800 - 800 = 1000$(명) 줄어들었습니다.

36 2005년부터 2020년까지 인구수가 계속 줄어들고 있으므로 2025년에는 2020년보다 인구수가 줄어들 것으로 예상할 수 있습니다.

37 농촌에 편의 시설을 만들어 줍니다 등 다양한 답을 쓸 수 있습니다.

39 서술형

단계	문제 해결 과정
①	어떤 운동을 하면 좋을지 썼나요?
②	까닭을 썼나요?

40 (위인전과 과학책 수의 합) $= 34 - 11 - 8 = 15$(권)
과학책을 □권이라고 하면 위인전은 (□ + 5)권이므로
(□ + 5) + □ = 15, □ + □ = 10, □ = 5입니다.
따라서 위인전은 $5 + 5 = 10$(권), 과학책은 5권입니다.

41 서술형
예 과학책은 5권이고 위인전은 10권이므로 5권보다 많고 10권보다 적은 수의 책은 역사책입니다.

단계	문제 해결 과정
①	과학책과 위인전은 각각 몇 권인지 구했나요?
②	과학책보다 많고 위인전보다 적은 책은 어떤 책인지 구했나요?

42 (크림빵과 바게트의 수의 합)
$= 100 - 36 - 28 = 36$(개)
바게트의 수를 □개라고 하면 크림빵의 수는 (□ × 2)개이므로 (□ × 2) + □ = 36, □ × 3 = 36,
$36 \div 3 = $ □, □ = 12입니다.
따라서 크림빵은 $12 \times 2 = 24$(개), 바게트는 12개입니다.

43 가로 눈금 5칸이 20개를 나타내므로 가로 눈금 한 칸은 $20 \div 5 = 4$(개)를 나타냅니다.
크림빵은 6칸, 소금빵은 9칸, 바게트는 3칸, 베이글은 7칸인 막대를 그립니다.

44 크림빵은 24개이고 소금빵은 36개이므로 크림빵과 소금빵의 수가 같아지려면 크림빵을 $36 - 24 = 12$(개) 더 만들어야 합니다.

다른 풀이
크림빵의 막대는 6칸이고 소금빵의 막대는 9칸이므로 두 막대의 차는 $9 - 6 = 3$(칸)입니다.
따라서 크림빵과 소금빵의 수가 같아지려면 크림빵을 $4 \times 3 = 12$(개) 더 만들어야 합니다.

46 (A 가게에서 토요일 오후에 판매한 떡의 수)
$= 8 - 6 = 2$(개)이므로 토요일 오후에 막대를 2칸 그립니다.

(B 가게에서 일요일 오전에 판매한 떡의 수)
= 12 − 9 = 3(개)이므로 일요일 오전에 막대를 3칸 그립니다.

47 A 가게는 오전에 손님이 많고, B 가게는 오후에 손님이 많으므로 B 가게가 오후 늦게까지 문을 여는 것이 좋겠습니다.

48 세로 눈금 5칸이 50회를 나타내므로 세로 눈금 한 칸은 $50 \div 5 = 10$(회)를 나타냅니다. 따라서 희원이의 3회 줄넘기 기록은 $10 \times 11 = 110$(회)입니다.

49 (희원이의 1회부터 3회까지의 줄넘기 기록의 합)
= 60 + 90 + 110 = 260(회)
(주형이의 1회부터 3회까지의 줄넘기 기록의 합)
= 90 + 90 + 90 = 270(회)
(한결이의 1회부터 3회까지의 줄넘기 기록의 합)
= 120 + 50 + 110 = 280(회)
따라서 1회부터 3회까지의 줄넘기 기록의 합이 가장 큰 사람은 한결입니다.

서술형
50

단계	문제 해결 과정
①	누구를 반 대표로 뽑으면 좋을지 썼나요?
②	까닭을 썼나요?

응용에서 최상위로
124~127쪽

1 24, 16, 80 /

음식별 판매량

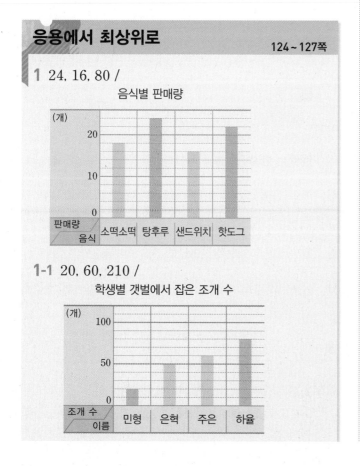

1-1 20, 60, 210 /

학생별 갯벌에서 잡은 조개 수

2 3반, 4명

2-1 월요일, 10명   **2-2** 수요일, 목요일

3 11명, 16명

3-1 8송이, 5송이

4 1단계 예 세로 눈금 한 칸의 크기는 $500 \div 5 = 100$ (Wh)를 나타내므로 제습기의 전력소비량은 200 Wh, 식기세척기의 전력소비량은 1400 Wh, 에어컨의 전력소비량은 1600 Wh입니다.
2단계 예 전기밥솥의 전력소비량은 $4400 - 200 - 1400 - 1600 = 1200$ (Wh)입니다.
/ 1200 Wh

4-1 60 Wh

1 • 막대그래프에서 세로 눈금 한 칸이 $10 \div 5 = 2$(개)를 나타내므로 샌드위치는 $2 \times 8 = 16$(개)입니다.
• 탕후루는 샌드위치보다 8개 더 많이 팔렸으므로 탕후루는 $16 + 8 = 24$(개)입니다.
• (합계) = 18 + 24 + 16 + 22 = 80(개)입니다.
• 막대그래프에서 탕후루는 24개이므로 $24 \div 2 = 12$(칸)인 막대를 그립니다.
• 핫도그는 22개이므로 $22 \div 2 = 11$(칸)인 막대를 그립니다.

1-1 • 막대그래프에서 세로 눈금 한 칸이 $50 \div 5 = 10$(개)를 나타내므로 주은이가 잡은 조개 수는 $10 \times 6 = 60$(개)입니다.
• 주은이가 잡은 조개 수가 민형이가 잡은 조개 수의 3배이므로 민형이가 잡은 조개 수는 $60 \div 3 = 20$(개)입니다.
• (합계) = 20 + 50 + 60 + 80 = 210(개)입니다.
• 막대그래프에서 민형이는 $20 \div 10 = 2$(칸)인 막대를 그립니다.
• 하율이는 $80 \div 10 = 8$(칸)인 막대를 그립니다.

2 두 막대의 길이의 차가 가장 큰 반은 3반이고, 4칸 차이가 납니다. 세로 눈금 한 칸은 1명을 나타내므로 3반의 남녀 학생 수의 차는 4명입니다.
다른 풀이
두 막대의 길이의 차가 가장 큰 반은 3반이고, 3반의 남학생은 13명, 여학생은 9명이므로 남녀 학생 수의 차는 13 − 9 = 4(명)입니다.

2-1 두 막대의 길이의 차가 가장 큰 요일은 월요일이고, 5칸 차이가 납니다. 세로 눈금 한 칸은 $10 \div 5 = 2$(명)을 나타내므로 월요일에 방문한 남자와 여자의 수의 차는 $2 \times 5 = 10$(명)입니다.

다른 풀이

두 막대의 길이의 차가 가장 큰 요일은 월요일이고, 월요일에 방문한 남자는 18명, 여자는 8명이므로 남자와 여자의 수의 차는 $18 - 8 = 10$(명)입니다.

2-2 요일별로 방문자 수를 각각 알아봅니다.

월요일: $18 + 8 = 26$(명)
화요일: $14 + 14 = 28$(명)
수요일: $14 + 18 = 32$(명)
목요일: $12 + 20 = 32$(명)

따라서 요일별 방문자 수가 같은 요일은 수요일, 목요일입니다.

3 세로 눈금 한 칸은 $10 \div 5 = 2$(명)을 나타내므로 4반의 안경을 쓴 학생 수는 $2 \times 4 = 8$(명)입니다.
3반의 안경을 쓴 학생 수는 4반의 안경을 쓴 학생 수의 2배이므로 $8 \times 2 = 16$(명)이고, 2반의 안경을 쓴 학생 수는 3반의 안경을 쓴 학생 수보다 5명 더 적으므로 $16 - 5 = 11$(명)입니다.

3-1 세로 눈금 한 칸은 1송이를 나타내므로 화단에 있는 나팔꽃은 2송이입니다.
국화는 나팔꽃의 4배이므로 $2 \times 4 = 8$(송이)이고, 튤립은 국화보다 3송이 더 적으므로 $8 - 3 = 5$(송이)입니다.

4-1 세로 눈금 한 칸의 크기는 $100 \div 5 = 20$ (Wh)를 나타내므로 모니터의 전력소비량은 100 Wh, 텔레비전의 전력소비량은 200 Wh, 가습기의 전력소비량은 40 Wh입니다.
따라서 선풍기의 전력소비량은
$400 - 100 - 200 - 40 = 60$ (Wh)입니다.

단원 평가 Level ❶

128~130쪽

1 전통 놀이, 학생 수	**2** 7명
3 연날리기	**4** 4명
5 5마리	**6** 40마리
7 호랑이	**8** 35마리
9 36명	**10** 10명

---

11 예

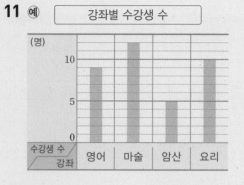

강좌별 수강생 수

12 영어	**13** 마술, 요리
14 (위에서부터) 10, 5	**15** 라율
16 피자	**17** 3명
18 떡볶이, 김밥, 피자, 빙수	

19 예 놀이공원 / 예 가장 많은 학생들이 가고 싶어 하는 장소가 놀이공원이기 때문입니다.

20 9명

---

2 세로 눈금 한 칸은 1명을 나타내고 윷놀이의 막대는 7칸이므로 윷놀이를 하고 싶은 학생은 7명입니다.

3 막대의 길이가 가장 긴 것은 연날리기이므로 가장 많은 학생들이 하고 싶은 전통 놀이는 연날리기입니다.

4 연날리기를 하고 싶은 학생은 10명이고 딱지치기를 하고 싶은 학생은 6명이므로 연날리기를 하고 싶은 학생은 딱지치기를 하고 싶은 학생보다 $10 - 6 = 4$(명) 더 많습니다.

다른 풀이

연날리기의 막대는 10칸이고 딱지치기의 막대는 6칸이므로 두 막대의 차는 4칸입니다.
따라서 연날리기를 하고 싶은 학생이 4명 더 많습니다.

5 가로 눈금 5칸이 25마리를 나타내므로 가로 눈금 한 칸은 $25 \div 5 = 5$(마리)를 나타냅니다.

6 원숭이의 막대는 8칸이므로 $5 \times 8 = 40$(마리)입니다.

7 사막여우보다 막대의 길이가 짧은 것을 찾으면 호랑이입니다.

8 막대의 길이가 가장 긴 것은 펭귄이고 막대의 길이가 가장 짧은 것은 호랑이입니다.
펭귄은 $5 \times 10 = 50$(마리)이고 호랑이는 $5 \times 3 = 15$(마리)이므로 가장 많이 있는 동물은 가장 적게 있는 동물보다 $50 - 15 = 35$(마리) 더 많습니다.

다른 **풀이**

막대의 길이가 가장 긴 것은 펭귄이고 막대의 길이가 가장 짧은 것은 호랑이입니다.
펭귄과 호랑이의 막대의 길이의 차가 $10 - 3 = 7$(칸)이므로 가장 많이 있는 동물은 가장 적게 있는 동물보다 $5 \times 7 = 35$(마리) 더 많습니다.

10 (요리 수강생 수) $= 36 - 9 - 12 - 5 = 10$(명)

11 막대그래프의 가로에는 강좌, 세로에는 수강생 수를 나타내고 세로 눈금 한 칸의 크기는 1명을 나타내도록 정하여 막대그래프를 그립니다.

12 막대의 길이가 둘째로 짧은 강좌를 찾으면 영어입니다.

13 막대의 길이가 영어보다 더 긴 것을 찾으면 마술과 요리입니다.

14 막대그래프에서 민서의 칭찬 붙임딱지를 나타내는 막대는 9칸이고 민서가 모은 칭찬 붙임딱지 수가 9장이므로 세로 눈금 한 칸은 $9 \div 9 = 1$(장)입니다.
따라서 □ 안에는 각각 아래부터 차례로 5, 10을 써넣습니다.

15 희상: 민서와 라율이가 모은 칭찬 붙임딱지 수는 각각 9장으로 같습니다.
채원: 채원이는 희상이보다 칭찬 붙임딱지가 $11 - 8 = 3$(장) 더 적습니다.
라율: 라율이는 채원이보다 칭찬 붙임딱지가 $9 - 8 = 1$(장) 더 많습니다.

16 두 막대그래프에서 가로 눈금 한 칸은 모두 1명을 나타내므로 막대의 길이가 같은 간식을 찾으면 피자입니다.

17 김밥을 좋아하는 학생은 정우네 반이 8명, 미나네 반이 5명입니다.
따라서 김밥을 좋아하는 학생은 정우네 반이 미나네 반보다 $8 - 5 = 3$(명) 더 많습니다.

18 두 반에서 좋아하는 간식별 학생 수를 각각 알아봅니다.
빙수: $4 + 7 = 11$(명), 떡볶이: $13 + 10 = 23$(명),
피자: $6 + 6 = 12$(명), 김밥: $5 + 8 = 13$(명)
따라서 두 반에서 좋아하는 학생 수가 많은 간식부터 차례로 쓰면 떡볶이, 김밥, 피자, 빙수입니다.

19

평가 기준	배점(5점)
어디를 가면 좋을지 썼나요?	2점
까닭을 썼나요?	3점

20 예 세로 눈금 한 칸은 1명을 나타내므로 지하철을 좋아하는 학생은 7명, 기차를 좋아하는 학생은 2명, 승용차를 좋아하는 학생은 11명입니다.
따라서 버스를 좋아하는 학생은
$29 - 7 - 2 - 11 = 9$(명)입니다.

평가 기준	배점(5점)
지하철, 기차, 승용차를 좋아하는 학생 수를 각각 구했나요?	3점
버스를 좋아하는 학생 수를 구했나요?	2점

단원 평가 Level ❷   131~133쪽

1 2명

2 18명

3 리본

4 공, 곤봉

5 2배

6

체육관에 있는 종류별 공의 수

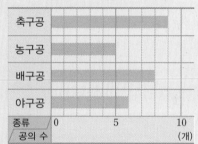

7 축구공, 배구공, 야구공, 농구공

8 4개

9 막대그래프

10 5명

11 90명

12 120명

13 ㉠, ㉢

14 예 명동

15 8그루, 3그루

16

학교에 있는 종류별 나무 수

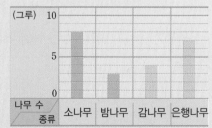

17 5그루

18 밤나무

19 별빛 마을

20 70그루

1 세로 눈금 5칸이 10명을 나타내므로 세로 눈금 한 칸은 $10 \div 5 = 2$(명)을 나타냅니다.

2 곤봉의 막대는 9칸이므로 곤봉을 좋아하는 학생은 $2 \times 9 = 18$(명)입니다.

3 막대의 길이가 가장 짧은 종목을 찾으면 리본입니다.

4 줄을 좋아하는 학생이 12명이므로 줄보다 막대의 길이가 더 긴 것을 찾으면 공과 곤봉입니다.
> **다른 풀이**
> 줄은 12명, 후프는 10명, 공은 20명, 곤봉은 18명, 리본은 8명이므로 12명보다 많은 학생들이 좋아하는 종목은 공과 곤봉입니다.

5 공을 좋아하는 학생 수는 20명, 후프를 좋아하는 학생 수는 10명이므로 공을 좋아하는 학생 수는 후프를 좋아하는 학생 수의 $20 \div 10 = 2$(배)입니다.

6 가로 눈금 한 칸은 1개를 나타냅니다.

7 막대의 길이가 긴 것부터 차례로 쓰면 축구공, 배구공, 야구공, 농구공입니다.

8 막대의 길이가 가장 긴 것은 축구공이고 막대의 길이가 가장 짧은 것은 농구공입니다.
축구공은 9개, 농구공은 5개이므로 축구공이 농구공보다 $9 - 5 = 4$(개) 더 많습니다.

10 드롭 타워: 7명, 롤러코스터: 6명, 범퍼카: 6명
(바이킹을 좋아하는 학생 수)
$= 24 - 7 - 6 - 6 = 5$(명)

11 세로 눈금 5칸이 50명을 나타내므로 세로 눈금 한 칸은 $50 \div 5 = 10$(명)을 나타냅니다.
2관의 막대가 9칸이므로 $10 \times 9 = 90$(명)입니다.

12 1관의 입장객 수는 1관의 막대가 4칸이므로
$10 \times 4 = 40$(명)입니다.
따라서 3관의 입장객 수는 $40 \times 3 = 120$(명)입니다.

13 ㉠ 조사한 외국인 관광객은 모두
$7 + 12 + 7 + 2 = 28$(명)입니다.
㉡ 경복궁에 가고 싶어 하는 외국인 관광객은 7명이고 남산에 가고 싶어 하는 외국인 관광객은 2명이므로 경복궁에 가고 싶어 하는 외국인 관광객은 남산에 가고 싶어 하는 외국인 관광객 수의 5배가 아닙니다.
㉢ 도윤이가 조사한 외국인 관광객들이 가고 싶어 하는 장소는 강남, 명동, 경복궁, 남산으로 4곳입니다.

14 조사한 외국인 관광객들이 명동에 가장 많이 가고 싶어 하므로 명동에 가면 좋을 것 같습니다.

15 세로 눈금 한 칸은 1그루를 나타냅니다. 감나무는 4그루이므로 소나무는 $4 \times 2 = 8$(그루)입니다. 은행나무는 7그루이므로 밤나무는 $7 - 4 = 3$(그루)입니다.

17 막대의 길이가 가장 긴 것은 소나무이고 막대의 길이가 가장 짧은 것은 밤나무입니다. 소나무와 밤나무의 막대의 길이의 차는 5칸이므로 가장 많이 있는 나무와 가장 적게 있는 나무 수의 차는 5그루입니다.
> **다른 풀이**
> 막대의 길이가 가장 긴 것은 소나무이고 막대의 길이가 가장 짧은 것은 밤나무입니다. 소나무는 8그루이고 밤나무는 3그루이므로 가장 많이 있는 나무와 가장 적게 있는 나무 수의 차는 $8 - 3 = 5$(그루)입니다.

18 막대의 길이가 가장 짧은 밤나무를 가장 많이 심어야 합니다.

서술형
19 ㉞ 막대의 길이가 짧은 마을부터 차례로 쓰면 햇빛 마을, 별빛 마을, 은빛 마을, 달빛 마을입니다.
따라서 편의점 수가 둘째로 적은 마을은 별빛 마을입니다.

평가 기준	배점(5점)
막대의 길이를 비교했나요?	2점
편의점 수가 둘째로 적은 마을을 구했나요?	3점

서술형
20 ㉞ 가로 눈금 5칸이 50그릇을 나타내므로 가로 눈금 한 칸은 $50 \div 5 = 10$(그릇)을 나타냅니다.
판매한 짜장면은 $10 \times 9 = 90$(그릇), 잡채밥은 $10 \times 2 = 20$(그릇)입니다.
따라서 짜장면을 잡채밥보다 $90 - 20 = 70$(그릇) 더 많이 판매했습니다.

평가 기준	배점(5점)
짜장면과 잡채밥의 판매한 그릇 수를 각각 구했나요?	3점
짜장면은 잡채밥보다 몇 그릇 더 많이 판매했는지 구했나요?	2점

6 규칙 찾기

수학의 많은 내용은 규칙성을 다루고 있습니다. 규칙성은 학생들이 수학의 많은 아이디어를 연결하는 데 도움을 주며 수학을 다양하게 사용할 수 있는 방법을 제공합니다. 이번 단원에서는 규칙에 따라 배열해 보고 규칙을 찾아보는 활동을 통해서 규칙을 이해하고 그 속에서 재미를 느끼며 더 나아가서는 수학적 아름다움을 경험할 수 있도록 합니다. 또 등호(=)의 개념을 연산적 관점에서 벗어나 관계적 기호임을 이해하는 학습을 하게 됩니다. 수의 규칙 찾기 활동은 이후 함수적 사고를 학습하기 위한 바탕이 됩니다. 초등학생들에게 요구되는 함수적 사고란 두 양 사이의 변화에 주목하는 사고를 의미합니다. 이러한 변화의 규칙은 규칙 찾기 활동을 통한 경험이 있어야 발견할 수 있으므로 규칙 찾기 활동은 함수적 사고 학습의 바탕이 됩니다.

1 수 배열표에서 규칙 찾기(1) 136쪽

1 (1) 100 (2) 10 (3) 90 (4) 110

2 428, 548

2 아래쪽으로 10씩 커지는 규칙이므로 ★은 418보다 10만큼 더 큰 수인 428입니다.
오른쪽으로 100씩 작아지는 규칙이므로 ▲는 648보다 100만큼 더 작은 수인 548입니다.

2 수 배열표에서 규칙 찾기(2) 137쪽

3 (1) 2, 나누는에 ○표 (2) 2, 곱하는에 ○표
(3) 같은에 ○표 (4) 4, 나누는에 ○표

4 32, 64

4 아래쪽으로 2씩 곱하는 규칙이므로 ♥는
$16 \times 2 = 32$입니다.
오른쪽으로 2씩 나누는 규칙이므로 ◆는
$128 \div 2 = 64$입니다.

3 모양의 배열에서 규칙 찾기 138쪽

6 $1 + 2 + 3 + 4$, 10

7 $1 + 2 + 3 + 4 + 5$, 15개

5 모형의 수가 3개에서 시작하여 위쪽으로 1개씩 늘어나는 규칙이므로 다섯째에 알맞은 모양은 넷째 모양에서 위쪽으로 1개 더 늘어난 모양입니다.

7 구슬이 1개에서 시작하여 2개, 3개, 4개, …씩 늘어나는 규칙입니다.
따라서 다섯째에 알맞은 모양에서 구슬의 수는
$1 + 2 + 3 + 4 + 5 = 15$(개)입니다.

기본에서 응용으로 139~141쪽

1 (위에서부터) 525, 435, 245, 655

2

40002	40003	40004	40005	40006
40102	40103	40104	40105	40106
40202	40203	40204	40205	40206
40302	40303	40304	40305	40306
40402	40403	40404	40405	40406

3 예 40002부터 시작하여 ＼ 방향으로 101씩 커집니다.

4 (1) 2140, 2170 (2) 6305, 6005

5 C6, D9 6 16, 14

7 (위에서부터) 6, 36, 24 8 1088

9 (위에서부터) 2, 400, 1800, 4000

10 60 11 48, 192, 768

12 2, 0

13 (위에서부터) $1 + 3 + 3 + 3$, 7, 10

14 예 가로와 세로에 각각 1줄씩 더 늘어나서 이루어진 정사각형 모양이 됩니다.

15 36개

16 , 16

17 예 분홍색 사각형을 중심으로 오른쪽, 위쪽, 왼쪽, 아래쪽으로 사각형이 1개씩 늘어납니다.

18 ㉡

1 오른쪽으로 100씩 커지고, 아래쪽으로 10씩 커지는 규칙입니다.

2 40004부터 시작하여 아래쪽으로 100씩 커지므로 40004, 40104, 40204, 40304, 40404에 색칠합니다.

3 예시된 답 이외에도 규칙이 맞으면 정답입니다.

4 (1) 오른쪽으로 10씩 커지는 규칙입니다.
따라서 ♥는 2130보다 10만큼 더 큰 수인 2140이고, ★은 2160보다 10만큼 더 큰 수인 2170입니다.
(2) 오른쪽으로 100씩 작아지는 규칙입니다. 따라서 ♥는 6405보다 100만큼 더 작은 수인 6305이고, ★은 6105보다 100만큼 더 작은 수인 6005입니다.

5 오른쪽으로 알파벳은 그대로이고 숫자만 1씩 커지는 규칙입니다. 아래쪽으로 알파벳은 순서대로 바뀌고 숫자는 그대로인 규칙입니다.
따라서 ■는 C6, ▲는 D9입니다.

6 ╱ 방향으로 1씩 커지고, 오른쪽으로 3씩 커지는 규칙입니다. 따라서 4에서 시작하여 오른쪽으로 7, 10, 13, 16, …이므로 ㉠ = 16이고, 12에서 시작하여 ╱ 방향으로 13, 14, …이므로 ㉡ = 14입니다.

7 오른쪽으로 3씩 나누고, 아래쪽으로 2씩 곱하는 규칙입니다.

8 17부터 시작하여 오른쪽으로 4씩 곱하는 규칙입니다.
따라서 빈칸에 알맞은 수는 272 × 4 = 1088입니다.

9

	㉠	3	4	5
200	400	600	800	1000
㉡	800	1200	1600	2000
600	1200	㉢	2400	3000
800	1600	2400	3200	㉣

- 200 × ㉠ = 400이므로 ㉠ = 2
- ㉡ × 3 = 3 × ㉡ = 1200이므로 ㉡ = 400
- 600 × 3 = 1800이므로 ㉢ = 1800
- 800 × 5 = 4000이므로 ㉣ = 4000

10 오른쪽으로 2씩 나누고, 아래쪽으로 2씩 곱하는 규칙입니다.
㉠ = 12, ㉡ = 48이므로
㉠ + ㉡ = 12 + 48 = 60입니다.

11 ╱ 방향에 있는 수들은 4씩 곱하는 규칙입니다.

서술형

12 예 세로줄과 가로줄의 수가 만나는 칸에 두 수의 곱셈의 결과에서 일의 자리 숫자를 쓰는 규칙입니다.
따라서 ■는 416 × 22 = 9152에서 일의 자리 숫자 2이고, ▲는 414 × 25 = 10350에서 일의 자리 숫자 0입니다.

단계	문제 해결 과정
①	수 배열표에서 규칙을 찾았나요?
②	■와 ▲에 알맞은 수를 각각 구했나요?

13 모형의 수가 1개에서 시작하여 3개씩 늘어나는 규칙입니다.

15 다섯째에 알맞은 모양은 사각형(■)이 가로 6개, 세로 6개로 이루어진 정사각형 모양입니다.
➡ 6 × 6 = 36(개)

16 사각형이 1개에서 시작하여 3개, 5개, …씩 늘어나는 규칙입니다.
따라서 넷째에 알맞은 모양은 셋째 모양에서 7개 더 늘어난 모양이고, □ 안에 알맞은 수는
1 + 3 + 5 + 7 = 16입니다.

18 여섯째에 알맞은 모양은 다섯째 모양에서 오른쪽으로 1개 늘어난 모양이므로 ㉡입니다.

4 계산식의 배열에서 규칙 찾기 (1) 142쪽

8 (위에서부터) 546, 523, 123

9 100, 100   **10** 746 - 623 = 123

8 뺄셈식의 배열에서 백의 자리 수가 1씩 커지고 두 수의 차는 항상 같습니다.

10 빼지는 수는 646보다 100만큼 더 큰 수인 746이고, 빼는 수는 523보다 100만큼 더 큰 수인 623입니다. 따라서 여섯째 뺄셈식은 746 − 623 = 123입니다.

5 계산식의 배열에서 규칙 찾기(2) 143쪽

11 (위에서부터) 44, 36300, 1100

12 12100, 11

13 24200 ÷ 22 = 1100

11 나눗셈식의 배열에서 나누어지는 수와 나누는 수가 각각 같은 수만큼씩 작아지고 나눗셈의 몫은 항상 같습니다.

13 나누어지는 수는 36300보다 12100만큼 더 작은 수인 24200이고, 나누는 수는 33보다 11만큼 더 작은 수인 22입니다.
따라서 여섯째 나눗셈식은 24200 ÷ 22 = 1100입니다.

6 등호(=)가 있는 식 알아보기(1) 144쪽

14 (위에서부터) 20, 40 / 예 20, 30, 40

15 예 60 = 20 + 40, 예 20 + 30 + 40 = 90

16 예 15 + 0 = 15 ÷ 1

16 15 + 0 = 15, 15 − 1 = 14, 15 × 0 = 0, 15 ÷ 1 = 15
15 + 0과 15 ÷ 1의 크기가 같으므로 두 양을 등호(=)를 사용하여 하나의 식으로 나타내면 15 + 0 = 15 ÷ 1 또는 15 ÷ 1 = 15 + 0입니다.

7 등호(=)가 있는 식 알아보기(2) 145쪽

❶ 5

17 3, 커지고에 ○표, 3, 커집니다에 ○표, 옳은에 ○표

18 (○) (×)
(×) (○)

18 · 50 − 5 = 55 − 10: 50에서 55로 5만큼 커지고 5에서 10으로 5만큼 커졌으므로 옳은 식입니다.
· 36 ÷ 4 = 72 ÷ 2: 72는 36에 2를 곱한 수이고 2는 4를 2로 나눈 수이므로 옳지 않은 식입니다.
· 15 + 9 = 20 + 14: 15에서 20으로 5만큼 커지고 9에서 14로 5만큼 커졌으므로 옳지 않은 식입니다.
· 3 × 8 = 6 × 4: 6은 3에 2를 곱한 수이고 4는 8을 2로 나눈 수이므로 옳은 식입니다.

기본에서 응용으로 146~149쪽

19 ㉯   **20** ㉮

21 1 + 3 + 5 + 7 + 9 + 11 = 36

22 1 + 3 + 5 + 7 + 9 + 11 + 13 + 15 = 64

23 900 + 600 − 1200

24 ㉯   **25** ㉰

26 9 × 99999 = 899991

27 9 × 9999999 = 89999991

28 444 ÷ 37

29 40 + 5, 90 ÷ 2에 ○표

30 13 + 25, 40 − 2에 ○표 /
예 13 + 25 = 40 − 2

31 예 3 × 9 / 예 20 + 7 = 3 × 9

32 50 − 2, 8 × 6, 43 + 5에 ○표 /
예 50 − 2 = 8 × 6 / 예 50 − 2 = 43 + 5 /
예 8 × 6 = 43 + 5

33 옳은에 ○표 / 예 120은 40에 3을 곱한 수이고, 6은 2에 3을 곱한 수이므로 두 양이 같습니다.

34 37 + 20 = 40 + 17

35 (1) 5 (2) 36   **36** 4, 방, 2, 학

37 8, 23, 5   **38** 예 11, 23

39 예 9 + 12, 7 + 14 / 9 + 12 = 7 + 14

19 ㉯ 계산식 규칙: 십의 자리 수가 똑같이 작아지는 두 수의 차는 항상 같습니다.

20 ㉮ 계산식의 규칙: 십의 자리 수가 각각 1씩 커지는 두 수의 합은 20씩 커집니다.

따라서 다음에 올 계산식은 $355 + 256 = 611$입니다.

21 1, 3, 5, 7, 9, ...와 같이 2씩 커지는 수를 2개, 3개, 4, ...개씩 더하는 규칙입니다.

따라서 다섯째 덧셈식은

$1 + 3 + 5 + 7 + 9 + 11 = 36$입니다.

서술형
22 ㉠ 계산 결과는 5, 7, 9, ...씩 커지는 규칙입니다.

$36 + 13 = 49$, $49 + 15 = 64$이므로 계산 결과가 64가 되는 덧셈식은 일곱째입니다.

따라서 일곱째 덧셈식은

$1 + 3 + 5 + 7 + 9 + 11 + 13 + 15 = 64$입니다.

단계	문제 해결 과정
①	덧셈식의 배열에서 규칙을 찾았나요?
②	계산 결과가 64가 되는 덧셈식을 구했나요?

23 600, 700, 800, ...과 같이 100씩 커지는 수에 300, 400, 500, ...과 같이 100씩 커지는 수를 각각 더하고, 300, 600, 900, ...과 같이 300씩 커지는 수를 각각 빼면 계산 결과가 100씩 작아지는 규칙입니다.

따라서 □ 안에 알맞은 식은 $900 + 600 - 1200$입니다.

25 ㉰ 계산식의 규칙: 나누어지는 수가 11011씩 작아지고 나누는 수가 11씩 작아지면 몫은 같습니다.

따라서 다음에 올 계산식은 $22022 \div 22 = 1001$입니다.

26 곱해지는 수는 9로 같고 곱하는 수가 9부터 9가 1개씩 늘어나면 곱은 8과 1 사이에 9가 1개씩 늘어나는 규칙입니다. 따라서 다섯째 곱셈식은

$9 \times 99999 = 899991$입니다.

서술형
27 ㉠ 곱은 8과 1 사이에 9가 순서보다 1만큼 더 작은 수만큼 들어가는 규칙입니다. 89999991에서 9가 6개이므로 계산 결과가 89999991이 되는 곱셈식은 일곱째입니다.

따라서 일곱째 곱셈식은 $9 \times 9999999 = 89999991$입니다.

단계	문제 해결 과정
①	곱셈식의 배열에서 규칙을 찾았나요?
②	계산 결과가 899999991이 되는 곱셈식을 구했나요?

28 나누어지는 수는 111의 1배, 2배, 3배가 되고 나누는 수는 37로 같을 때 몫은 3의 1배, 2배, 3배가 되는 규칙입니다.

따라서 □ 안에 알맞은 식은 $444 \div 37$입니다.

29 $40 + 5 = 45$, $9 \times 4 = 36$, $49 - 3 = 46$, $90 \div 2 = 45$이므로 45와 크기가 같은 것은 $40 + 5$, $90 \div 2$입니다.

30 ・$13 + 25 = 38$, $40 - 2 = 38$이므로 등호($=$)를 사용하여 하나의 식으로 나타내면 $13 + 25 = 40 - 2$입니다.

・$54 - 5 = 49$, $41 + 9 = 50$이므로 등호($=$)를 사용하여 하나의 식으로 나타낼 수 없습니다.

31 계산 결과가 27이 되는 식을 쓰고 등호($=$)를 사용하여 두 식을 하나의 식으로 나타내었으면 정답입니다.

32 계산 결과가 48이 되는 식 $50 - 2$, 8×6, $43 + 5$ 중 두 식을 등호($=$)의 양쪽에 써서 하나의 식으로 나타낼 수 있습니다.

34 37에서 40으로 3만큼 커졌으므로 20에서 17로 3만큼 작아져야 합니다.

35 (1) 47에서 44로 3만큼 작아졌으므로 □에서 2로 3만큼 작아져야 합니다.

➡ $□ - 3 = 2$, $2 + 3 = □$, $□ = 5$

(2) 6은 24를 4로 나눈 수이므로 □는 9에 4를 곱한 수입니다.

➡ $□ = 9 \times 4 = 36$

36 ・$26 \times □ = 4 \times 26$: 두 수를 바꾸어 곱해도 곱은 같으므로 $26 \times 4 = 4 \times 26$입니다.

➡ $□ = 4$

・$48 + 4 = 50 + □$: 48에서 50으로 2만큼 커졌으므로 □는 4에서 2만큼 작아진 수입니다.

➡ $□ = 2$

37 ・$42 - ■ = 36 - 2$: 42에서 36으로 6만큼 작아지므로 ■에서 6만큼 작아진 수가 2입니다.

➡ $■ = 8$

・$58 + 15 = 50 + ▲$: 58에서 50으로 8만큼 작아졌으므로 ▲는 15에서 8만큼 커진 수입니다.

➡ $▲ = 23$

・$15 \times 16 = ★ \times 48$: 48은 16에 3을 곱한 수이므로 ★은 15를 3으로 나눈 수입니다. ➡ $★ = 5$

따라서 유미네 집 주소는 한글로 8길 23-5입니다.

38 9 ＋ 25와 합이 같은 두 수의 합은 10 ＋ 24, 11 ＋ 23, 16 ＋ 18입니다.

39 덧셈, 곱셈을 이용하여 계산 결과가 21이 되는 여러 가지 식을 나타낼 수 있습니다. 이 중 두 식을 등호(＝)의 양쪽에 써서 하나의 식으로 나타낼 수 있습니다.

응용에서 최상위로
150~153쪽

1

78632	78642	78652	78662	78672
79632	79642	79652	79662	79672
80632	80642	80652	80662	80672
81632	81642	81652	81662	81672
82632	82642	82652	82662	82672

1-1

23821	33821	43821	53821	63821
23921	33921	43921	53921	63921
24021	34021	44021	54021	64021
24121	34121	44121	54121	64121
24221	34221	44221	54221	64221

1-2 73721

2 21개

2-1 56개   **2-2** 85개

3 5555555505

3-1 8888888   **3-2** 66666618

4 **1단계** ⑩ 가로줄 좌석 번호의 규칙은 앞줄부터 숫자가 9, 10, 11, ... 순서로 1씩 커지고, 알파벳은 그대로입니다. 따라서 희서가 서 있는 12C는 9C에서 세 줄 뒤에 있는 좌석입니다.

2단계 ⑩ 12C에서 두 줄 뒤에 있는 좌석 번호는 숫자는 2만큼 더 커지고 알파벳은 그대로인 14C입니다.

／ 14C

4-1 나열 6번

1 오른쪽으로 10씩 커지고, 아래쪽으로 1000씩 커지고, ↘ 방향으로 1010씩 작아지는 규칙입니다.

따라서 두 가지 조건을 만족시키는 수의 배열은 82672부터 시작하여 ↘ 방향의 배열이므로 82672, 81662, 80652, 79642, 78632에 색칠합니다.

1-1 오른쪽으로 10000씩 커지고, 아래쪽으로 100씩 커지고, ↗ 방향으로 9900씩 커지는 규칙입니다.
따라서 두 가지 조건을 만족시키는 수의 배열은 24221부터 시작하여 ↗ 방향의 배열이므로 24221, 34121, 44021, 53921, 63821에 색칠합니다.

1-2 24221부터 시작하여 ↗ 방향으로 9900씩 커지는 규칙이므로 ●에 알맞은 수는 63821보다 9900만큼 더 큰 수인 73721입니다.

2 모형이 1개에서 시작하여 2개, 3개, 4개, ...씩 늘어나는 규칙입니다.
따라서 여섯째에 알맞은 모양에서 모형은 1 ＋ 2 ＋ 3 ＋ 4 ＋ 5 ＋ 6 ＝ 21(개)입니다.

2-1 모형이 6개에서 시작하여 6개, 8개, 10개, ...씩 늘어나는 규칙입니다.
따라서 여섯째에 알맞은 모양에서 모형은 6 ＋ 6 ＋ 8 ＋ 10 ＋ 12 ＋ 14 ＝ 56(개)입니다.

2-2 사각형이 1개에서 시작하여 4개, 8개, 12개, ...씩 늘어나는 규칙입니다.
따라서 일곱째에 알맞은 모양에서 사각형은 1 ＋ 4 ＋ 8 ＋ 12 ＋ 16 ＋ 20 ＋ 24 ＝ 85(개)입니다.

3 123456789에 9를 1배, 2배, 3배, ... 한 수를 곱한 값은 1111111101을 1배, 2배, 3배, ... 한 수와 같습니다.
따라서 45는 9의 5배이므로 곱셈식의 규칙에 따라 123456789 × 45 ＝ 5555555505입니다.

3-1 1부터 □까지 수를 순서대로 나열한 수와 거꾸로 나열한 수를 더한 값은 □ ＋ 1을 □개만큼 쓰는 규칙입니다.
따라서 덧셈식의 규칙에 따라 1234567 ＋ 7654321 ＝ 8888888입니다.

3-2 11111103을 1배, 2배, 3배, ... 한 수를 9를 1배, 2배, 3배, ... 한 수로 나누면 그 몫은 모두 같습니다.
54는 9의 6배이므로 66666618 ÷ 54 ＝ 1234567입니다.
따라서 54로 나누었을 때 몫이 1234567이 되는 수는 66666618입니다.

4-1 세로줄의 좌석 번호는 앞줄부터 가열, 나열, 다열 순서로 정해지고, 숫자는 그대로입니다.
따라서 은규의 좌석 번호는 다열 6번에서 열의 순서는 다에서 나로 바뀌고 숫자는 그대로인 나열 6번입니다.

단원 평가 Level ❶
154 ~ 156쪽

1 ⓔ 오른쪽으로 100씩 커집니다.

2 (위에서부터) 3303, 5103, 6403

3

2003	2103	2203	2303	2403
3003	3103	3203		3403
4003	4103	4203	4303	4403
5003		5203	5303	5403
6003	6103	6203	6303	

4 (위에서부터) $1+2+3$, $1+2+3+4$, 6, 10

5 2, 작아집니다 / 2, 커집니다

6 8

7 (1) 51 (2) 0 (3) 18 (4) 8

8 ㉮

9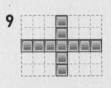

10 $900-600+700=1000$

11 $1100-800+900=1200$

12 $64\div4\div4\div4=1$

13 ⓔ 5, ×, 1 / ⓔ 5, −, 0

14 3053, 5155 **15** 1112, 1, 9, 8, 0

16 100008

17 $1111112\times9=10000008$

18 ⓔ $203+206=204+205$

19 $777778+222223=1000001$

20 5

1 예시된 답 이외에도 규칙이 맞으면 정답입니다.

3 두 가지 조건을 만족시키는 수의 배열은 2103부터 시작하여 ＼ 방향의 배열입니다.
따라서 2103, 3203, 4303, 5403에 색칠합니다.

4 모형이 1개에서 시작하여 2개, 3개, 4개, ...씩 늘어나는 규칙입니다.

5 더해지는 수가 2만큼 작아지고 더하는 수가 2만큼 커지면 두 양은 같습니다.

6 64부터 시작하여 오른쪽으로 2씩 나누는 규칙입니다.
따라서 빈칸에 알맞은 수는 $16\div2=8$입니다.

7 (3) 덧셈에서 두 수의 순서를 바꾸어 더해도 합은 같습니다.
(4) 곱셈에서 두 수의 순서를 바꾸어 곱해도 곱은 같습니다.

8 ㉯ 계산식의 규칙: 더해지는 수의 십의 자리 수가 2씩 커지고 더하는 수는 같을 때 두 수의 합은 20씩 커집니다.

9 사각형 ▦이 1개에서 시작하여 오른쪽과 왼쪽에 각각 1개씩, 위쪽과 아래쪽에 각각 1개씩 번갈아가며 늘어나는 규칙입니다.

10 500, 600, 700, ...과 같이 100씩 커지는 수에 200, 300, 400, ...과 같이 100씩 커지는 수를 각각 빼고, 300, 400, 500, ...과 같이 100씩 커지는 수를 각각 더하면 계산 결과가 100씩 커지는 규칙입니다.
따라서 빈칸에 알맞은 식은
$900-600+700=1000$입니다.

11 계산 결과는 600부터 100씩 커지는 규칙이므로 계산 결과가 1200이 되는 계산식은 일곱째입니다.
따라서 일곱째 계산식은
$1100-800+900=1200$입니다.

12 3을 한 번, 두 번, 세 번, ... 곱한 수를 3으로 한 번, 두 번, 세 번, ... 나누면 계산 결과가 1이 되는 규칙입니다.
따라서 4를 한 번, 두 번, 세 번, ... 곱한 수를 4로 한 번, 두 번, 세 번, ... 나누면 계산 결과가 1이 되므로 □ 안에 알맞은 식은 $64\div4\div4\div4=1$입니다.

13 $5=1\times5$, $5=5\div1$, $5=5+0$, $5=0+5$도 정답이 될 수 있습니다.

14 오른쪽으로 1001씩 커지는 규칙입니다.
　■는 2052보다 1001만큼 더 큰 수이므로 3053이고,
　●는 4154보다 1001만큼 더 큰 수이므로 5155입니다.

16 계산 결과는 1과 8 사이에 0이 그 순서만큼 들어가는 규칙이므로 □ 안에 알맞은 수는 100008입니다.

17 10000008에서 0이 6개이므로 여섯째 곱셈식을 구하면 1111112 × 9 = 10000008입니다.

18 이웃한 네 개의 수에서 ＼ 방향의 두 수와 ／ 방향의 두 수의 합은 같습니다.

서술형
19 예 더해지는 수는 78부터 7이 1개씩 늘어나고 더하는 수는 23부터 2가 1개씩 늘어나면 계산 결과는 1과 1 사이에 0이 1개씩 늘어나는 규칙입니다.
　따라서 다섯째 덧셈식은
　777778 + 222223 = 1000001입니다.

평가 기준	배점(5점)
덧셈식의 배열에서 규칙을 찾았나요?	2점
다섯째 덧셈식을 구했나요?	3점

서술형
20 예 위의 두 수를 더하면 아래 가운데 수가 되는 규칙입니다. 빈칸에 알맞은 수는 1 + 4 = 5입니다.

평가 기준	배점(5점)
수의 배열에서 규칙을 찾았나요?	2점
빈칸에 알맞은 수를 구했나요?	3점

단원 평가 Level ❷
157 ~ 159쪽

1 예 아래쪽으로 100, 200, 300, ...씩 커집니다.

2 (위에서부터) 24, 318, 1012

3 다7　　　　　**4** ㉠, ㉢

5 , 13

6 (위에서부터) 0, 5　　**7** 8

8 예 사각형이 0개에서 시작하여 1개, 3개, 5개, ...씩 늘어나는 규칙입니다. /
예 사각형이 1개에서 시작하여 위쪽, 오른쪽으로 각각 1개씩 늘어나는 규칙입니다.

9

10 (위에서부터) 428, 543, 105

11 95 − 15, 2 × 40에 ○표

12 12 + 14 + 16 + 18 + 20 = 80

13 일곱째

14 예 8 + 9 + 10 + 11 + 12 = 10 × 5

15 30

16 예 나누어지는 수는 1과 1 사이에 2가 1개씩 늘어나고 나누는 수는 1부터 1이 한 개씩 늘어나면 몫은 모두 11로 같습니다.

17 122221 ÷ 11111 = 11

18 12222221　　　**19** 49개

20 555555

2 오른쪽으로 3씩 커지는 규칙이고, 아래쪽으로 100, 200, 300, ...씩 커지는 규칙입니다.

3 ★ 모양으로 표시한 칸은 가로줄로 보면 다3에서 시작하여 기호는 그대로이고 숫자만 1씩 커지므로 표시한 칸의 번호는 다7입니다.

4 ㉡ 20 × 5 = 100, 25 + 5 = 30이므로 20 × 5와 25 + 5는 등호(=)가 있는 식으로 나타낼 수 없습니다.
　㉢ 15 × 6 = 90, 6 × 14 = 84이므로 15 × 6과 6 × 14는 등호(=)가 있는 식으로 나타낼 수 없습니다.

5 사각형이 1개에서 시작하여 4개씩 늘어나는 규칙입니다. 따라서 넷째에 알맞은 모양은 셋째 모양에서 위쪽, 오른쪽으로 각각 2개씩 늘어난 모양을 그리고, □ 안에 알맞은 수는 1 + 4 + 4 + 4 = 13입니다.

6 세로줄과 가로줄의 수가 만나는 칸에 두 수의 곱셈의 결과에서 일의 자리 숫자를 쓰는 규칙입니다. 따라서 605 × 34 = 20570에서 일의 자리 숫자 0을 쓰고, 603 × 35 = 21105에서 일의 자리 숫자 5를 씁니다.

7 708 × 26 = 18408이므로 수 배열표의 규칙에 따라 708과 26이 만나는 칸에 알맞은 수는 8입니다.

9 다섯째에 알맞은 모양은 가로 5개, 세로 5개로 이루어진 정사각형 모양으로 ㄴ 모양에는 파란색 사각형, 나머지 부분에는 빨간색 사각형이 놓입니다.

10 10씩 커지는 수에서 10씩 커지는 수를 **빼면** 차는 같습니다.

11 $4 \times 20 = 80$이므로 계산 결과가 80인 식을 찾습니다.
$120 \div 3 = 40$, $95 - 15 = 80$, $2 \times 40 = 80$,
$30 + 30 + 30 = 90$

12 더하는 5개의 수가 모두 2씩 커지면 계산 결과는 10씩 커집니다.

13 계산 결과가 10씩 커지는 규칙이므로 여섯째 덧셈식의 계산 결과는 90이고 일곱째 덧셈식의 계산 결과는 100입니다.

14 달력에서 연속된 5개의 수를 더한 값은 가운데 수에 5를 곱한 값과 같습니다.

15 ㉠ 84는 42에 2를 곱한 수이므로 ■는 6에 2를 곱한 수입니다.
　➡ ■ $= 6 \times 2 = 12$
ㄴ 28은 14에 2를 곱한 수이므로 ▲는 36을 2로 나눈 수입니다.
　➡ ▲ $= 36 \div 2 = 18$
따라서 ■와 ▲에 알맞은 수의 합은 $12 + 18 = 30$입니다.

18 나누는 수의 1의 개수는 순서와 같습니다.
1111111에서 1이 7개이므로 일곱째에 알맞은 나눗셈식을 구하면 $12222221 \div 1111111 = 11$입니다.
따라서 1111111로 나누었을 때 몫이 11이 되는 수는 12222221입니다.

^{서술형}
19 ⑩ 모형이 1개에서 시작하여 3개, 5개, 7개, ...씩 늘어나는 규칙입니다.
따라서 일곱째에 알맞은 모양에서 모형의 수는
$1 + 3 + 5 + 7 + 9 + 11 + 13 = 49$(개)입니다.

평가 기준	배점(5점)
모형의 배열에서 규칙을 찾았나요?	2점
일곱째에 알맞은 모양에서 모형은 몇 개인지 구했나요?	3점

^{서술형}
20 ⑩ 37037에 3의 ■배인 수(■는 한 자리 수)를 곱하면 각 자리 숫자가 ■인 여섯 자리 수가 나옵니다.
따라서 15는 3의 5배이므로 $37037 \times 15 = 555555$입니다.

평가 기준	배점(5점)
곱셈식의 배열에서 규칙을 찾았나요?	2점
37037×15의 값을 구했나요?	3점

💡 **사고력이 반짝**　　　　160쪽

하영 / 수아

응용탄탄북 정답과 풀이

1 큰 수

서술형 문제
2~5쪽

1 ㉢, ㉠, ㉡		**2** 1조 2500억	
3 83460원		**4** 1000배	
5 52368		**6** 2600억 원	
7 59|0500		**8** 6조 2200억	

1 ⑩ ㉠ 7조 6875억 520만 4500, ㉡ 76억 6000만, ㉢ 7조 8900억입니다.
㉠과 ㉢은 13자리 수이고 ㉡은 10자리 수이므로 가장 작은 수는 ㉡입니다.
㉠과 ㉢에서 조의 자리 수가 같으므로 천억의 자리 수를 비교하면 6<8이므로 ㉢이 더 큽니다.
따라서 큰 수부터 차례로 기호를 쓰면 ㉢, ㉠, ㉡입니다.

단계	문제 해결 과정
①	큰 수의 크기 비교 방법을 알고 있나요?
②	큰 수부터 차례로 기호를 썼나요?

2 ⑩ 8500억에서 2번 뛰어 세어 1조 500억으로 2000억만큼 더 커졌으므로 1000억씩 뛰어 세었습니다.
8500억에서 1000억씩 4번 뛰어 세면
8500억 - 9500억 - 1조 500억 - 1조 1500억 - 1조 2500억이므로 ㉠에 알맞은 수는 1조 2500억입니다.

단계	문제 해결 과정
①	얼마만큼씩 뛰어 세었는지 구했나요?
②	㉠에 알맞은 수를 구했나요?

3 ⑩ 만 원짜리 지폐 7장은 70000원, 천 원짜리 지폐 12장은 12000원, 백 원짜리 동전 12개는 1200원, 십 원짜리 동전 26개는 260원입니다.
따라서 우정이가 가지고 있는 돈은 모두
70000 + 12000 + 1200 + 260 = 83460(원)입니다.

단계	문제 해결 과정
①	각 돈의 단위별로 얼마인지 구했나요?
②	우정이가 가지고 있는 돈은 모두 얼마인지 구했나요?

4 ⑩ ㉠은 억의 자리 숫자이므로 4\|0000\|0000을 나타내고 ㉡은 십만의 자리 숫자이므로 40\|0000을 나타냅니다.
따라서 4\|0000\|0000은 40\|0000보다 0이 3개 더 많으므로 ㉠이 나타내는 값은 ㉡이 나타내는 값의 1000배입니다.

단계	문제 해결 과정
①	㉠, ㉡이 나타내는 값을 각각 구했나요?
②	㉠이 나타내는 값은 ㉡이 나타내는 값의 몇 배인지 구했나요?

5 ⑩ 만의 자리 숫자가 5인 다섯 자리 수는 5□□□□입니다.
가장 작은 수를 만들려면 남은 자리 중 높은 자리부터 작은 수를 차례로 놓아야 합니다. 2<3<6<8이므로 만의 자리 숫자가 5인 가장 작은 수는 52368입니다.

단계	문제 해결 과정
①	만의 자리 숫자가 5인 다섯 자리 수를 나타냈나요?
②	만의 자리 숫자가 5인 가장 작은 수를 구했나요?

6 ⑩ 1600억에서 250억씩 4번 뛰어 세면
1600억 - 1850억 - 2100억 - 2350억 - 2600억입니다.
따라서 5년 동안 절약되는 금액은 2600억 원입니다.

단계	문제 해결 과정
①	1600억에서 250억씩 4번 뛰어 세었나요?
②	5년 동안 절약되는 금액을 구했나요?

7 ⑩ 59만보다 크고 60만보다 작은 여섯 자리 수이므로 십만의 자리 숫자는 5, 만의 자리 숫자는 9입니다.
59□□□□에서 백의 자리 숫자는 십만의 자리 숫자와 같으므로 5이고, 숫자 0이 3개 있으므로 나머지 자리 숫자는 모두 0입니다.
따라서 조건을 모두 만족시키는 수는 59\|0500입니다.

단계	문제 해결 과정
①	십만의 자리 숫자와 만의 자리 숫자를 각각 구했나요?
②	조건을 모두 만족시키는 수를 구했나요?

8 ⑩ 20억씩 10번 뛰어 세면 200억만큼 더 커지므로 어떤 수는 5조 2400억보다 200억만큼 더 작은 5조 2200억입니다.
1000억씩 10번 뛰어 세면 1조만큼 더 커지므로 5조 2200억보다 1조만큼 더 큰 6조 2200억이 됩니다.

단계	문제 해결 과정
①	어떤 수를 구했나요?
②	어떤 수에서 1000억씩 10번 뛰어 센 수를 구했나요?

정답과 풀이 **51**

다시 점검하는 **단원 평가** Level ❶

6~8쪽

1 ④	**2** ㉣
3 4200장	**4** 94823
5 600 0000 0000 (또는 600억)	
6 ㉡	**7** 10 0760 5000
8 ㉢	**9** 2억 3000만
10 94조 6000억 km	**11** 2990억, 3190억
12 1656억	**13** >
14 ㉡	**15** 5
16 수성	**17** 8866 5335
18 180만 원	**19** 958 7643
20 29 1736 8450원	

1 ④ 1000의 100배인 수는 10 0000입니다.

2 ㉠ 367 0000 ➡ 4개　　㉡ 50 2008 ➡ 3개
㉢ 927 0034 ➡ 2개　　㉣ 800 0090 ➡ 5개

3 4200 0000원은 4200만 원이므로 만 원짜리 지폐로
만 찾으면 모두 4200장입니다.

4 269 45 ➡ 백의 자리 숫자: 900
896 70 ➡ 천의 자리 숫자: 9000
9 4823 ➡ 만의 자리 숫자: 90000
135 970 ➡ 백의 자리 숫자: 900
따라서 숫자 9가 나타내는 값이 가장 큰 수는 94823
입니다.

5 억이 3641개, 만이 8534개인 수
➡ 3641억 8534만 ➡ 3641 8534 0000
따라서 6은 백억의 자리 숫자이므로 600 0000 0000
을 나타냅니다.

6 ㉠ 3 1780 2695 1000 ➡ 조의 자리 숫자: 3조
㉡ 64 3200 0129 0000 ➡ 천억의 자리 숫자: 3천억
㉢ 123 5792 4600 9180 ➡ 조의 자리 숫자: 3조
따라서 나타내는 값이 다른 하나는 ㉡입니다.

7 1000만이 100개이면 10억,
10만이 70개이면 700만,
10000이 60개이면 60만,
1000이 5개이면 5000이므로
10억 760만 5000 ➡ 10 0760 5000입니다.

8 ㉠ 64 7820 5480　　㉡ 4736 0472 5408
㉢ 98 2478 1054　　㉣ 1073 9481 0310
억의 자리 숫자가 ㉠ 4, ㉡ 6, ㉢ 8, ㉣ 3이므로 ㉢이
가장 큽니다.

9 어떤 수는 2억 6000만에서 500만씩 거꾸로 6번 뛰어
센 수입니다.
2억 6000만 — 2억 5500만 — 2억 5000만 —
2억 4500만 — 2억 4000만 — 2억 3500만 —
2억 3000만

10 10광년은 9조 4600억 km의 10배이므로
94조 6000억 km입니다.

11 3290억 — 3390억 — 3490억에서 백억의 자리 수가
1씩 커졌으므로 100억씩 뛰어 센 것입니다.

12 1256억과 2256억 사이의 작은 눈금 10칸이 1000억
을 나타내므로 작은 눈금 한 칸은 100억을 나타냅니다.
따라서 ㉠은 1256억에서 100억씩 4번 뛰어 센 수이
므로 1256억 — 1356억 — 1456억 — 1556억
— 1656억입니다.

13 24억 5734만 ➡ 24 5734 0000(10자리 수)
2 4578 0000(9자리 수)
➡ 24억 5734만 > 2 4578 0000

14 ㉠ 3550조 — 3650조 — 3750조 — 3850조
— 3950조 — 4050조
㉡ 450억 — 4500억 — 4조 5000억 — 45조
— 450조 — 4500조
따라서 4050조 < 4500조이므로 더 큰 수는 ㉡입니다.

15 5 0486 5607 0400 > 5 048□ 6819 0075
두 수 모두 13자리 수이고 십억의 자리 수까지 같으므
로 천만의 자리 수를 비교하면 5 < 6입니다.
따라서 □ 안에 들어갈 수 있는 수는 6보다 작은 수이
므로 그중 가장 큰 수는 5입니다.

16 목성: 6억 2832만 ➡ 6│2832│0000(9자리 수)

수성: 9170│0000(8자리 수)

따라서 지구에 더 가까운 행성은 수성입니다.

17 가장 큰 수를 만들려면 높은 자리부터 큰 수를 차례로 놓아야 합니다.

가장 큰 수: 8866│5533

둘째로 큰 수: 8866│5353

셋째로 큰 수: 8866│5335

18 30만씩 뛰어 세면

30만 ─ 60만 ─ 90만 ─ 120만 ─ 150만 ─
(3월)　(4월)　(5월)　(6월)　(7월)

180만입니다.
(8월)

따라서 저금한 돈은 모두 180만 원입니다.

서술형
19 예 십만의 자리 숫자가 5인 7자리 수는
□5□□□□□입니다. 가장 큰 수를 만들려면 남은 자리 중 높은 자리부터 큰 수를 차례로 놓아야 하므로 십만의 자리 숫자가 5인 가장 큰 수는 958│7643입니다.

평가 기준	배점(5점)
십만의 자리 숫자가 5인 7자리 수를 나타냈나요?	2점
십만의 자리 숫자가 5인 가장 큰 수를 구했나요?	3점

서술형
20 예 20억보다 크고 30억보다 작은 10자리 수이므로 십억의 자리 숫자는 2입니다. 2□□736│8450에서 십만의 자리 숫자가 3이므로 억의 자리 숫자는 3의 3배인 9입니다. 각 자리의 숫자는 모두 다르므로 천만의 자리 숫자는 남은 숫자인 1입니다.

따라서 기부금은 29│1736│8450원입니다.

평가 기준	배점(5점)
20억보다 크고 30억보다 작은 10자리 수를 나타냈나요?	2점
기부금은 얼마인지 구했나요?	3점

다시 점검하는 **단원 평가 Level ❷** 　9~11쪽

1 ④

2 1│0000│0000│0000 (또는 1조)

3 15개　　　　**4** ②

5 210│5600│0000 (또는 210억 5600만)

6 14　　　　**7** >

8 2280│0000│0000개　　**9** ⓒ, ⓔ, ⓖ, ⓛ

10 20000배　　　　**11** 6개월

12 5

13 1008억 5000만, 1108억 5000만, 1208억 5000만

14 1, 2, 3　　　　**15** 402│0000원

16 10조 2800억 원　　　　**17** 2년 전

18 28장, 5장　　　　**19** 51│1223│3566

20 4개

1 천의 자리 숫자를 각각 구해 보면

① 27936 ➡ 7, ② 30562 ➡ 0, ③ 40681 ➡ 0,
④ 56340 ➡ 6, ⑤ 68125 ➡ 8입니다.

따라서 천의 자리 숫자가 6인 수는 ④입니다.

2 1억을 10배 한 수는 10억, 100배 한 수는 100억, 1000배 한 수는 1000억, 10000배 한 수는 1조입니다.

3 ㉠ 8조 306억 11만

➡ 8│0306│0011│0000 ➡ 8개

㉡ 20조 56억 451만 7000

➡ 20│0056│0451│7000 ➡ 7개

따라서 0은 모두 8 + 7 = 15(개) 쓰게 됩니다.

4 십억의 자리 숫자를 각각 구해 보면

① 354│2670│4120 ➡ 5, ② 987│4582│0407 ➡ 8,
③ 21│4876│5047 ➡ 2, ④ 179│2460│8420 ➡ 7,
⑤ 86│9743│5│4868 ➡ 6입니다.

따라서 십억의 자리 숫자가 가장 큰 수는 ②입니다.

5 억이 21개, 만이 560개인 수는 21억 560만이므로 21억 560만을 10배 한 수는 210억 5600만입니다.

6 157846559230206

십조의 자리 숫자: 5, 백만의 자리 숫자: 9

➡ 5 ＋ 9 ＝ 14

7 삼십억 이백구만 삼천 ➡ 30억 209만 3000

두 수 모두 10자리 수이고 백만의 자리 수까지 같으므로 십만의 자리 수를 비교하면 5 ＞ 0입니다.

따라서 30억 259만 ＞ 30억 209만 3000입니다.

8 1 km ＝ 1000 m입니다.

2억 2800만 km

➡ 22800000000 km

➡ 228000000000 m이므로 1 m인 자를

228000000000개 늘어놓은 것과 같습니다.

9 ㉠ 25941078645(11자리 수)

㉡ 2964783500(10자리 수)

㉢ 2조 500억 2000만

➡ 2050020000000(13자리 수)

㉣ 2000억 600만 ➡ 200006000000(12자리 수)

따라서 큰 수부터 차례로 기호를 쓰면 ㉢, ㉣, ㉠, ㉡입니다.

10 56823542000에서 8은 억의 자리 숫자이므로 800000000을 나타내고 4는 만의 자리 숫자이므로 40000을 나타냅니다.

8 ÷ 4 ＝ 2이고 800000000은 40000보다 0이 4개 더 많으므로 ㉠이 나타내는 값은 ㉡이 나타내는 값의 20000배입니다.

11 15만에서 5만씩 뛰어 세면

15만 － 20만 － 25만 － 30만 － 35만 － 40만 － 45만이므로 15만에서 5만씩 6번 뛰어 세면 45만입니다.

따라서 적어도 6개월이 더 걸립니다.

12 356억 490만 ➡ 35604900000이고, 10배 할 때마다 수의 끝자리에 0이 하나씩 붙으므로 10배씩 뛰어 세기를 2번 하면 0이 2개 더 붙습니다.

따라서 3560490000000이므로 천억의 자리 숫자는 5입니다.

13 708억 5000만 － 808억 5000만 － 908억 5000만 에서 백억의 자리 수가 1씩 커졌으므로 100억씩 뛰어 센 것입니다.

14 두 수 모두 6자리 수이고 만의 자리 수를 비교하면 2 ＜ 8입니다.

따라서 □ 안에 들어갈 수 있는 수는 4보다 작은 수이므로 1, 2, 3입니다.

15 1000000원짜리 수표 3장: 3000000원

100000원짜리 수표 9장: 900000원

10000원짜리 지폐 12장: 120000원

따라서 여행사에 낸 여행 경비는 모두 4020000원입니다.

16 10년 동안의 매출액은 1년 매출액의 10배이므로 1조 280억(1028000000000)을 10배 하면 10조 2800억(10280000000000)이 됩니다.

따라서 10년 동안의 매출액은 10조 2800억 원입니다.

17 1년에 20000 km를 달렸으므로 120000에서 20000씩 거꾸로 뛰어 세어 봅니다.

120000 － 100000 － 80000이므로 80000 km를 달렸을 때는 오늘로부터 2년 전입니다.

18 이천팔백오십만을 수로 쓰면

2850만 ➡ 28500000입니다.

28500000 ＝ 28000000 ＋ 500000이므로 이천팔백오십만 원은 백만 원짜리 수표 28장과 십만 원짜리 수표 5장으로 바꿀 수 있습니다.

서술형
19 예 수 카드를 2번씩 사용하여 만든 10자리 수 중 50억보다 크면서 가장 가까운 수는 5112233566이고 50억보다 작으면서 가장 가까운 수는 3665532211입니다.

따라서 50억에 가장 가까운 수는 5112233566입니다.

평가 기준	배점(5점)
50억보다 크면서 50억에 가장 가까운 수를 구했나요?	2점
50억보다 작으면서 50억에 가장 가까운 수를 구했나요?	2점
50억에 가장 가까운 수를 구했나요?	1점

서술형
20 예 1753조 ➡ 1753000000000000 ➡ 0이 12개

854조 7243억 ➡ 854724300000000 ➡ 0이 8개

따라서 0의 개수는 중국이 미국보다 12 － 8 ＝ 4(개) 더 많습니다.

평가 기준	배점(5점)
중국과 미국으로 수출한 금액을 각각 수로 쓰고 0의 개수를 각각 구했나요?	4점
0의 개수는 중국이 미국보다 몇 개 더 많은지 구했나요?	1점

2 각도

12~15쪽

서술형 문제

1 165°	**2** 60°
3 150°	**4** 720°
5 40°	**6** 130°
7 40°	**8** 30°
9 75°	**10** 40°

1 ⑩ 사각형의 네 각의 크기의 합은 360°이므로
㉠＋㉡＝360°－75°－120°＝165°입니다.

단계	문제 해결 과정
①	사각형의 네 각의 크기의 합이 360°임을 알고 있나요?
②	㉠과 ㉡의 각도의 합을 구했나요?

2 ⑩

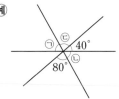

㉡＝180°－80°－40°＝60°,
㉢＝180°－60°－40°＝80°이므로
㉠＝180°－40°－80°＝60°입니다.

단계	문제 해결 과정
①	㉡과 ㉢의 각도를 각각 구했나요?
②	㉠의 각도를 구했나요?

3 ⑩ 180°를 6등분 하였으므로 가장 작은 각의 크기는
180°÷6＝30°입니다.
따라서 각 ㄱㅇㅂ의 크기는 30°×5＝150°입니다.

단계	문제 해결 과정
①	가장 작은 각의 크기를 구했나요?
②	각 ㄱㅇㅂ의 크기를 구했나요?

4 ⑩

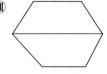

주어진 도형은 사각형 2개로 나눌 수 있습니다. 사각형의 네 각의 크기의 합은 360°이므로 여섯 각의 크기의 합은 사각형의 네 각의 크기의 합의 2배입니다.
따라서 도형의 여섯 각의 크기의 합은
360°×2＝720°입니다.

단계	문제 해결 과정
①	주어진 도형을 사각형 2개로 나누었나요?
②	도형의 여섯 각의 크기의 합을 구했나요?

5 ⑩ 한 직선이 이루는 각도는 180°이므로
㉡＝180°－130°＝50°이고,
삼각형의 세 각의 크기의 합은 180°이므로
㉠＝180°－40°－50°＝90°입니다.
따라서 ㉠－㉡＝90°－50°＝40°입니다.

단계	문제 해결 과정
①	㉡의 각도를 구했나요?
②	㉠의 각도를 구했나요?
③	㉠과 ㉡의 각도의 차를 구했나요?

6 ⑩

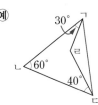

삼각형 ㄱㄴㄷ에서 삼각형의 세 각의 크기의 합은 180°이므로
(각 ㄹㄱㄷ)＋(각 ㄹㄷㄱ)
＝180°－60°－40°－30°＝50°입니다.
따라서 삼각형 ㄱㄹㄷ에서
(각 ㄱㄹㄷ)＝180°－50°＝130°입니다.

단계	문제 해결 과정
①	(각 ㄹㄱㄷ)+(각 ㄹㄷㄱ)은 몇 도인지 구했나요?
②	각 ㄱㄹㄷ의 작은 쪽의 각도를 구했나요?

7 ⑩ 사각형 ㅁㄴㄷㄹ에서 각 ㄴㄷㄹ과 각 ㄷㄹㅁ은 모두 90°이고 사각형의 네 각의 크기의 합은 360°이므로
(각 ㄹㅁㄷ)
＝360°－50°－90°－90°－90°＝40°입니다.

단계	문제 해결 과정
①	사각형의 네 각의 크기의 합이 360°임을 알고 있나요?
②	각 ㄹㅁㄷ의 크기를 구했나요?

8 ⑩ 시계에는 숫자가 12개 있고 시곗바늘이 한 바퀴 돌면 360°이므로 숫자 눈금 한 칸의 크기는
360°÷12＝30°입니다.
따라서 4시의 각도는 숫자 눈금 4칸, 7시의 각도는 숫자 눈금 5칸이므로 두 각도의 차는 숫자 눈금 한 칸만큼인 30°입니다.

단계	문제 해결 과정
①	숫자 눈금 한 칸의 각도를 알고 있나요?
②	두 각도의 차를 구했나요?

9 예

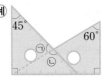

삼각자의 나머지 한 각의 크기는 각각 $30°$, $45°$입니다.

삼각형의 세 각의 크기의 합은 $180°$이므로

$ⓛ = 180° - 30° - 45° = 105°$입니다.

한 직선이 이루는 각도는 $180°$이므로

$ⓐ = 180° - 105° = 75°$입니다.

단계	문제 해결 과정
①	ⓛ의 각도를 구했나요?
②	ⓐ의 각도를 구했나요?

10 예

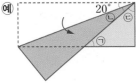

종이를 접은 부분의 각도는 서로 같으므로 ⓛ의 각도는 $20°$이고,

$ⓒ = 90° - 20° - 20° = 50°$입니다.

삼각형의 세 각의 크기의 합은 $180°$이므로

$ⓐ = 180° - 90° - 50° = 40°$입니다.

단계	문제 해결 과정
①	ⓛ과 ⓒ의 각도를 각각 구했나요?
②	ⓐ의 각도를 구했나요?

다시 점검하는 **단원 평가** Level ❶

16~18쪽

1 ⓐ	**2** $130°$
3 $110°$	**4** 4개, 2개
5 가, 마 / 라 / 나, 다, 바	**6** 6개
7 윤주	**8** 예각, 둔각
9 $160°$	**10** <
11 ③	**12** 55
13 ⑤	**14** $25°$
15 $150°$	**16** 80
17 $25°$	**18** $250°$
19 오후 3시 25분	**20** $50°$

1 각의 두 변이 적게 벌어질수록 작은 각입니다.

2 각의 한 변이 바깥쪽 눈금 0에 맞춰져 있으므로 바깥쪽 눈금 130을 읽습니다.

3 각도기의 중심을 각의 꼭짓점에 맞추고, 각도기의 밑금을 각의 한 변에 맞춘 다음 다른 변이 가리키는 각도기의 눈금을 읽습니다.

4 $0°$보다 크고 직각보다 작은 각을 예각이라 하고, 직각보다 크고 $180°$보다 작은 각을 둔각이라고 합니다.

예각: $30°$, $55°$, $60°$, $20°$ ➡ 4개

둔각: $150°$, $110°$ ➡ 2개

5 예각: $0°$보다 크고 직각보다 작은 각은 가, 마입니다.

직각: $90°$인 각은 라입니다.

둔각: 직각보다 크고 $180°$보다 작은 각은 나, 다, 바입니다.

6 예각은 $0°$보다 크고 직각보다 작은 각입니다.

 ➡ 6개

7 각도기를 사용하여 깃발의 각의 크기를 재어 보면 $45°$입니다.

$35°$보다 $40°$가 $45°$에 더 가까우므로 더 가깝게 어림한 사람은 윤주입니다.

8

2시 9시 30분

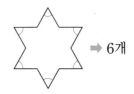 ➡ 예각   ➡ 둔각

9

시곗바늘이 한 바퀴 돌면 $360°$이고 숫자가 12개 있으므로 숫자 눈금 한 칸의 크기는 $360° ÷ 12 = 30°$입니다.

① 숫자 2에서 8까지는 숫자 눈금 6칸이므로
$30° × 6 = 180°$입니다.

② 짧은바늘은 한 시간에 $30°$ 움직이므로
10분에 $30° ÷ 6 = 5°$씩 움직이고
40분에는 $5° × 4 = 20°$ 움직입니다.

따라서 시계의 긴바늘과 짧은바늘이 이루는 작은 쪽의 각도는 ① - ② $= 180° - 20° = 160°$입니다.

10 $150° - 40° = 110°,\ 70° + 55° = 125°$
  ➡ $110° < 125°$

11 ① $125° - 35° = 90°$　② $90° - 30° = 60°$
  ③ $140° - 95° = 45°$　④ $25° + 40° = 65°$
  ⑤ $45° + 25° = 70°$

12 한 직선이 이루는 각도는 $180°$이므로
  $90° + \Box° + 35° = 180°$
  ➡ $\Box° = 180° - 90° - 35° = 55°$입니다.

13 삼각형의 세 각의 크기의 합은 $180°$입니다.
  ⑤ $30° + 50° + 110° = 190°$

14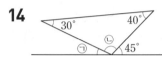
  삼각형의 세 각의 크기의 합은 $180°$이므로
  ○ $= 180° - 30° - 40° = 110°$입니다.
  한 직선이 이루는 각도는 $180°$이므로
  ○ $= 180° - 110° - 45° = 25°$입니다.

15 사각형의 네 각의 크기의 합은 $360°$이므로
  ㉠ $+ 80° +$ ㉡ $+$ ㉢ $+ 130° = 360°$입니다.
  ➡ ㉠ $+$ ㉡ $+$ ㉢ $= 360° - 80° - 130° = 150°$

16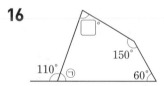
  한 직선이 이루는 각도는 $180°$이므로
  ㉠ $= 180° - 110° = 70°$입니다.
  사각형의 네 각의 크기의 합은 $360°$이므로
  $\Box° = 360° - 70° - 60° - 150° = 80°$입니다.

17 삼각자의 나머지 한 각의 크기는 $45°$입니다.
  $20° + 45° +$ ㉠ $= 90°$이므로
  ㉠ $= 90° - 20° - 45° = 25°$입니다.

18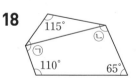
  도형을 삼각형 1개와 사각형 1개로 나눌 수 있으므로
  다섯 각의 크기의 합은 $180° + 360° = 540°$입니다.
  ➡ ㉠ $+$ ○ $= 540° - 110° - 65° - 115° = 250°$

^{서술형}
19 예 시계의 긴바늘은 한 시간에 $360°$를 움직이므로
  1분에 $360° ÷ 60 = 6°$씩 움직입니다.

긴바늘이 $150°$를 움직이려면 $150 ÷ 6 = 25$(분)이
걸립니다.
따라서 운동을 끝낸 시각은 오후 3시 25분입니다.

평가 기준	배점(5점)
시계의 긴바늘이 $150°$를 움직이려면 몇 분이 걸리는지 구했나요?	3점
운동을 끝낸 시각을 구했나요?	2점

^{서술형}
20 예
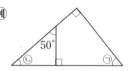
삼각형의 세 각의 크기의 합은 $180°$이므로
○ $= 180° - 90° - 50° = 40°$입니다.
따라서 ㉠ $= 180° - 90° - 40° = 50°$입니다.

평가 기준	배점(5점)
○의 각도를 구했나요?	3점
㉠의 각도를 구했나요?	2점

다시 점검하는 단원 평가 Level ❷   19~21쪽

1 ○, ○, ㉠		**2** (○)( )	
3 ㉠		**4** $125°$	
5		/ 예각, 둔각	
6 3개, 2개, 3개		**7** 4개	
8 $150°$		**9** $120°$	
10 $170°, 70°$		**11** <	
12 65		**13** $45°$	
14 70		**15** $80°$	
16 55		**17** $105°$	
18 $720°$		**19** $15°$	
20 $40°$			

1 각의 크기는 두 변이 적게 벌어질수록 작습니다.

2 오른쪽은 각도기의 밑금과 각의 한 변을 잘못 맞추었습니다.

3 점 ㅇ과 ㉡, ㉢을 이으면 직각, ㉣을 이으면 둔각이 됩니다.

4 삼각형 ㄱㄴㄷ에서 둔각은 각 ㄴㄷㄷ이므로 각도기를 사용하여 각 ㄴㄱㄷ의 크기를 재어 보면 125°입니다.

5 0°보다 크고 직각보다 작은 각은 예각, 직각보다 크고 180°보다 작은 각은 둔각입니다.

6

7
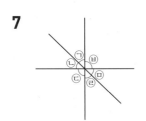
둔각은 직각보다 크고 180°보다 작은 각입니다.
㉡+㉢, ㉢+㉣, ㉤+㉥,
㉥+㉠ ➡ 4개

8 부챗살 5개로 부채를 만들면 부챗살 사이의 각이 6개 생기므로 완전히 펼쳤을 때 부채 갓대가 이루는 각의 크기는 $25° \times 6 = 150°$입니다.

9 숫자 눈금 한 칸의 크기는 30°이고, 숫자 8에서 12까지는 숫자 눈금 4칸이므로 $30° \times 4 = 120°$입니다.

10 두 각도는 각각 50°, 120°입니다.
각도의 합: $50° + 120° = 170°$
각도의 차: $120° - 50° = 70°$

11 $65° + 75° = 140°$, $86° + 57° = 143°$
➡ $140° < 143°$

12 한 직선이 이루는 각도는 180°이므로
$\square° = 180° - 90° - 25° = 65°$입니다.

13 삼각형의 세 각의 크기의 합은 180°이므로 나머지 한 각의 크기는 $180° - 65° - 70° = 45°$입니다.

14 삼각형의 세 각의 크기의 합은 180°이므로 삼각형의 나머지 한 각의 크기는 $180° - 70° = 110°$입니다.
한 직선이 이루는 각도는 180°이므로
$\square° = 180° - 110° = 70°$입니다.

15 사각형의 네 각의 크기의 합은 360°이므로
㉠ $= 360° - 110° - 90° - 80° = 80°$입니다.

16 사각형의 네 각의 크기의 합은 360°이므로 사각형의 나머지 한 각의 크기는
$360° - 60° - 105° - 70° = 125°$입니다.
한 직선이 이루는 각도는 180°이므로
$\square° = 180° - 125° = 55°$입니다.

17

한 직선이 이루는 각도는 180°이므로
㉡ $= 180° - 70° = 110°$입니다.
사각형의 네 각의 크기의 합은 360°이므로
㉢ $= 360° - 110° - 95° - 80° = 75°$입니다.
따라서 ㉠ $= 180° - 75° = 105°$입니다.

18
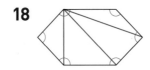
도형을 삼각형 4개로 나눌 수 있으므로 여섯 각의 크기의 합은 $180° \times 4 = 720°$입니다.

서술형
19 예
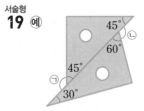
삼각자의 나머지 한 각의 크기는 각각 45°, 60°입니다. 한 직선이 이루는 각도는 180°이므로
㉠ $= 180° - 45° = 135°$,
㉡ $= 180° - 60° = 120°$입니다.
따라서 ㉠과 ㉡의 각도의 차는 $135° - 120° = 15°$입니다.

평가 기준	배점(5점)
㉠과 ㉡의 각도를 각각 구했나요?	4점
㉠과 ㉡의 각도의 차를 구했나요?	1점

서술형
20 예
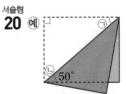
접힌 부분과 접기 전 부분의 각도는 같으므로
㉡ $= 50°$입니다.
삼각형의 세 각의 크기의 합은 180°이므로
㉠ $= 180° - 90° - 50° = 40°$입니다.

평가 기준	배점(5점)
㉡의 각도를 구했나요?	2점
㉠의 각도를 구했나요?	3점

3 곱셈과 나눗셈

1 복주머니   **2** 3650개

3 12500원   **4** 17342

5 ㉡, ㉢, ㉠   **6** 13개

7 6   **8** 524

9 58그루   **10** 66.7

---

1 예 돼지 저금통에 들어 있는 돈은
$100 \times 90 = 9000$(원), 복주머니에 들어 있는 돈은
$500 \times 60 = 30000$(원)입니다.
따라서 복주머니에 돈이 더 많이 들어 있습니다.

단계	문제 해결 과정
①	돼지 저금통과 복주머니에 들어 있는 돈은 각각 얼마인지 구했나요?
②	어느 쪽에 돈이 더 많이 들어 있는지 구했나요?

2 예 하루에 외우는 영어 단어는 $5 \times 2 = 10$(개)입니다.
1년은 365일이므로 1년 동안 외우게 되는 영어 단어
는 $365 \times 10 = 3650$(개)입니다.

단계	문제 해결 과정
①	하루에 외우는 영어 단어는 몇 개인지 구했나요?
②	1년 동안 외우게 되는 영어 단어는 몇 개인지 구했나요?

3 예 50장씩 묶음으로 사면 한 장당
$900 - 650 = 250$(원) 싸게 살 수 있습니다.
따라서 묶음으로 사면 $250 \times 50 = 12500$(원) 싸게
살 수 있습니다.

단계	문제 해결 과정
①	50장씩 묶음으로 사면 한 장당 얼마나 싸게 살 수 있는지 구했나요?
②	묶음으로 사면 얼마나 싸게 살 수 있는지 구했나요?

4 예 만들 수 있는 가장 큰 세 자리 수는 754이고 가장
작은 몇십몇은 23입니다.
따라서 두 수의 곱은 $754 \times 23 = 17342$입니다.

단계	문제 해결 과정
①	가장 큰 세 자리 수와 가장 작은 몇십몇을 각각 구했나요?
②	세 자리 수와 몇십몇의 곱을 구했나요?

5 예 ㉠ $394 \div 17 = 23 \cdots 3$,
㉡ $159 \div 20 = 7 \cdots 19$, ㉢ $217 \div 26 = 8 \cdots 9$
따라서 나머지가 큰 것부터 차례로 기호를 쓰면 ㉡,
㉢, ㉠입니다.

단계	문제 해결 과정
①	각각의 나눗셈식의 나머지를 구했나요?
②	나머지가 큰 것부터 차례로 기호를 썼나요?

6 예 $237 \div 25 = 9 \cdots 12$이므로 한 봉지에 25개씩 담
으면 9봉지가 되고 12개가 남습니다.
따라서 초콜릿은 적어도 $25 - 12 = 13$(개) 더 필요
합니다.

단계	문제 해결 과정
①	몇 봉지가 되고 몇 개가 남는지 구했나요?
②	초콜릿은 적어도 몇 개 더 필요한지 구했나요?

7 예 $46 \times 18 = 828$이고 $46 \times 19 = 874$이므로 $8\square6$
은 828보다 크거나 같고 874보다 작아야 합니다.
따라서 □ 안에 들어갈 수 있는 수는 3, 4, 5, 6이고
이 중 가장 큰 수는 6입니다.

단계	문제 해결 과정
①	□ 안에 들어갈 수 있는 수의 조건을 알았나요?
②	□ 안에 들어갈 수 있는 가장 큰 수를 구했나요?

8 예 (어떤 수) $\div 35 = 14 \cdots$ (나머지)에서 나머지가 될
수 있는 수 중 가장 큰 수는 35보다 1만큼 더 작은 수
인 34입니다. $35 \times 14 = 490$, $490 + 34 = 524$이
므로 어떤 수가 될 수 있는 수 중 가장 큰 수는 524입
니다.

단계	문제 해결 과정
①	가장 큰 나머지를 구했나요?
②	어떤 수가 될 수 있는 수 중 가장 큰 수를 구했나요?

9 예 가로수 사이의 간격 수는 $980 \div 35 = 28$(군데)이
고 도로의 처음과 끝에 가로수를 심어야 하므로 도로의
한쪽에 심는 데 필요한 가로수는 $28 + 1 = 29$(그루)
입니다.
따라서 도로의 양쪽에 심는 데 필요한 가로수는 모두
$29 \times 2 = 58$(그루)입니다.

단계	문제 해결 과정
①	도로의 한쪽에 심는 데 필요한 가로수의 수를 구했나요?
②	도로의 양쪽에 심는 데 필요한 가로수의 수를 구했나요?

10 예 몫이 가장 크게 되려면 나누어지는 수는 가장 크게,
나누는 수는 가장 작게 만들어야 합니다.
$8 > 6 > 5 > 3 > 1$이므로 가장 큰 세 자리 수는 865,
가장 작은 몇십몇은 13입니다.

따라서 몫이 가장 크게 되는 나눗셈식은
$865 \div 13 = 66 \cdots 7$입니다.

단계	문제 해결 과정
①	몫이 가장 크게 되는 나눗셈식을 만들었나요?
②	몫과 나머지를 각각 구했나요?

다시 점검하는 단원 평가 Level ❶
26~28쪽

1 39700   **2** ㉢

3 (1) $29 \cdots 4$ (2) $13 \cdots 26$

4 34461   **5** >

6 ㉢, ㉡, ㉠   **7** ㉢

8 2750개   **9** 3, 1

10 15

11 (위에서부터) 4, 3, 7, 6

12 7, 8, 9   **13** 450원

14 43920원   **15** 15상자

16 6대   **17** 892

18 40, 15   **19** 82960

20 19998

1 $794 \times 50 = \underline{39700}$

2 ㉠ $100 \times 30 = 3000$ ㉡ $200 \times 15 = 3000$
㉢ $600 \times 50 = 30000$ ㉣ $300 \times 10 = 3000$

3 (1)
```
        2 9
   12 ) 3 5 2
        2 4
        1 1 2
        1 0 8
            4
```
(2)
```
        1 3
   46 ) 6 2 4
        4 6
        1 6 4
        1 3 8
          2 6
```

4 둘째로 큰 수는 547이고 가장 작은 수는 63이므로 두 수의 곱은 $547 \times 63 = 34461$입니다.

5 $504 \div 54 = 9 \cdots 18$, $315 \div 43 = 7 \cdots 14$

6 ㉠ $347 \div 50 = 6 \cdots 47$ ㉡ $472 \div 60 = 7 \cdots 52$
㉢ $586 \div 70 = 8 \cdots 26$
따라서 몫이 큰 것부터 차례로 기호를 쓰면 ㉢, ㉡, ㉠ 입니다.

7 $724 \div 58 = 12 \cdots \underline{28}$
㉠ $842 \div 36 = 23 \cdots 14$
㉡ $597 \div 48 = 12 \cdots 21$
㉢ $618 \div 59 = 10 \cdots \underline{28}$

8 (25상자에 들어 있는 사과 수)
= (한 상자에 들어 있는 사과 수) × 25
= $110 \times 25 = 2750$(개)

9 (500원짜리 동전 70개의 금액)
= $500 \times 70 = 35000$(원)
따라서 만 원짜리 지폐 3장, 오천 원짜리 지폐 1장이 됩니다.

10 $378 \div 24 = 15 \cdots 18$이므로 □ 안에 들어갈 수 있는 가장 큰 수는 15입니다.
> 참고 $24 \times 15 = 360$, $24 \times 16 = 384$

11
```
      3 5 ㉠
   ×    ㉡ 7
     2 4 ㉢ 8
   1 0 ㉣ 2
   1 3 0 9 8
```
㉠×7의 일의 자리 수가 8이므로 ㉠ = 4입니다.
$354 \times 7 = 2478$이므로 ㉢ = 7입니다.
4×㉡의 일의 자리 수가 2이므로 ㉡ = 3 또는 ㉡ = 8입니다.
$354 \times 3 = 1062$, $354 \times 8 = 2832$이므로 ㉡ = 3, ㉣ = 6입니다.

12 ○ = 0일 때, $309 \div 43 = 7 \cdots 8$이고
○ = 9일 때, $399 \div 43 = 9 \cdots 12$이므로
□ 안에 들어갈 수 있는 수는 7, 8, 9입니다.

13 아이스크림의 값은 $850 \times 23 = 19550$(원)이므로 거스름돈은 $20000 - 19550 = 450$(원)입니다.

14 머리끈은 모두 $30 \times 16 = 480$, $480 + 8 = 488$(개)이므로 머리끈을 판 돈은 모두
$488 \times 90 = 43920$(원)입니다.

15 $378 \div 24 = 15 \cdots 18$이므로 24개씩 포장하면 15상자에 담을 수 있고 18개가 남습니다.
따라서 진열할 수 있는 장난감 상자는 15상자입니다.

16 $256 \div 45 = 5 \cdots 31$이므로 5대에 타면 31명이 남습니다. 남은 31명이 타려면 1대가 더 필요하므로 버스는 적어도 6대 필요합니다.

17 47로 나눌 때 나머지가 될 수 있는 수 중 가장 큰 수는 46이므로 ● = 46입니다.
$47 \times 18 = 846$, $846 + 46 = 892$이므로
□ = 892입니다.

18 몫이 가장 크려면 나누어지는 수는 가장 크게, 나누는 수는 가장 작게 만들어야 합니다.

$9 > 7 > 5 > 4 > 2$이므로 수 카드로 만들 수 있는 가장 큰 세 자리 수는 975이고 가장 작은 몇십몇은 24입니다.

따라서 몫이 가장 크게 되는 나눗셈식은

$975 \div 24 = 40 \cdots 15$입니다.

19 (예) 파란색 상자에서 공 3개를 꺼내 만들 수 있는 가장 큰 세 자리 수는 976이고, 노란색 상자에서 공 2개를 꺼내 만들 수 있는 가장 큰 몇십몇은 85입니다.

따라서 만든 곱은 $976 \times 85 = 82960$입니다.

평가 기준	배점(5점)
가장 큰 세 자리 수와 가장 큰 몇십몇을 각각 구했나요?	3점
세 자리 수와 몇십몇의 곱을 구했나요?	2점

20 (예) 어떤 수를 $\square$라고 하면 $606 \div \square = 18 \cdots 12$이므로 $\square \times 18 = 606 - 12$입니다.

$\square \times 18 = 594$이므로 $\square = 594 \div 18$, $\square = 33$입니다.

따라서 바르게 계산하면 $606 \times 33 = 19998$입니다.

평가 기준	배점(5점)
어떤 수를 구했나요?	3점
바르게 계산했나요?	2점

다시 점검하는 단원 평가 Level ❷

29~31쪽

1 (위에서부터) 45500, 6420, 21000, 13910

2 (선 잇기)

3 ①, ⑤

4 22, 37

5 1, 3, 2

6 ㉠

7 6500켤레

8 17개

9
```
      16
57)9 6 3
    5 7
    3 9 3
    3 4 2
      5 1
```
확인 $57 \times 16 = 912$, $912 + 51 = 963$

10
```
    7 8 0
  ×   2 4
  3 1 2 0
1 5 6 0
1 8 7 2 0
```

11 15장

12 26일

13 16시간 39분

14 3, 10

15 558

16 15779

17 4

18 3, 84

19 (예) 색종이가 한 상자에 180장씩 들어 있습니다. 30상자에 들어 있는 색종이는 모두 몇 장일까요? / 5400장

20 850개

---

1 $700 \times 65 = 45500$
$30 \times 214 = 214 \times 30 = 6420$
$700 \times 30 = 21000$
$65 \times 214 = 214 \times 65 = 13910$

2 $160 \div 40 = 4$, $420 \div 70 = 6$, $320 \div 40 = 8$
$360 \div 60 = 6$, $720 \div 90 = 8$, $200 \div 50 = 4$

3 나누어지는 수의 왼쪽 두 자리 수가 나누는 수보다 크거나 같으면 몫이 두 자리 수입니다.

5
```
    2 7 6        1 6 8        3 1 2
  ×   3 2      ×   4 5      ×   2 5
  8 8 3 2      7 5 6 0      7 8 0 0
```

6 ㉠ $76 \div 27 = 2 \cdots 22$
㉡ $85 \div 32 = 2 \cdots 21$
㉢ $93 \div 41 = 2 \cdots 11$

7 (25일 동안 만드는 신발의 수)
＝ (하루에 만드는 신발의 수) × 25
＝ $260 \times 25 = 6500$(켤레)

8 $882 \div 51 = 17 \cdots 15$이므로 팔찌를 17개 만들 수 있습니다.

10 1560은 780×2가 아닌 780×20에서 일의 자리 0을 생략한 것이므로 만의 자리부터 써야 합니다.

11 음료수 19개의 금액은 $750 \times 19 = 14250$(원)이므로 1000원짜리 지폐를 15장 넣고 잔돈을 받아야 합니다.

12 $880 \div 34 = 25 \cdots 30$이므로 25일 동안 책을 읽으면 30쪽이 남습니다. 남는 30쪽을 읽는 데 하루가 더 필요하므로 책을 모두 읽는 데 26일이 걸립니다.

13 1시간은 60분이고, $999 \div 60 = 16 \cdots 39$이므로 999분은 16시간 39분입니다.

14 어떤 수를 89로 나누었을 때 나올 수 있는 나머지 중 가장 큰 수는 88입니다.
88을 26으로 나누면 $88 \div 26 = 3 \cdots 10$입니다.

15 $348 \div 21 = 16 \cdots 12$이므로 어떤 수를 21로 나누면 몫이 26, 나머지가 12입니다.
따라서 $21 \times 26 = 546$, $546 + 12 = 558$이므로 어떤 수는 558입니다.

16 어떤 수를 □라고 하면 $509 \div \square = 16 \cdots 13$이므로 $\square \times 16 = 509 - 13$입니다.
$\square \times 16 = 496$이므로 $\square = 496 \div 16$, $\square = 31$입니다.
따라서 바르게 계산하면 $509 \times 31 = 15779$입니다.

17 $50 \times 8 = 400$이고, $50 \times 9 = 450$이므로 4□2는 400보다 크거나 같고, 450보다 작아야 합니다.
따라서 □ 안에 들어갈 수 있는 수는 0, 1, 2, 3, 4이고 이 중 가장 큰 수는 4입니다.

18 몫이 가장 작으려면 나누어지는 수는 가장 작게, 나누는 수는 가장 크게 만들어야 합니다.
$3 < 4 < 5 < 7 < 8$이므로 수 카드로 만들 수 있는 가장 작은 세 자리 수는 345, 가장 큰 몇십몇은 87입니다.
따라서 몫이 가장 작게 되는 나눗셈식은 $345 \div 87 = 3 \cdots 84$입니다.

서술형
19 예 $180 \times 30 = 5400$(장)

평가 기준	배점(5점)
계산식에 맞는 문제를 만들었나요?	3점
답을 바르게 구했나요?	2점

서술형
20 예 쿠키는 모두 $45 \times 19 = 855$(개) 있습니다.
$855 \div 25 = 34 \cdots 5$이므로 쿠키를 한 봉지에 25개씩 담으면 34봉지가 되고 5개가 남습니다.
따라서 쿠키를 34봉지까지 팔 수 있으므로 $25 \times 34 = 850$(개)까지 팔 수 있습니다.

평가 기준	배점(5점)
쿠키는 모두 몇 개인지 구했나요?	2점
쿠키를 몇 개까지 팔 수 있는지 구했나요?	3점

4 평면도형의 이동

서술형 문제
32~35쪽

1 예

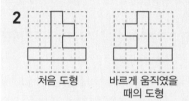

예 두 점 ㄴ, ㄹ이 직사각형의 꼭짓점이 되도록 나머지 두 점 ㄱ, ㄷ을 이동합니다. 따라서 점 ㄱ을 왼쪽으로 1칸, 아래쪽으로 1칸 이동하고 점 ㄷ을 아래쪽으로 1칸 이동합니다.

2

처음 도형   바르게 움직였을 때의 도형

예 잘못 움직인 도형을 위쪽으로 뒤집기 하면 처음 도형이 됩니다.
바르게 움직였을 때의 도형은 처음 도형을 오른쪽으로 뒤집기 한 것이므로 오른쪽과 왼쪽이 서로 바뀌도록 그립니다.

3 예 글자의 위쪽이 아래쪽으로, 오른쪽이 왼쪽으로 이동했으므로 시계 방향으로 180°만큼 또는 시계 반대 방향으로 180°만큼 돌리는 규칙입니다. / 온

4

예 주어진 모양을 오른쪽으로 뒤집기를 반복하여 모양을 만들고 그 모양을 아래쪽으로 뒤집어서 무늬를 만들었습니다.

5 4개

6 예 비누에 새긴 모양은 종이에 찍힌 글자를 오른쪽 또는 왼쪽으로 뒤집으면 됩니다. 따라서 종이에 찍힌 글자의 오른쪽 부분과 왼쪽 부분이 서로 바뀐 모양을 그립니다. /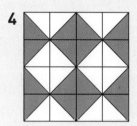

7 393

8
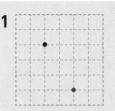

⟨예⟩ 보기 는 도형을 오른쪽으로 뒤집고 시계 방향으로 90°만큼 돌렸습니다.

1

단계	문제 해결 과정
①	두 점을 이동하여 직사각형을 그렸나요?
②	두 점을 이동한 방법을 설명했나요?

참고 두 점 ㄱ, ㄷ이 직사각형의 꼭짓점이 되도록 나머지 점을 움직일 수도 있고 두 점 ㄷ, ㄹ이 직사각형의 꼭짓점이 되도록 나머지 점을 움직일 수도 있습니다.

2

단계	문제 해결 과정
①	처음 도형과 바르게 움직였을 때의 도형을 각각 그렸나요?
②	그린 방법을 설명했나요?

3

단계	문제 해결 과정
①	글자를 움직인 규칙을 설명했나요?
②	빈칸에 알맞은 글자를 썼나요?

4

단계	문제 해결 과정
①	빈칸에 알맞은 모양을 그렸나요?
②	무늬를 만든 방법을 설명했나요?

5 ⟨예⟩ 도형을 오른쪽으로 뒤집으면 도형의 오른쪽과 왼쪽이 서로 바뀝니다.
따라서 오른쪽 모양과 왼쪽 모양이 같은 한글 자음을 찾으면 ㅁ, ㅂ, ㅅ, ㅇ으로 모두 4개입니다.

단계	문제 해결 과정
①	도형을 오른쪽으로 뒤집었을 때 어떻게 바뀌는지 설명했나요?
②	오른쪽으로 뒤집어도 처음 글자와 같은 한글 자음은 모두 몇 개인지 찾았나요?

6

단계	문제 해결 과정
①	비누에 새긴 모양을 그리는 과정을 설명했나요?
②	비누에 새긴 모양을 그렸나요?

7 ⟨예⟩ **209** 를 시계 방향으로 180°만큼 돌리면 **602** 가 됩니다. 따라서 만들어지는 수와 처음 수의 차는 602 − 209 = 393입니다.

단계	문제 해결 과정
①	카드를 시계 방향으로 180°만큼 돌렸을 때 만들어지는 수를 구했나요?
②	만들어지는 수와 처음 수의 차를 구했나요?

8

단계	문제 해결 과정
①	보기 와 같은 방법으로 주어진 도형을 움직였을 때의 도형을 그렸나요?
②	보기 의 도형을 움직인 방법을 설명했나요?

다시 점검하는 **단원 평가** Level **❶** 36~38쪽

1
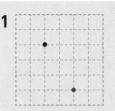

2
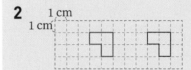

3

4 ⟨예⟩ 오른쪽 조각을 왼쪽으로 4 cm 밀어야 합니다.

5 ⟨예⟩ 아래쪽, 2 / 오른쪽, 4 **6** (○)( )

7

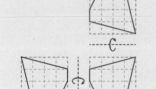

8

9 ㉡, ㉣ **10** 76

11

12 ④

13 ㉢ **14** ( )(○)( )

15

16 게 ㅇ

17
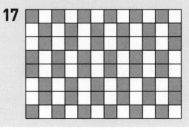

18 뒤집기

19 **뒤집기** 예 처음 도형을 오른쪽으로 뒤집고, 다시 위쪽으로 뒤집기를 했습니다.

돌리기 예 처음 도형을 시계 방향으로 180°만큼 돌리기를 했습니다.

20 예

예 주어진 모양을 오른쪽으로 뒤집기를 반복하여 모양을 만들고 그 모양을 아래쪽으로 뒤집어서 무늬를 만들었습니다.

1

2 도형을 밀면 모양은 변하지 않고 위치만 바뀝니다.

3 도형을 어느 방향으로 여러 번 밀어도 모양은 변하지 않습니다.

6 도형을 아래쪽으로 뒤집으면 위쪽과 아래쪽이 서로 바뀝니다.

7 도형을 오른쪽으로 뒤집으면 오른쪽과 왼쪽이 서로 바뀝니다. 도형을 위쪽으로 뒤집으면 위쪽과 아래쪽이 서로 바뀝니다.

8 도형을 오른쪽으로 2번 뒤집은 도형은 처음 도형과 같습니다.

9 뒤집었을 때 처음 도형과 같으려면 오른쪽과 왼쪽, 위쪽과 아래쪽이 같아야 합니다.

10 **23**을 아래쪽으로 뒤집으면 **53**이 됩니다.

따라서 만들어지는 수와 처음 수의 합은
$53 + 23 = 76$입니다.

11 도형을 시계 반대 방향으로 90°만큼 돌리면 위쪽이 왼쪽으로, 아래쪽이 오른쪽으로 이동합니다.

12 카드의 왼쪽이 위쪽으로, 위쪽이 오른쪽으로 이동해야 하므로 또는 와 같이 돌립니다.

13 ㉢은 오른쪽 또는 왼쪽으로 뒤집어야 퍼즐의 빈칸에 들어갈 수 있습니다.

14 가운데 도형은 주어진 도형을 위쪽 또는 아래쪽으로 뒤집었을 때 생기는 도형입니다.

15 도형을 시계 반대 방향으로 90°만큼 4번, 8번 돌리면 처음 도형과 같습니다.

따라서 시계 반대 방향으로 90°만큼 10번 돌린 도형은 시계 반대 방향으로 90°만큼 2번 돌린 도형과 같습니다.

16

17 모양을 오른쪽으로 밀기를 반복하여 모양을 만들고 그 모양을 아래쪽으로 뒤집어서 무늬를 만들었습니다.

18 모양을 시계 방향으로 90°만큼 돌리기를 반복하여 모양을 만들고 그 모양을 오른쪽으로 밀어서 무늬를 만들었습니다.

서술형
19

평가 기준	배점(5점)
뒤집기만을 이용하여 움직인 방법을 설명했나요?	3점
돌리기만을 이용하여 움직인 방법을 설명했나요?	2점

서술형
20

평가 기준	배점(5점)
규칙적인 무늬를 만들었나요?	2점
만든 방법을 설명했나요?	3점

다시 점검하는 **단원 평가** Level ❷

39~41쪽

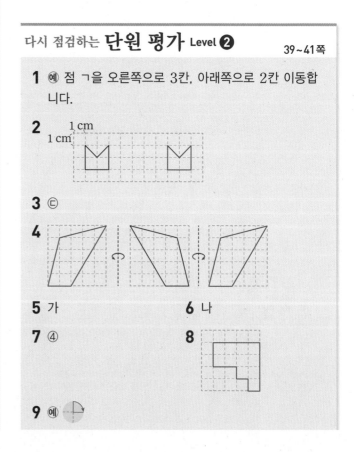

1 예 점 ㄱ을 오른쪽으로 3칸, 아래쪽으로 2칸 이동합니다.

2

3 ㉢

4

5 가

6 나

7 ④

8

9 예

10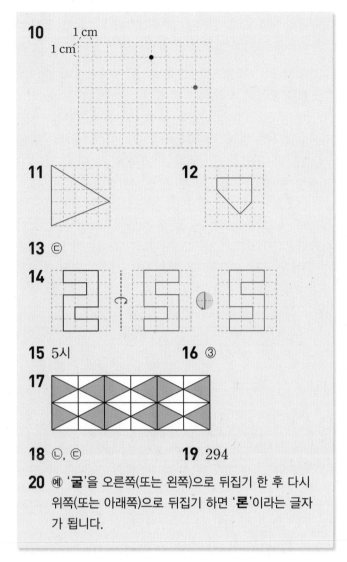

11 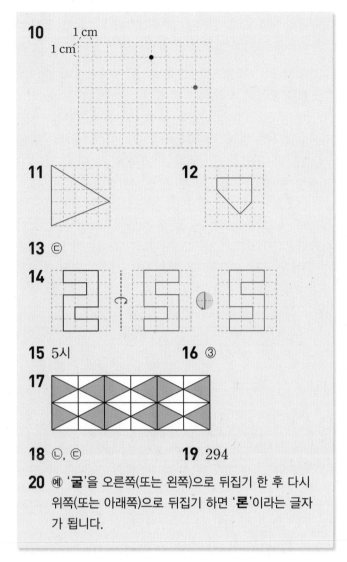 **12**

13 ㉢

14

15 5시 　　　　**16** ③

17

18 ㉡, ㉢　　　　**19** 294

20 ㉘ '굴'을 오른쪽(또는 왼쪽)으로 뒤집기 한 후 다시 위쪽(또는 아래쪽)으로 뒤집기 하면 '론'이라는 글자가 됩니다.

---

2 도형을 밀면 모양은 변하지 않고 위치만 바뀝니다.

3 도형을 밀면 모양은 변하지 않으므로 ㉢입니다.

4 도형을 왼쪽으로 뒤집은 도형과 오른쪽으로 뒤집은 도형은 서로 같습니다.

5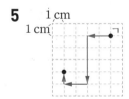

6 도형을 위쪽으로 뒤집으면 위쪽과 아래쪽이 서로 바뀝니다.
따라서 위쪽과 아래쪽 모양이 같은 **나**가 위쪽으로 뒤집었을 때 처음 도형과 같습니다.

7 수 카드를 왼쪽으로 뒤집으면 오른쪽과 왼쪽이 서로 바뀝니다.

8 아래쪽 도형을 위쪽으로 뒤집으면 처음 도형이 됩니다.

---

9 도형의 위쪽이 오른쪽으로 이동했으므로 시계 방향으로 90°만큼 또는 시계 반대 방향으로 270°만큼 돌린 것입니다.

10 처음에 점이 있던 곳은 주어진 점을 다음과 같이 이동시키면 됩니다.

왼쪽으로 4cm, 아래쪽으로 5cm 이동	➡	오른쪽으로 7cm, 위쪽으로 3cm 이동

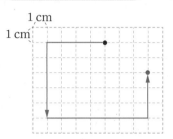

11 시계 방향으로 90°만큼 돌리면 도형의 위쪽이 오른쪽으로, 오른쪽이 아래쪽으로, 아래쪽이 왼쪽으로, 왼쪽이 위쪽으로 이동합니다.

12 도형을 시계 반대 방향으로 270°만큼 돌린 도형은 시계 방향으로 90°만큼 돌린 도형과 서로 같습니다.
따라서 처음 도형은 돌린 도형을 시계 반대 방향으로 90°만큼 돌리면 됩니다.

13 ㉢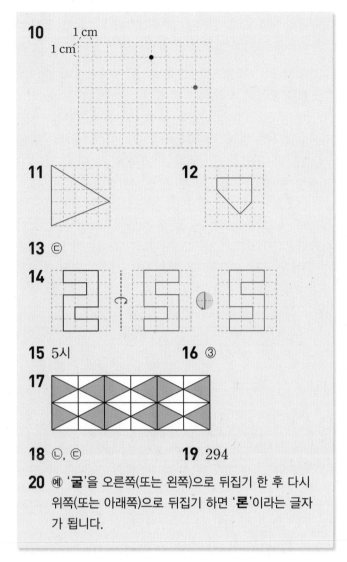

15 거울에 비친 시계의 모습은 기존 시계를 오른쪽 또는 왼쪽으로 뒤집기 한 것입니다.
따라서 시계는 5시를 가리키고 있습니다.

16 오른쪽으로 뒤집고 시계 방향으로 180°만큼 돌렸을 때 처음 모양과 같아지려면 알파벳의 위쪽과 아래쪽이 서로 같아야 합니다.

17 모양을 오른쪽으로 뒤집기를 반복하여 모양을 만들고 그 모양을 아래쪽으로 뒤집어서 무늬를 만들었습니다.

서술형
19 ㉘ 을 왼쪽으로 뒤집으면 가 됩니다.
따라서 만들어지는 수와 처음 수의 차는
812 − 518 = 294입니다.

평가 기준	배점(5점)
수 카드를 왼쪽으로 뒤집었을 때 만들어지는 수를 구했나요?	3점
만들어지는 수와 처음 수의 차를 구했나요?	2점

서술형
20

평가 기준	배점(5점)
글자를 뒤집는 방법을 설명했나요?	5점

5 막대그래프

서술형 문제

42~45쪽

1 4칸

2 18명

3 800상자

4 300상자

5 24권

6 아니요 / ⑩ 막대그래프는 반별로 모은 책 수를 나타낸 것으로 반별 학생 수는 알 수 없습니다.

7 선생님

8 66명

---

1 ⑩ 세로 눈금 5칸이 10명을 나타내므로 세로 눈금 한 칸은 10 ÷ 5 = 2(명)을 나타냅니다. 노란색을 좋아하는 학생은 16명이므로 세로 눈금 한 칸이 4명을 나타내는 막대그래프로 바꾸면 막대는 세로 눈금 16 ÷ 4 = 4(칸)으로 그려야 합니다.

단계	문제 해결 과정
①	노란색을 좋아하는 학생 수를 구했나요?
②	노란색의 막대는 세로 눈금 몇 칸으로 그려야 하는지 구했나요?

2 ⑩ 가로 눈금 5칸이 10명을 나타내므로 가로 눈금 한 칸은 10 ÷ 5 = 2(명)을 나타냅니다. 가장 많은 학생들이 좋아하는 전통 놀이는 막대의 길이가 가장 긴 윷놀이로 26명이고 가장 적은 학생들이 좋아하는 전통 놀이는 막대의 길이가 가장 짧은 제기차기로 8명입니다. 따라서 학생 수의 차는 26 − 8 = 18(명)입니다.

단계	문제 해결 과정
①	가장 많은 학생들이 좋아하는 전통 놀이와 가장 적은 학생들이 좋아하는 전통 놀이의 학생 수를 각각 구했나요?
②	학생 수의 차를 구했나요?

3 ⑩ 세로 눈금 5칸이 500상자를 나타내므로 세로 눈금 한 칸은 500 ÷ 5 = 100(상자)를 나타냅니다. 사랑 마을의 포도 생산량은 400상자이므로 보람 마을의 포도 생산량은 400 × 2 = 800(상자)입니다.

단계	문제 해결 과정
①	사랑 마을의 포도 생산량은 몇 상자인지 구했나요?
②	보람 마을의 포도 생산량은 몇 상자인지 구했나요?

4 ⑩ 행복 마을의 포도 생산량은 1200상자, 우정 마을의 포도 생산량은 1500상자이므로 두 마을의 포도 생산량의 차는 1500 − 1200 = 300(상자)입니다.

단계	문제 해결 과정
①	행복 마을과 우정 마을의 포도 생산량은 각각 몇 상자인지 구했나요?
②	포도 생산량의 차는 몇 상자인지 구했나요?

다른 풀이

행복 마을과 우정 마을의 막대는 각각 세로 눈금 12칸, 15칸이므로 두 마을의 막대 길이의 차는 세로 눈금 15 − 12 = 3(칸)입니다. 따라서 두 마을의 포도 생산량의 차는 100 × 3 = 300(상자)입니다.

5 ⑩ 세로 눈금 5칸이 10권을 나타내므로 세로 눈금 한 칸은 10 ÷ 5 = 2(권)을 나타냅니다. 4반이 모은 책은 16권이므로 2반이 모은 책은 16 − 4 = 12(권)입니다. 따라서 3반이 모은 책 수는 2반이 모은 책 수의 2배이므로 12 × 2 = 24(권)입니다.

단계	문제 해결 과정
①	2반이 모은 책은 몇 권인지 구했나요?
②	3반이 모은 책은 몇 권인지 구했나요?

6

단계	문제 해결 과정
①	'예' 또는 '아니요'로 바르게 대답했나요?
②	까닭을 논리적으로 설명했나요?

7 ⑩ 장래 희망별 남학생과 여학생의 막대 길이의 차가 세로 눈금 몇 칸인지 각각 구해 보면 의사: 1칸, 운동 선수: 2칸, 연예인: 1칸, 선생님: 4칸입니다. 따라서 남녀 학생 수의 차가 가장 큰 장래 희망은 선생님입니다.

단계	문제 해결 과정
①	장래 희망별 남학생과 여학생의 막대 길이의 차를 구했나요?
②	남녀 학생 수의 차가 가장 큰 장래 희망은 무엇인지 구했나요?

8 ⑩ 세로 눈금 5칸이 10명을 나타내므로 세로 눈금 한 칸은 10 ÷ 5 = 2(명)을 나타냅니다. 연두색 막대의 세로 눈금 칸 수를 세어 장래 희망별 남학생 수를 각각 구해 보면 의사: 14명, 운동 선수: 20명, 연예인: 18명, 선생님: 14명입니다. 따라서 4학년 남학생은 14 + 20 + 18 + 14 = 66(명)입니다.

단계	문제 해결 과정
①	장래 희망별 남학생 수를 각각 구했나요?
②	혜성이네 학교 4학년 남학생은 몇 명인지 구했나요?

다른 풀이

장래 희망별 남학생의 막대 길이의 세로 눈금은 의사: 7칸, 운동 선수: 10칸, 연예인: 9칸, 선생님: 7칸이므로 모두 7 + 10 + 9 + 7 = 33(칸)입니다. 따라서 4학년 남학생은 33 × 2 = 66(명)입니다.

1 막대그래프   **2** 14명

3 6명   **4** 축구, 농구, 야구, 배구

5 20권   **6** 과학책

7 막대그래프   **8** 표

9 ⑩ 1명   **10** 12명

11 좋아하는 TV 프로그램별 학생 수

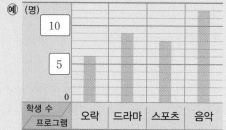

12 드라마, 음악   **13** 6학년, 9명

14 87명   **15** 3학년

16 24명, 32명   **17** 4배

18 강아지, 앵무새   **19** 세종대왕

20 ⑩ 과학관 / ⑩ 가장 많은 학생이 체험하고 싶은 장소로 가는 것이 좋겠습니다.

---

2 세로 눈금 한 칸은 1명을 나타내므로 축구를 좋아하는 학생은 14명입니다.

3 농구를 좋아하는 학생은 11명이고 배구를 좋아하는 학생은 5명이므로 농구를 좋아하는 학생은 배구를 좋아하는 학생보다 $11 - 5 = 6$(명) 더 많습니다.

4 막대의 길이가 긴 것부터 차례로 씁니다.

5 가로 눈금 5칸이 100권을 나타내므로 가로 눈금 한 칸은 $100 \div 5 = 20$(권)을 나타냅니다.

6 막대의 길이가 둘째로 긴 책의 종류는 과학책입니다.

7 막대그래프는 구입한 책의 종류별 책 수를 막대의 길이로 나타내고 있으므로 어떤 책이 가장 많은지, 적은지 한눈에 비교하기 쉽습니다.

8 표의 '합계'를 보면 조사한 전체 책 수를 알아보기 쉽습니다.

10 (음악 프로그램을 좋아하는 학생 수)
$= 35 - 6 - 9 - 8 = 12$(명)

12 막대의 길이가 스포츠보다 더 긴 것은 드라마, 음악입니다.

13 남학생과 여학생의 막대의 길이의 차가 가장 큰 학년은 6학년입니다.
세로 눈금 한 칸은 1명을 나타내므로 6학년에서 상을 받은 남학생은 6명, 여학생은 15명입니다. 따라서 학생 수의 차는 $15 - 6 = 9$(명)입니다.

14 남학생: $13 + 11 + 10 + 6 = 40$(명)
여학생: $11 + 8 + 13 + 15 = 47$(명)
➡ $40 + 47 = 87$(명)

15 3학년: $13 + 11 = 24$(명)
4학년: $11 + 8 = 19$(명)
5학년: $10 + 13 = 23$(명)
6학년: $6 + 15 = 21$(명)
따라서 상을 받은 학생이 가장 많은 학년은 3학년입니다.

16 가로 눈금 5칸이 10명을 나타내므로 가로 눈금 한 칸은 $10 \div 5 = 2$(명)을 나타냅니다.
햄스터를 기르는 학생은 12명이므로 고양이를 기르는 학생은 $12 \times 2 = 24$(명)이고, 강아지를 기르는 학생은 $24 + 8 = 32$(명)입니다.

17 고양이를 기르는 학생은 24명, 앵무새를 기르는 학생은 6명이므로 $24 \div 6 = 4$(배)입니다.

18 고양이: 24명, 강아지: 32명, 햄스터: 12명, 앵무새: 6명, 금붕어: 8명이므로 가장 많은 학생들이 기르는 반려동물은 강아지이고 가장 적은 학생들이 기르는 반려동물은 앵무새입니다.

서술형
19 ⑩ 세로 눈금 한 칸은 $10 \div 5 = 2$(명)을 나타내므로
세종대왕: $14 + 22 = 36$(명),
이순신: $18 + 16 = 34$(명),
유관순: $14 + 16 = 30$(명),
안중근: $14 + 20 = 34$(명)입니다.
따라서 가장 많은 학생들이 존경하는 위인은 세종대왕입니다.

평가 기준	배점(5점)
존경하는 위인별 학생 수를 각각 구했나요?	4점
가장 많은 학생들이 존경하는 위인은 누구인지 구했나요?	1점

서술형
20

평가 기준	배점(5점)
체험 학습을 어디로 가면 좋을지 썼나요?	2점
체험 학습 장소로 정한 까닭을 썼나요?	3점

다시 점검하는 단원 평가 Level ❷

49~51쪽

1 18명 **2** 30명

3 달 마을

4 예 · 초등학생 수가 가장 적은 마을은 별 마을입니다.
· 달 마을의 초등학생 수는 별 마을의 초등학생 수의 2배입니다.

5 예

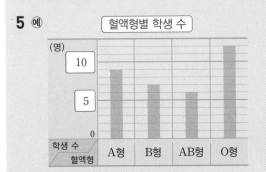

혈액형별 학생 수

(명)

학생 수 / 혈액형 A형 B형 AB형 O형

6 O형, A형, B형, AB형 **7** 표

8 막대그래프 **9** 2초

10 22초 **11** 28초

12 10초 **13** 40 kg

14 60 kg, 60 kg

15

종류별 쓰레기 양

(kg)

50

0

쓰레기양 / 종류 음식 종이 플라스틱 비닐

16 9칸 **17** 5칸

18 14, 10, 16, 6, 12, 58

19 장미, 튤립 **20** 하늘 초등학교, 15명

---

1 세로 눈금 5칸이 10명을 나타내므로 세로 눈금 한 칸은 $10 \div 5 = 2$(명)을 나타냅니다.
따라서 꽃 마을의 막대는 세로 눈금 9칸이므로 $2 \times 9 = 18$(명)입니다.

2 해 마을의 초등학생은 16명이고, 눈 마을의 초등학생은 14명이므로 모두 $16 + 14 = 30$(명)입니다.

3 초등학생 수가 가장 많은 마을은 막대의 길이가 가장 긴 달 마을입니다.

5 세로 눈금 한 칸을 1명으로 나타내 완성합니다.

---

9 가로 눈금 5칸이 10초를 나타내므로 가로 눈금 한 칸은 $10 \div 5 = 2$(초)를 나타냅니다.

10 정현이의 막대 길이는 가로 눈금 11칸이므로 $2 \times 11 = 22$(초)를 매달렸습니다.

11 현진이의 막대 길이는 가로 눈금 10칸이고 소영이의 막대 길이는 현진이의 막대 길이보다 가로 눈금 4칸만큼 더 길므로 $10 + 4 = 14$(칸)입니다.
따라서 소영이는 $2 \times 14 = 28$(초)를 매달렸습니다.

12 가장 오래 매달린 사람은 소영이로 28초이고 가장 짧게 매달린 사람은 경민이로 18초입니다.
➡ $28 - 18 = 10$(초)

13 세로 눈금 5칸이 50 kg을 나타내므로 세로 눈금 한 칸은 $50 \div 5 = 10$(kg)을 나타냅니다. 비닐의 막대 길이는 세로 눈금 4칸이므로 $10 \times 4 = 40$(kg)입니다.

14 음식 쓰레기양은 80 kg, 비닐 쓰레기양은 40 kg이므로 종이 쓰레기와 플라스틱 쓰레기를 합한 양은 $240 - 80 - 40 = 120$(kg)입니다.
종이 쓰레기양과 플라스틱 쓰레기양이 같으므로 각각 60 kg입니다.

16 강우량이 가장 많은 지역은 부산으로 900 mm입니다. $10 \, cm = 100 \, mm$이고, $900 = 100 \times 9$이므로 눈금은 적어도 9칸까지 있어야 합니다.

17 서울의 강우량은 800 mm이므로 8칸, 대전의 강우량은 300 mm이므로 눈금 3칸입니다.
따라서 막대 길이의 차는 눈금 $8 - 3 = 5$(칸)입니다.

18 가로 눈금 5칸이 10명을 나타내므로 가로 눈금 한 칸은 $10 \div 5 = 2$(명)을 나타냅니다.

서술형
19 예 막대의 길이가 백합보다 더 긴 것은 장미, 튤립입니다.

평가 기준	배점(5점)
답을 구하는 방법을 설명했나요?	3점
좋아하는 학생 수가 백합보다 많은 꽃을 모두 구했나요?	2점

서술형
20 예 남학생과 여학생의 두 막대 길이의 차가 가장 큰 학교는 하늘 초등학교입니다. 세로 눈금 한 칸이 $25 \div 5 = 5$(명)을 나타내므로 하늘 초등학교에서 참가한 남학생은 35명, 여학생은 50명입니다.
따라서 차는 $50 - 35 = 15$(명)입니다.

평가 기준	배점(5점)
남학생 수와 여학생 수의 차가 가장 큰 학교를 구했나요?	2점
학생 수의 차는 몇 명인지 구했나요?	3점

6 규칙 찾기

서술형 문제
52~55쪽

1 C15, E14   **2** 3678

3 ⑩ 분홍색 사각형을 중심으로 파란색 사각형이 위쪽과 아래쪽으로 1개씩, 오른쪽과 왼쪽으로 1개씩 번갈아가며 늘어나는 규칙입니다. / 11개

4 흰색, 12개   **5** 24

6 $9 \times 1234567 = 11111111 - 8$

7 1, 6, 15, 20, 15, 6, 1

8 $24 + 0$, 4×6, $72 \div 3$에 ○표
/ ⑩ $24 + 0 = 4 \times 6$

1 ⑩ A15에서 시작하여 아래쪽으로 알파벳이 순서대로 바뀌고 수 15는 그대로이므로 ㉠ = C15입니다.
E11에서 시작하여 오른쪽으로 알파벳은 그대로이고 수만 1씩 커지므로 ㉡ = E14입니다.

단계	문제 해결 과정
①	좌석 번호의 규칙을 설명했나요?
②	㉠, ㉡에 알맞은 좌석 번호를 각각 구했나요?

2 ⑩ 8123부터 ╱ 방향으로 천의 자리 수는 1씩 작아지고 백의 자리, 십의 자리, 일의 자리 수는 각각 1씩 커지는 규칙입니다.
따라서 빈칸에 알맞은 수는 3678입니다.

단계	문제 해결 과정
①	수의 배열 규칙을 설명했나요?
②	빈칸에 알맞은 수를 구했나요?

3 ⑩ 여섯째에 알맞은 모양에서 사각형은
$1 + 2 + 2 + 2 + 2 + 2 = 11$(개)입니다.

단계	문제 해결 과정
①	모양의 배열 규칙을 설명했나요?
②	여섯째에 알맞은 모양에서 사각형은 몇 개인지 구했나요?

4 ⑩ 바둑돌이 1개, 3개, 6개, 10개로 2개, 3개, 4개 늘어나고 검은색과 흰색을 번갈아가며 놓는 규칙입니다.
(여섯째 모양까지 놓는 검은색 바둑돌 수)
$= 1 + 6 + 15 = 22$(개)

(여섯째 모양까지 놓는 흰색 바둑돌 수)
$= 3 + 10 + 21 = 34$(개)
따라서 흰색이 검은색보다 $34 - 22 = 12$(개) 더 많습니다.

단계	문제 해결 과정
①	바둑돌의 배열 규칙을 설명했나요?
②	여섯째 모양까지 놓는 검은색 바둑돌과 흰색 바둑돌의 수를 각각 구했나요?
③	어느 것이 몇 개 더 많은지 구했나요?

5 ⑩ 나누어지는 수는 111의 2배, 3배, 4배가 되고 나누는 수는 37로 같을 때 몫은 3의 2배, 3배, 4배가 됩니다.
따라서 888은 111의 8배이므로 $888 \div 37$의 몫은 3의 8배인 24입니다.

단계	문제 해결 과정
①	계산식의 규칙을 설명했나요?
②	$888 \div 37$의 몫을 구했나요?

6 ⑩ 9에 1, 12, 123, 1234와 같이 자리 수가 하나씩 늘어나는 수를 곱하면 계산 결과는 11, 111, 1111, 11111과 같이 1이 1개씩 늘어나는 수에서 2, 3, 4, 5와 같이 1씩 커지는 수를 뺀 것과 같습니다.
따라서 계산 결과가 $11111111 - 8$이 나오는 식은
$9 \times 1234567 = 11111111 - 8$입니다.

단계	문제 해결 과정
①	계산식의 규칙을 설명했나요?
②	계산 결과가 $11111111 - 8$이 나오는 계산식을 구했나요?

7 ⑩ 양 끝의 수는 1이고 바로 윗줄의 양쪽에 있는 수를 더해서 아래 칸에 차례로 씁니다.
$1 + 5 = 6$, $5 + 10 = 15$, $10 + 10 = 20$,
$10 + 5 = 15$, $5 + 1 = 6$이므로 ○ 안에 알맞은 수는 차례로 1, 6, 15, 20, 15, 6, 1입니다.

단계	문제 해결 과정
①	수 배열의 규칙을 설명했나요?
②	○ 안에 알맞은 수를 차례로 구했나요?

8 ⑩ 계산 결과가 24가 되는 식 $24 + 0$, 4×6, $72 \div 3$ 중 두 식을 등호(=)의 양쪽에 써서 하나의 식으로 나타냅니다.
$24 + 0 = 4 \times 6$, $24 + 0 = 72 \div 3$,
$4 \times 6 = 72 \div 3$ 등과 같이 나타낼 수 있습니다.

단계	문제 해결 과정
①	계산 결과가 24가 되는 식을 모두 찾아 ○표 했나요?
②	등호(=)를 사용하여 두 식을 하나의 식으로 나타냈나요?

다시 점검하는 **단원 평가** Level ❶

56~58쪽

1 1, 1000

2

24051	24052	24053	24054	24055
25051	25052	25053	25054	25055
26051	26052	26053	26054	26055
27051	27052	27053	27054	27055
28051	28052	28053	28054	28055

3 23050   **4** 10001

5 52, 62, 72

6 예 $3 \times 9 = 9 \times 3$, $9 \div 3 = 27 \div 9$

7 25개   **8**

9 검은색, 36개   **10** 21개

11 600, 1600

12 $1400 + 500 = 1900$

13 $1900 + 1000 = 2900$

14 ㉮   **15** $666 \times 9 = 5994$

16 $888885 \div 9 = 98765$

17 ④   **18** 15

19 9개   **20** 7, 2

---

2 28055부터 시작하여 1001씩 작아지는 수를 찾으면 27054, 26053, 25052, 24051입니다.

3 빈칸에 알맞은 수는 24051보다 1001만큼 더 작은 수 인 23050입니다.

4 4001부터 시작하여 1200, 1400, 1600, … 커지는 규칙입니다.
따라서 빈칸에 알맞은 수는 8201보다 1800만큼 더 큰 수인 10001입니다.

5 더해지는 수가 83에서 73, 63, 53으로 10, 20, 30만 큼 작아지면 더하는 수는 42에서 10, 20, 30만큼 커 져야 계산 결과가 같아집니다.

따라서 $83 + 42 = 73 + 52$,
$83 + 42 = 63 + 62$,
$83 + 42 = 53 + 72$입니다.

6 등호(=)의 왼쪽과 오른쪽의 두 값이 같도록 식을 만 들어 봅니다.

7

순서	첫째	둘째	셋째	넷째
사각형 수(개)	1	4	9	16
식	1×1	2×2	3×3	4×4

사각형의 수에서 규칙을 찾아 식으로 나타내면 다섯째 는 $5 \times 5 = 25$이므로 다섯째 모양에서 사각형은 25 개입니다.

다른 풀이

순서	첫째	둘째	셋째	넷째
사각형 수(개)	1	4	9	16
식	1	$1+2+1$	$1+2+3$ $+2+1$	$1+2+3$ $+4+3$ $+2+1$

사각형의 수에서 규칙을 찾아 식으로 나타내면 다섯째 는 $1 + 2 + 3 + 4 + 5 + 4 + 3 + 2 + 1 = 25$이 므로 다섯째 모양에서 사각형은 25개입니다.

8 가로와 세로가 각각 1개씩 늘어나며 정사각형 모양이 되고 흰색과 검은색을 번갈아가며 놓는 규칙입니다.
따라서 다섯째에 알맞은 모양은 흰색 바둑돌을 가로와 세로에 5개씩 놓은 정사각형 모양입니다.

9 여섯째에 알맞은 모양은 검은색 바둑돌을 가로, 세로에 6개씩 놓은 정사각형 모양입니다.
따라서 여섯째에 알맞은 모양에서 바둑돌은 검은색이 고 $6 \times 6 = 36$(개)입니다.

10 (여섯째 모양까지 놓는 흰색 바둑돌 수)
$= 1 + 9 + 25 = 35$(개)
(여섯째 모양까지 놓는 검은색 바둑돌 수)
$= 4 + 16 + 36 = 56$(개)
따라서 검은색이 흰색보다 $56 - 35 = 21$(개) 더 많 습니다.

11 왼쪽으로 2씩 곱하는 규칙입니다.
➡ ㉠ $= 300 \times 2 = 600$, ㉡ $= 800 \times 2 = 1600$

12 더하는 두 수가 각각 100씩 커지면 그 합은 200씩 커집니다.

13 계산 결과가 1100에서 시작하여 200씩 커지므로 2900은 열째 계산식의 계산 결과입니다.

15 각 자리 수가 같고 각각 1씩 커지는 세 자리 수에 9를 곱하면 계산 결과에서 천의 자리 수는 1씩 커지고 백의 자리와 십의 자리 수는 9로 같고 일의 자리 수는 1씩 작아집니다.
➡ $666 \times 9 = 5994$

16 일의 자리 수가 1씩 커지고 8이 1개씩 늘어나는 수를 9로 나누면 몫은 9, 98, 987, 9876과 같이 자리 수가 늘어납니다.

17 ④ $14 - 8 = 6$, $20 - 14 = 6$, …이므로 ╱ 방향으로 6씩 커집니다.

18 ㉠ 72는 36에 2를 곱한 수이므로 ●는 3에 2를 곱한 수입니다.
➡ $● = 3 \times 2 = 6$
㉡ 28은 14에 2를 곱한 수이므로 ■는 18을 2로 나눈 수입니다.
➡ $■ = 18 \div 2 = 9$
따라서 ●와 ■에 알맞은 수의 합은 $6 + 9 = 15$입니다.

서술형
19 ⓔ 노란색 사각형은 0개, 1개, 4개, 9개로 1개, 3개, 5개 늘어나므로 다섯째는 $9 + 7 = 16$(개)입니다.
초록색 사각형은 1개, 3개, 5개, 7개로 2개씩 늘어나므로 다섯째에는 $7 + 2 = 9$(개)입니다.

평가 기준	배점(5점)
몇째에 노란색 사각형이 16개인지 찾았나요?	3점
초록색 사각형은 몇 개인지 구했나요?	2점

서술형
20 ⓔ $6 + ㉠ + ㉡ = 8 + 5 + ㉡$에서 (+2, −2)
$㉠ - 2 = 5$, $㉠ = 7$입니다.
$6 + ㉠ + ㉡ = ㉠ + 5 + 3$에서 (−1, +1)
$㉡ + 1 = 3$, $㉡ = 2$입니다.

평가 기준	배점(5점)
㉠에 알맞은 수를 구했나요?	3점
㉡에 알맞은 수를 구했나요?	2점

1 ⓔ 1050부터 시작하여 1050씩 커집니다.

2 4250

3 C9

4 3125

5 ⓔ 45부터 시작하여 아래쪽으로 100, 200, 300, … 커지는 규칙입니다.

6 1045

7 $500 + 1400 - 900 = 1000$

8 $1000 + 1900 - 1400 = 1500$

9 ㉠, ㉣

10 4, 2

11 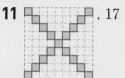 , 17

12 돌리기, 1에 ○표

13 9개

14 ②

15 3104, 5204

16 1234321

17 ⓔ $45 - 10 = 5 \times 7$

18 ⓔ $6 + 8 = 7 \times 2$

19 21개

20 33

2 1250부터 시작하여 아래쪽으로 1000씩 커지는 규칙입니다.
따라서 빈칸에 알맞은 수는 3250보다 1000만큼 더 큰 수인 4250입니다.

3 C5에서 시작하여 오른쪽으로 알파벳은 그대로이고 수만 1씩 커지는 규칙이므로 ♥ = C9입니다.

4 5부터 시작하여 왼쪽으로 5씩 곱하는 규칙입니다.
따라서 빈칸에 알맞은 수는 $625 \times 5 = 3125$입니다.
다른 풀이
15625부터 시작하여 오른쪽으로 5씩 나누는 규칙입니다.
따라서 빈칸에 알맞은 수는 $15625 \div 5 = 3125$입니다.

6 645보다 400만큼 더 큰 수인 1045입니다.

7 100, 200, 300, …과 같이 100씩 커지는 수에 1000, 1100, 1200, …과 같이 100씩 커지는 수를 더하고, 500, 600, 700, …과 같이 100씩 커지는 수를 빼면 계산 결과는 100씩 커집니다.

8 계산 결과가 600부터 시작하여 100씩 커지므로 1500
은 열째 계산식의 계산 결과입니다.
따라서 열째 계산식은
$1000 + 1900 - 1400 = 1500$입니다.

9 ⓒ $25 \times 4 = 100$, $25 + 4 = 29$이므로 25×4와
$25 + 4$는 등호($=$)가 있는 식으로 나타낼 수 없습
니다.
ⓔ $66 - 6 = 60$, $66 \div 6 = 11$이므로 $66 - 6$과
$66 \div 6$은 등호($=$)가 있는 식으로 나타낼 수 없습
니다.

10 두 수의 곱셈의 결과에서 일의 자리 숫자를 쓰는 규칙
입니다.
1002×17에서 일의 자리 수끼리의 곱은 $2 \times 7 = 14$
이므로 ㉠ $= 4$입니다.
1004×18에서 일의 자리 수끼리의 곱은 $4 \times 8 = 32$
이므로 ㉡ $= 2$입니다.

11 ↘, ↗ 방향으로 사각형이 1개씩 늘어나므로 모두 4
개씩 늘어납니다.
따라서 □ 안에 알맞은 수는 $13 + 4 = 17$입니다.

13 사각형이 1개부터 시작하여 1개씩 늘어나므로 아홉째
에 알맞은 모양에서 사각형은 9개입니다.

14 초록색 사각형은 둘째부터 차례로 아래쪽, 오른쪽, 위
쪽, 왼쪽에 있으므로 열째는 둘째, 여섯째와 같은 아래
쪽에 있습니다.

15 오른쪽으로 1000씩 커지는 규칙입니다.
➡ ㉠ $= 2104 + 1000 = 3104$
ㄴ $= 4204 + 1000 = 5204$

16 곱해지는 수와 곱하는 수의 1이 1개씩 늘어나면 계산
결과는 자리 수가 두 자리씩 늘어나고 가운데 수를 중
심으로 좌우에 똑같은 수가 옵니다.
따라서 $1111 \times 1111 = 1234321$입니다.

17 $45 - 10 = 35$, $35 + 10 = 45$, $5 \times 7 = 35$,
$90 \div 3 = 30$
따라서 $45 - 10$과 5×7의 계산 결과가 같으므로 등
호($=$)를 사용하여 $45 - 10 = 5 \times 7$로 나타낼 수
있습니다.

18 가운데 수를 중심으로 가운데 수를 제외한 ←, ↑, ↖,
↗ 방향의 두 수의 합은 가운데 수에 2를 곱한 것과 같
습니다.
이외에도 $10 + 4 = 7 \times 2$, $11 + 3 = 7 \times 2$ 등과 같
이 규칙이 맞으면 정답입니다.

서술형
19 예 보라색 삼각형이 1개, 3개, 6개, 10개로 2개, 3개,
4개 늘어나는 규칙입니다.
따라서 보라색 삼각형은 다섯째에 $10 + 5 = 15$(개),
여섯째에 $15 + 6 = 21$(개)입니다.

평가 기준	배점(5점)
보라색 삼각형의 수에 대한 규칙을 찾았나요?	2점
여섯째에 알맞은 모양에서 보라색 삼각형은 몇 개인지 구했나요?	3점

서술형
20 예 양쪽에 있는 두 수를 더한 다음 1을 뺀 수를 윗칸에
쓰는 규칙입니다.
$5 + 9 - 1 = 13$, $9 + 13 - 1 = 21$이므로
★ $= 13 + 21 - 1 = 33$입니다.

평가 기준	배점(5점)
수의 배열에서 규칙을 찾았나요?	2점
빈칸에 알맞은 수를 각각 구했나요?	2점
★에 알맞은 수를 구했나요?	1점

다음에는 뭐 풀지?

다음에 공부할 책을 고르기 어려우시다면, 현재 성취도를 먼저 체크해 보세요.
최상위로 가는 맞춤 학습 플랜만 있다면 내 실력에 꼭 맞는 교재를 선택할 수 있어요!
단계에 따라 내 실력을 진단해 보고, 다음 학습도 야무지게 준비해 봐요!

첫 번째, 단원평가의 맞힌 문제 수 또는 점수를 모두 더해 보세요.

단원		맞힌 문제 수 OR 점수 (문항당 5점)
1단원	1회	
	2회	
2단원	1회	
	2회	
3단원	1회	
	2회	
4단원	1회	
	2회	
5단원	1회	
	2회	
6단원	1회	
	2회	
합계		